U0375134

本书受高水平地方高校建设计划上海美术学院项目经费资助

地方重塑

PLACE REMAKING

国际公共艺术案例解读4

汪大伟　总策划　　陈志刚　主编

上海大学出版社
·上 海·

目　录

CONTENTS

序 言

FOREWORD

当今世界经历了前所未有的考验，社会结构、社区联系、城市面貌以及人文精神都在过去的危机中遭受深刻的影响。然而公共艺术以其独特的力量，为我们重塑地方提供了新的视角和可能性。公共艺术作为一种文化表达，它超越了语言和国界的限制，成为全球共通的语言，并以其直观和感性的特点，为人们提供了情感的寄托和精神的慰藉。“地方重塑”主题下的公共艺术案例传达出对生命的尊重、对自然的敬畏以及对共同未来的期待，成为了连接人与人之间情感的桥梁，也为社会注入了正能量。

公共艺术对城市、对社区、对未来社会形态的塑造和提升起到了关键作用。通过创新和创意，为城市带来了新的活力和吸引力。艺术家们利用城市、社区、以及社会中的公共空间，创作出反映历史、文化和精神的作品，不仅提升了城市的文化品位，也成为城市对外传播的名片。同时也以其独特的视角和表达方式，引导人们反思人与自然、人与社会的关系，促进了人文精神的传播和实践，激发了人们对于更加和谐、可持续生活方式的思考和追求。

“地方重塑”主题之下，未来公共艺术将更注重社区参与、技术创新、环境可持续、文化多样性、社会议题反映、跨学科合作、全球化与地方化结合、公共空间再定义、艺术教育普及以及政策支持，必将成为城市文化发展和社会进步的重要力量。

编者语

EDITOR'S COMMENTS

“地方重塑”主题下的国际公共艺术案例研究，始终围绕着对公共艺术作品本身及其对人一环境一社会的影响展开；始终秉持着全球和本土的双重视野，引领公共艺术的潮流发展；始终以艺术语言、艺术方式在解决公共问题层面发挥积极的作用与价值，为世界各地区正在发展中的地方提供公共艺术方面的思考与实践。

这本《国际公共艺术案例解读 4》围绕过去几年国际公共艺术领域的诸多优秀实践，收录了来自全球 7 个地区的 90 个参评案例，涵盖装置、建筑、雕塑、壁画、行为表演、活动等多种类型。并围绕公共艺术服务城市发展和文化建设、公共艺术参与城市有机更新、公共艺术赋能乡村振兴以及公共艺术的运作机制建设等多个方面展开深度分析，梳理公共艺术发展的相关问题以及全新理念，进一步推动公共艺术的国际学术研究和交流发展。

希望通过本书激发更多人对公共艺术的关注和思考，促进艺术与公众之间的对话，推动社会文化的交流与发展。这是一次艺术与社会的深度融合，也是我们对公共艺术未来的期待和憧憬。

陈志刚

2022 年 1 月

一、项目介绍

第五届国际公共艺术奖

“国际公共艺术奖”（IAPA）是 2011 年由《公共艺术》（中国）杂志与 Public Art Review（美国）杂志合作发起的国际性的公共艺术领域的评奖活动。其目的在于使之成为国际公共艺术领域最高成就的象征，为世界各地区正在开发中的城市提供公共艺术建设范例，引领公共艺术潮流，强化城市区域文化的传承与发展，提高城市文化艺术水准，改善城市生活环境，提升市民生活品质。届时，受表彰的艺术家在提高城市生活品质，改善公共环境，促进公共文化福利等方面做出的贡献，将在活动中得到广泛传播，为世人关注。“国际公共艺术奖”同步建立起国际公共艺术专家智库网络和评选机制。其参选作品不是由艺术家个人申报，而是由国际公共艺术研究员对本大区里的公共艺术案例进行研究和推荐。“国际公共艺术奖”暨论坛系列活动可由各申办地根据“国际公共艺术论坛举办指导手册”进行申办。

第五届“国际公共艺术奖”由国际公共艺术协会（IPA）、青岛西海岸新区管委会、山东工艺美术学院、上海大学国际公共艺术研究院、上海大学上海美术学院共同主办，山东工艺美术学院公共艺术研究院、山东工艺美术学院产教融合青岛基地承办，青岛西海岸新区文化和旅游局、青岛西海岸新区文学艺术界联合会协办。第五届“国际公共艺术奖”暨国际公共艺术论坛系列活动将在青岛西海岸新区举行，旨在赋能举办地——青岛西海岸新区，结合该区发展定位与目标，聚焦其设计、建设、发展公共艺术，提高城市环境品质的发展需求，借鉴和吸纳全球的成功经验，共同探索提升城市品质、激发城市活力等方面的新理念与新方式，为城市发展和乡村建设提供新的方案与思路，探索地方政府与协会、高校、专业团体、设计师、艺术家的全面深入合作。

中国·青岛西海岸新区公共艺术方案国际征集

同期举办的“中国·青岛西海岸新区公共艺术方案国际征集”活动，旨在赋能青岛西海岸新区，结合该区发展定位与目标，借鉴和吸纳全球公共艺术建设的成功经验，共同探索提升城市品质、激发城市活力的新理念与新方式。聚焦青岛西海岸新区文化特色和符号需求，通过对多元文化的概括优化提炼，使新区公共文化成果融入公共艺术建设中。以政府主导、国际引智、群众参与，立足传统与时尚的有机结合，突出开放性、国际化、艺术性和本土性，找出令政府满意、专家认同、群众喜欢的方案，在新一轮的产业发展格局中发挥公共文化的引领作用，打造一条城市公共艺术建设成功实践的中国经验。以“人民城市人民建，人民城市为人民”为指导，聚焦青岛西海岸新区的开放新区、现代新区、活力新区、时尚新区四大新区建设，以及影视之都、音乐之岛、啤酒之城、会展之滨的城市名片塑造，为新区公共艺术发展建言献策，为进一步结合传统与现代文化，改善新区城乡环境，强化新区区域特色，促进新区文化繁荣，推动新区经济增长贡献智慧。

二、论 坛

开幕致辞

青岛市文化和旅游局二级巡视员　王琳

国际公共艺术奖系列活动在全球的公共艺术领域都具有着广泛影响力和号召力。从上一届在“魔都”上海相约，到这一届在“岛城”青岛携手，从黄浦江畔到黄海之滨，公共艺术成为心灵的纽带，将身处世界各地的我们紧紧联系在了一起。

“海上有青岛，心中无红尘。”青岛是一座美丽的海滨城市，碧海蓝天、红瓦绿树，充满着时尚与艺术气息。青岛西海岸新区位于胶州湾西畔，也就是我们常说的青岛西岸城区，2014 年由国务院批复设立，是第九个国家级新区，是一个朝气蓬勃、品质卓越的“青春之城”，目前正在紧紧围绕实施四大国家战略，全力打造“高质量发展引领区、改革开放新高地、城市建设新标杆、宜居幸福新典范”。如今，正在快速发展和更新的青岛及新区十分需要艺术的装点，艺术激发公众对城市的观察、感知、想象，通过与城市的融合，公共艺术的魅力将在生活中充分体现，从而促进以人为本的城市环境，激发城市居民的归属感和自豪感，进而充分展现艺术的吸引力。

众多专家学者对国际公共艺术都有着真知灼见，同时饱含着思想智慧和艺术情怀，真诚希望读者通过阅读此书能更多地关注青岛、关注西海岸新区，拥抱这片热爱艺术的热土，激发更多灵感，探索更多可能，创造更多精品！

国际公共艺术协会主席，发起人　路易斯 · 比格斯

本人与汪大伟教授等教授共同发起这个奖项之后，我们满怀希望地推进，坚信我们所做事情的紧迫性，我们认为在世界许多地方从事户外艺术的艺术家们，大多数不了解其他艺术家在做什么，可以理解曾经因为市场文化等原因，公共文化相关的流通并不通畅。但是我们不曾想十年以后，也就是现如今，这些奖项会有如此巨大的号召力，促进世界各地对于艺术创作的营造。

今年国际公共艺术协会很乐意与以下单位合作：山东省工艺美术学院，上海大学国际公共艺术研究院以及承办单位，包括青岛西海岸新区管委、山东工艺美术学院、国家产教融合青岛基地以及协办单位青岛西海岸新区文化和旅游局、青岛西海岸新文学艺术界联合会。

我也对将于 2023 年举办的第六届国际公共艺术奖充满了期待，世界正在加速变化。人类文化包括公共艺术恰恰也是这一进程中的重要组成部分，通过这些公共家的贡献，我们或许可以解读全球化进程下人类的各项关键，两年后这些又变成什么样？我们只能是作为猜测，作为 IPA 的研究员，他们一定会给我们答案。

论坛主题

地方重塑

论坛摘要

以“地方重塑”作为主题，从文化的角度，从政府管理的角度，以及城市功能的角度对地方重塑这样一个核心理念进行进一步的学术探讨和研究成果分享。

国际公共艺术论坛（一）

公共文化服务体系建设中的公共艺术发展策略

作者：潘鲁生　教授，中国文联副主席、中国民间文艺家协会主席、山东工艺美术学院院长

摘要：通过回顾改革开放至今 40 多年，尤其近 10 年来我国在公共文化服务方面所取得的新成果，从中国公共文化服务体系建设的基础情况、公共艺术发展的基本现状和实施公共艺术发展当中的探索与策略三个角度探讨公共艺术在国家文化服务的发展和作用。公共艺术应全面融汇于公共文化服务体系规划建设中，多元参与，助力经济社会发展。

Development Strategy of Public Art in the Construction of Public Cultural Service

Author：Pan Lusheng

Professor, Vice Chairman of China Federation of Literary and Art Circles, Chairman of Chinese Folk Literature and Art Association, President of Shandong University of Art and Design

Abstract：By reviewing the 40 years since the reform and opening-up, especially the new achievements made in public cultural services in China in the past ten years, this paper explores the development and role of public art in the national cultural services from three perspectives: the basic situation of the construction of China's public cultural service system, the basic status of public art development, and the exploration and strategies in implementing public art development. Public art should be fully integrated into the planning and construction of public cultural service system, with diversified participation, and help economic and social development.

“国家文化服务当中公共艺术如何发展”的题目其实很大，从国际公共艺术这样的一个层面而言，中国到底要用什么样的方案去解决非常重要。中国的发展是什么？我们要站在新领域的起点上回顾改革开放这四十年的发展进度，特别是这十年我们在公共文化服务方面所取得的新成果。立足中国国情，认识公共文化服务新的特征、新的要求和新的规定，融入公共文化服务的规划建设，持续不断地创新，才能真正创作出满足老百姓和这个时代的优秀作品。关于公共艺术主要探讨三个方面，一是关于中国公共文化服务体系建设的基础

情况，二是关于中国公共艺术发展的基本现状，三是探讨对于中国在实施公共艺术发展当中的探索与策略。

1. 公共文化服务体系

中国政府非常重视公共文化建设，这也是我们改革开放 40 多年中最大的进步，特别是这 10 年，这 10 年当中尤其是近 5 年，我们国家出台了一系列有关公共文化建设方面的意见、法律和保障的措施。我们国家公共文化设施建设起到了很重要的作用，在“十三五”到“十四五”期间，我国提出了重大的文化规划，文旅部和国家发改委、财政部也提出了关于推动公共文化服务高质量发展的意见。

习近平主席在中国文联十一大和中国作协十大开幕式上发表重要讲话，其中谈到关于文化和文艺建设，特别提到我们的文化艺术如何服务大众，“十四五”建设中明确我们的发展目标，这个发展目标提到 2035 年基本实现社会主义现代化，强调公共文化服务在促进人的全面发展，凝聚人民的精神力量和增加国家文化软实力方面发挥的重大作用。具体表现为总体布局更加均衡，发展水平显著提高，在供给方式上更加多元有效。特别在数字化、网络化、智能化发展当中提供更加优质的服务。根据中国的国情，制订了公共文化服务发展要坚持的四个方面原则。

第一，坚持正确导向，推动品质发展。我国在草原上有一支活跃的文艺兵，队伍可以到乡村可以到社区，到他们居住的点去服务，把文艺送到他们的家中，以这样的一种形式去传播文艺，就是中国文化在当代发挥的一个积极的作用。

文艺兵乌兰牧骑

第二，坚持统筹建设，推动均衡发展。所谓的均衡发展就是区域间的发展，即使是地处青藏高原，云贵高原，或是沿海地区，都有非常优秀的民俗活动，是几千年来大众参与形成的，满足老百姓的需求，以及传统文化的发展。青岛在城乡统筹的推动较为典型，记得 5 年前笔者曾经到青岛青岛西海岸新区做过关于公共文化设计的调研，他们在公共文化服务保障的基本层面上，让老百姓的权益得到了最大化，他们从农村转入社区的有民间文化，也有社区文化，也有城市文化的融入，这样的文化促进对于新型城市的发展起到了很重要的作用。

青岛西海岸公共艺术项目

再就是在城乡均衡发展，山东省有一个寿光县，有几个村子的老百姓和艺术家共同参与形成了打卡地，从一个默默无闻的小山村变成了一个网红打卡地，为什么？因为大众的参与，网络的关注，文化与社区活动的有机结合。

乡村公共艺术项目

第三个方面是坚持深化改革，推动开放发展。政府正在建设配套的公共服务文化。均衡化的发展，价值非常大，很大程度上改善了乡村的公共服务和

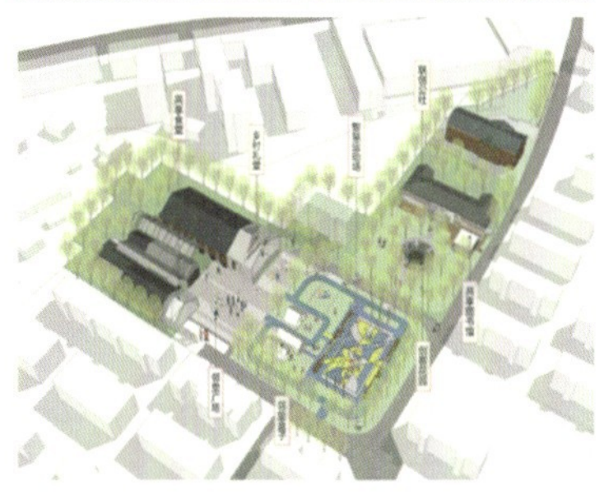

龙游溪口乡村版未来社区

服务设施，提升了乡村的整体环境品质，满足了村民对物质、精神生活更高层面的需求。因为我们中国的文化差异性很大，南方、北方，不同的民族，有着不同的生活习惯，在这样的大家庭当中文化具有个性，不同民族的生活习俗就要通过公共设施和公共服务来保障。

另外，开放发展的政策，鼓励艺术家，设计师等通过公共艺术介入针对性地解决社区社会发展，我们快速城镇化已经 40 多年，在这 40 多年需要解决很多设施问题、老百姓的风俗习惯认知问题，特别是很多留守儿童、空巢老人的关怀问题，如何通过问题开放包容、多方协同，使社会更加和谐。

第四个方面是坚持共享共建，推动任何发展，共商、共议、共决，共建，最终实现老百姓对生活的共享。特别是当地政府、企业、很多的基金会做了大量的投入，为回馈这个项目在涉及一些商业项目当中得到了落地，现在有很多的项目是政府在办，其实就是为了给老百姓营造一种良好的交流环境。

2. 公共艺术发展现状

笔者到访福建时，有一个典型的城乡共建案例，推进过程中也发现一些问题，由于经济社会发展的水平受到一定的制约，城乡之间、区域之间公共服务水平还有差异，公共文化产品和服务的质量有待提高，特别是在改革创新的力度上需要加强。社会力量的作用还没有充分发挥出来，结合“共同富裕”的概念，特别是在数字化、网络化、智能化的大背景下，还有其他的东西要流入，尤其乡村文化的建设有待更大的提升。

福建青石寨的稻亭与稻场

公共艺术形成的集聚效应也很典型，在中国大力开展公共文化服务规划与建设的过程中，公共艺术发展的成果显著，在某些层面推动了城市经济和社会文化生态的发展，比如山东青岛近年的发展情况。

再就是公共艺术构建了我们日常生活的美学，是中华民族所倡导的生活美学。很多地铁、机场把民间文化、大众文化和现在的文化有机结合，从真正意义上带动了文化发展。比如北京大兴机场的公共艺术有很多民间艺术的影子。在首钢，也有很多大型工厂需要艺术带动，我们推动艺术在工厂中的发展，一方面维护了我们在建设过程中的辉煌历史，另一方面也记录了我们工业文明的起步，这也是讲好钢铁故事，讲好中国故事的叙事方式。

其次是促进历史街区再造，中国社区的发展有几百年的历史，几百年当

北京大兴机场的公共艺术

中我们有很多根据历史文化设计的历史街区，如何改造？通过我们现在的城市设计改造，例如北京朝阳门的社区生活馆，其实在福建、浙江、广东等，包括青岛等地都有很多设计是根据传统文化来建设、打造街区生活场景的。

北京朝阳门社区生活馆

北京朝阳门社区生活馆

同时，公共艺术带动了人口回流乡村。快速的城镇化带来了很多发展机遇，但也带来很多问题，我们在有些方面对农村的认知是有偏差的，因为中国是一个农耕文明的社会，中华文化的根一定要到乡村去寻找，因此现在很多公共文化开始关注到乡村的建设。结合生态、文化的创作空间太大了，从国际角度看，我们起步较晚，但我们的探索是多元的，公共艺术不仅是表现生活的一种方式，更是改变生活的一种途径。发挥艺术的公共性有助于推动艺术与自然、城市、乡村、社区和公共之间的融合互动。当然公共艺术目前存在的不足，这正是公共艺术设计者、建设者、管理者包括我们研究者依旧不懈努力的动因。

3. 公共艺术发展策略

公共艺术研究院做过一个关于艺术发展的基本策略方案，该方案是公共艺术新一轮发展的基合，因为公共艺术在中国一定要有基因，而该方案在我们认知的公共艺术当中至少有七个方面可以借鉴。

公共艺术具有系统化发展基础

1、**根本依循**：坚持以人民为中心，切实保障人民群众基本文化权益

2、**文化定桩**：坚定文化自信，凝聚人民的精神力量，增强国家软实力

3、**发展路径**：构筑人与自然、经济、社会、文化和谐共生的可持续发展模式

4、**环境构筑**：融入生态为基、有机复合、动态发展的生命共同体

5、**品质提升**：系统推进兼顾均等与差异的宜居宜业城乡新社区建设

6、**技术支撑**：发展人本指向、理念创新、技术可行、成本可控的适宜技术

7、**善治体系**：建立多元主体参与，积极有为、精准作为的协同创新、治理体系

公共艺术研究院做的关于艺术发展的基本策略方案

第一个方面是我们的根本依循，即“以民为中心”和“以老百姓的需求”为中心，切实保障最基层的老百姓的文化权益。我们有很多的发展和文化权益，比如青岛的西海岸新区图书馆，很多图书馆长期没有人，但是到了青岛西海岸图书馆，你会发现这是一个开放的且可以在此交流的场所。笔者认为一个城市有无文化，先看它的书店、图书馆。深圳这几年发展这么快，有一部分原因是其大力发展书店，满足了老百姓最基本的文化需求。再就是青岛西海岸的小品进社区项目，这是笔者 5 年前曾经调研的地方，也写过一篇相关论文，老百姓参与小品，故事是他们村的，是这个社区的，演员是他们身边的人，小品进入社区这种形式值得在城乡社区推广。

中国传统民俗有春节，中国现代的民俗有“春晚”，老百姓发展了一个村落的晚会，展现老百姓的生活，表达老百姓的心声，抒怀中国当下时代的风气。到浙江、福建可以看到很多，包括青岛，一到春节的时候，就有老百姓自办的“村晚”。

第二个方面是文化定桩，坚定文化自信，凝聚人民的精神力量，增强国家软实力，例如深圳的万科，客家的文化客厅。笔者到广东调研较多，发现现在客家祠堂和商业广场结合的较多，他们做了一个博物馆，展览了中国的大小木作，从中可以领略中国几百年工匠作品，传统民居的形式和现代商业的结合也是我们发展的定式。

再就是发展路径，构筑人与自然、经济、社会文化和谐共生的可持续发展模式，其中村落与网红的结合发展例子非常多，相当于老百姓乡村网红培育计划，笔者的故乡山东曹县也有网红，在信息时代、网络时代有很多的公共文化，不可思议，但是这种导向是值得认可的。

包括环境的构筑，以融入生态为基础，结合动态的发展形成一个生命共同体。以我们居住和生活的环境为基础，办了一个属于农村的展览去营造一个乡村公共空间，好比在中国美术馆可以赶集，去体验乡村文明。

再就是品质提升。推进宜居宜业的城乡新社区建设需要中国的设计师、艺术家共同参与，把传统的民居和现代的生活空间结合起来，使环境和自然融为一体。

第六个方面是技术支撑。一年前山东举办了第八届济南国际摄影双年展，是关于疫情的主题，我们号召来自全世界的摄影家，拿起照相机记录疫情当中

佛山的花海竹亭

佛山的花海竹亭

老百姓的生活状态，这个展览得到了大家的高度认可，所以公共文化的很多艺术支撑需要靠我们专业人员去做。

南京有首个为青年定制的智慧互联社区，这个公共艺术作品需要材料、技术、工艺的高效协同才能实现。因人而异，也有儿童乐园，还有青年的风格，另外现在也有很多发展中的老年社区，因为有许多老年人会带着儿童，所以适老化的设计趋势也是势在必行。

其实公共艺术更多是来自老百姓自己的创作，虽然成本很低，材料很便宜，但是这样的艺术是适应自身的，我们从事公共艺术的专家学者应该和他们探讨研究这样的艺术是如何达到的。例如佛山的花海竹亭，结合扶贫工作，是由当地的老百姓参与设计加工构建的，对当地城市而言具有极高价值。

第七个方面是善治体系，建立开放多元、凝心聚力、精准协同的治理体系。比如深圳市的建筑城市商业双年展，现在很多建筑设计、城市设计、公共艺术设计是艺术化的，有的是建筑的一部分，有的是城市的一部分，生活空间的一部分。再就是办了若干年的青岛啤酒节，从崂山到青岛西海岸新区，这样大众参与的项目已属于青岛西海岸新区的一种风俗，从本土到青岛，进行了啤酒产业和文化的交流，形成另一种文化结合，打响了青岛的品牌，提升了青岛的维度，关键是激活了文旅，这样的项目在中国落地就具有实效性。政府支持，企业高兴，老百姓也喜欢！

深圳市建筑城市商业双年展

深圳市建筑城市商业双年展

笔者从这七个方面对公共艺术的发展策略做了相关介绍，它主要包括:（1）公共艺术要纳入城乡总体规划中，需要持续发展文化艺术的作用；（2）以政策基础，强化基础保障，进一步强化艺术在公共文化服务体系建设当中的重要性；（3）加强公共艺术的人才培养，教育引领、学术研究，普及推广；（4）培养良好的公共艺术生态，推动艺术服务社会，赋能经济、繁荣文化；（5）建立有利于公共艺术发展的财政保障机制。

结语

我们要营造公共艺术创新发展的良好氛围，鼓励与公共艺术发展融合的信息技术、材料技术以及结构技术。公共艺术是历史积淀和文化荟萃的重要载体，以城乡公共空间、社会空间和文化空间为依托，并作用于期间，公共艺术不是纯粹的艺术建筑，更是系统的社会文化实践，是新民俗、新风俗、新习惯、新载体。

中国进入了新的发展时代，公共艺术应该全面地融汇于公共文化服务体系规划建设中，强化四个坚持，努力多元参与，特别是侧重城乡统筹，区域协同，以实现高品质、多元化，切实保障我们的文化民生，通过我们的文化服务让民众得到更好的文化资源和文化资产，助力社会经济发展。

新时代背景下公共艺术在城市发展中的作用

作者：董华峰　青岛西海岸新区工委宣传部副部长，区文化和旅游局局长

摘要：本文基于新时代背景，先从公共艺术促进社会和谐、提升城市形象两个方面分析其对城市的作用，将公共艺术比作促进社会和谐的稳定器和塑造城市内涵气质的美育师，最后针对公共艺术和新区的发展，提出有助建议和展望，指出公共艺术应坚持多元化、系统化，因地制宜，个性化为城市和社会的未来发展增添活力。

The Role of Public Art in Urban Development in the Context of the New Era

Author: Dong Huafeng

Deputy Director of the Communication Department of CPC Qingdao West Coast New Area Work Committee; Director of Qingdao West Coast New Area Culture and Tourism Bureau

Abstract：Based on the background of the new era, this article first analyzes its role in the city from the two aspects of promoting social harmony and enhancing the image of the city. Then it compares public art to a stabilizer that promotes social harmony and an aesthetic educator that shapes the vibe of the city. Finally, for the development of public art and the new district, it puts forward helpful suggestions and prospects, pointing out that public art should adhere to diversification, systematization, adapt measures to local conditions, and customize to add vitality to the future development of the city and society.

公共艺术是城市人文精神和社会文化品质的体现，是当下社会与城市建设公共空间发展不可或缺的载体，青岛西海岸新区从 2014 年 6 月获批成立至今，致力于推行美丽新区，世上新区建设。各种优秀的公共艺术作品更是诞生于美丽新区的建设上，吸引了市民和众多游客的眼球。

笔者主要从三个方面来探讨分析新时代背景下公共艺术在城市发展中的作用。第一个方面，公共艺术是促进社会和谐的稳定器。

公共艺术有利于传递社会正能量和温暖。公共艺术彰显着一个城市的形象气质和内涵，是城市文化的承载，能够向人民传递积极向上的能量和精神温暖，给人民以战胜困难的和拥抱幸福的力量。青岛作为啤酒之城，举办西海岸新国际啤酒节，这是青岛新区亮丽的城市文化名片，这样的公共艺术作品，它的名字叫做“与世界干杯”，大家看到强有力的手臂，满溢的啤酒，干杯畅饮

青岛啤酒节艺术作品《与世界干杯》

的热情，这些显著的元素都组成了这个深受公众喜爱的公共艺术作品，也展示了新区开放活力、热情好客的形象和姿态。

公共艺术有利于增强公民的责任心和主人翁意识，笔者认为这是一个反哺的概念，公共艺术来源于生活，又高于生活，引领生活，在公共艺术作品融入社会的同时，强化公共艺术的意识，和承担对于社会的责任担当，促进了对于所在的城市的情感归属，会有更强的获得感和归属感。公共艺术彰显了城市文化，也是城市吸引人留住人的有效举措，我们现在就可以想像这样的一幅图画，海天衔接，云翻共舞，青岛西海岸新区有 282 公里的海岸线，其中有 130 公里的廊道，有慢跑、自行车，自驾游等都可以通过这个蓝海廊道，其中还有步行廊等。这样的艺术公共设施装点了整个慢道，形成了中外游客到新区的必游之地。

公共艺术有利于公共的心灵趋于和平和安宁。在当前经济社会飞速发展的大背景下，高效率和快节奏的奔跑生活，给我们城市的市民带来了很多精神压力，这时不可避免的存在着一些焦躁和浮动的现象。公共艺术作品能够以艺术性和包容性，促使人民内心的不安、焦躁得到平息和安宁，从这个角度出发，公共艺术可以达到促进社会和谐稳定的目的。我们向全球发布了青岛西海岸新区任务征集书，搜集到了 4000 多件，入围了 28 件作品，其中有一些作品确实可以给人非常安和的心态，寓意着人与自然和谐相处。

第二个方面，公共艺术是塑造城市内涵气质的美育师，可以美化提升城市的形象。

青岛西海岸新区蓝海廊道

公共艺术最初的本意是作为城市装置的填充。我们每个城市都有街心公园、广场雕塑、车站，这些地方主要承担了美化城市环境的作用，随着城市的进步，城市之间的关联性不断增强，公共艺术价值不断趋向艺术家与市民的双向互动。

青岛西海岸新区有不少受专家政府大家好评的精品，比如星光岛上的“珊瑚贝壳桥”，是很多的摄影爱好者必须来拍摄的美丽的景色，作品犹如珊瑚外形，宛如灵山湾坐落的珊瑚贝。另外形似鹦鹉螺的东方大剧院也体现了新区的海洋文化，构思非常精妙，类似的还有凤凰之城大剧院，隐含着高歌的凤凰，也有非常高的欣赏度。这些艺术作品不仅给市民和游客带来的文化引领，也与新区的气质形象非常契合，提升了新区的组织内涵。

公共艺术也可以丰富市民的精神生活，提高市民的人文素养，公共艺术在美化我们环境的同时，也满足了市民群众生活的需求和审美的需要，让我们市民更好地发现美、欣赏美和创造美，也孕育出了艺术和美术融合发展的新载体。公共艺术重塑了城市的视觉，提升了广大市民、青少年的审美水平和艺术气质。

最后一方面是对新时代背景下公共艺术发展的有助建议和新区的展望。

加强顶层设计，率先纳入区域总体规划。我们认识到公共艺术在重塑城市认同、激发城市活力、完善和建构公共文化等方面的重要作用，将发展公共艺术作为提升城市软实力的重要抓手，在全社会形成倡导公共艺术的艺术氛围，促进艺术与生态发展相得益彰，共生共长。

星光岛上的“珊瑚贝壳桥”

形似鹦鹉螺的东方大剧院

西海岸新区凤凰之声大剧院

构建长效机制，打造公共艺术的前沿阵地。第五届国际公共艺术奖系列活动，为青岛西海新区发展带来了新的契机，我们将深入打造公共艺术发展的世界范例，连接国内外资源，充分发挥好新区、清华美院、山东工艺美术学院等高校资源，以及和上海大学国际公共艺术研究院这方面的合作交流，深化校企合作，借鉴潘主席的领导智慧，争取在国家层面成立国际公共艺术研究院，建立公共艺术研究的长效机制，打造公共艺术成功发展的新区范例。

强化创新引领，扶持应用新科技、新业态，当前的公共艺术以传统艺术手段扩展到大地艺术、新媒体艺术，如何以开放的思维、多元互动的形式来推进智慧城市的建设，形成共建共享城市文化的新引领，成为城市发展的新命题。在新区未来的设计和布局当中，我们要重视新技术的应用，重视新形态的公共艺术作品，以点连线，以线成面，引领公共艺术发展的新潮流，带动经济社会更高质量地发展。

在新时代的背景下，我们要坚持多元化、系统化、个性化，因地制宜地创作更多公共艺术作品，使城市发展更符合人们的新需求，满足人们的新亟待，为人民社会未来发展增添更多的活力与光彩。

空间、地方与“地方重塑”：美国规划协会近期研究的视角

作者：马克 · 范德斯恰夫　原美国规划协会区域和政府间规划部门主席

摘要：本文通过阐述《空间与地方》一书中高速公路发展、城市保护和交通换乘三个历史阶段时期地方交通对周边空间的影响，结合笔者在美国规划协会时轻轨换乘的项目，列举在该通道中 7 种地方重塑的类型，体现地方重塑的前景和对未来发展的推动作用。

Space, Place and “Place Remaking”: Insights from a Recent American Planning Association Study

Author：Mark VanderSchaaf

Former Chair of the American Planning Association's Regional and Intergovernmental Planning Division

Abstract：By expounding the influence of local traffic on the surrounding space in the three historical stages of expressway development, urban protection and traffic transfer in the book *Space and Place*, and combining with the author's light rail transfer project in the American Planning Association, this article listed 7 types of local remodeling in this channel, to reflect the prospect of local remodeling and its role in promoting future development.

“地方重塑”改变了我们常说的“场所营造”的概念，意味着 21 世纪的规划必须要考虑两个重要的因素，一个是现存的有意义的地方，还有一个是正在出现变化的地方。这两者之间的张力如果能够在未来的背景下得以重塑和共同融入，将达到非常不可思议的效果。同时我们也要考虑如何去思考过去学到的经验对未来的影响，因此笔者主要基于对地方重塑概念的理解，以及职业生涯中如何应对它这两方面来阐述。

笔者刚步入职业生涯时，发现了《空间与地方》一书，出版于 1977 年，作者为美籍华裔段义孚。这本书的序言当中有一句话对我整个职业生涯的影响非常大，即“地方是安全感，空间是自由感觉，我们依赖于前者却渴望着后者。”笔者相信这句话对我们思考二战之后的城市规划非常重要，还有很多国家甚至中国，在二战以后都面临着相似的境遇，这些在世界各地都会引起共鸣。

书里主要提到了三个不同的历史时期，第一个时期是高速公路的发展阶段。在这个阶段人们主要关注的是空间概念，美国四通八达的高速网络是从 20 世纪 50 年代开始建设的，目的是满足人们快速出行的需求，通过汽车、火车的通行，实现人们的自由流动，作为一个对自由非常向往的国家，美国也

一直非常重视高速公路体系的建设，但高速公路的建设也可能会带来非常沉重的代价，因为高速公路的发展，导致我们周边很多社区都消亡了，或者是被拆散了。时至今日，虽然有经济上的好处，但是我们也能看到高速公路附近的社区生活质量受到了非常大的影响。

第二个阶段是关于城市的保护，从 20 世纪 60 年代开始出现了一些批评和抵制的声音，其中有一个批评家认为，高速公路无限制地在城市当中发展。从曼哈顿岛一直到格林威治村建设的这条高速公路破坏了纽约的景观，他写了《美国城市的生与死》，这本书成为关于城市和地区规划的经典丛书。每个城市都强调要保护历史建筑，并且要有一个可以走动的社区。

第三个时间段是换乘阶段，从 2000 年开始，美国的联邦政府和世界上其他的政府都会强调公共汽车与轨道交通的换乘是对高速公路一个很好的补充，我们也发现我们可以应用这样的方法去平衡空间和场所，而不仅仅是依赖于高

历史时期第一阶段：高速公路的发展

历史时期第二阶段：城市保护

历史时期第三阶段：换乘阶段

速公路系统在二战后的发展。

在我们的大都市，这样的换乘体系能提供给我们很多自由空间，同时也能够保护社区。首先，在 2004 年到 2006 年，笔者是一个市的地区规划者，之后在 2017 年至 2020 年期间，笔者也是美国规划学会的国家主席。在北美明尼苏达州的中部有个地方叫圣保罗，该城市在北极和赤道的中间，横跨了密西西比河，并且也是美国水陆重要的一部分，实际上圣保罗是最后一个东边的城市，因为它在密西西比河的东边。笔者在 2004 年成为地区规划师时，造了第一条轻轨，实际上是为明尼苏达州以及它周边的城市去服务的，之后我们开始建设第二条轻轨，并于 2014 年投入使用，笔者的工作重点是在这条轻轨的走廊上创造一些创意性的空间。当时有很多政府和社区组织，以及资产基金会、艺术文化组织等参与其中。

他们也在轻轨换乘站的附近创造了很多创意空间，有一些实际上是很小型的临时项目，是在轻轨建设的过程当中实施的。这样的项目能帮助一些非常小的商业在轻轨的建设过程当中繁荣发展。其中一些项目一直保留到现在，很多是美国民众自己做的。笔者当时所在的美国规划协会也有一些想法，在类似的情况下也做了很多项目，当时轻轨的换乘车站附近也有众多居民和商业机会，笔者在规划协会时又创造了一个地方塑造的项目，即对一些城市区域的案例进行研究，包括波士顿、美国中部的圣保罗，以及丹佛和西雅图，我们之所以选择这些城市，是因为这些城市的地理分布广泛，同时这些城市的经济不像美国芝加哥、洛杉矶这些大城市一样那么发达。

达特艺术画廊

光在轻轨换乘的通道上，我们就发

现了七种不同类型的地方重塑，其中第一个类型就是在轻轨换乘站将公共艺术融入设施之中，这样能够反映当地社区的特点，其中达拉斯和亚特兰大是比较典型的，有一个叫做《达特艺术画廊》的出版物，“达特”是达拉斯地区快速交通的意思，这样的艺术刊物可以让人们思考如何将艺术融入火车站，使得它的户外区域成为一个艺术画廊。在亚特兰大也有一个与艺术结合的项目，项目中会有很多当地社区的参与。

第二个类型是墙面艺术。比如在西雅图的郊区，有个社区就开发了一个这样类型的艺术展示。每 4—5 分钟走路的区域当中就可以看到公共艺术作品，每 15—20 秒走路的路程当中，又可以看到小的艺术作品。

位于西雅图郊区的步行通道作品示意图

第三个类型是公共艺术的小径，它的范围不局限于 10 分钟走路的范围，实际上涵盖了更长的一条直线或圆形区域。丹佛就有一个这样的案例，在 40 号新艺术线就可以看到这样的情景，这个轻轨上有 70 个艺术作品和装置，长度达到 4 英里。

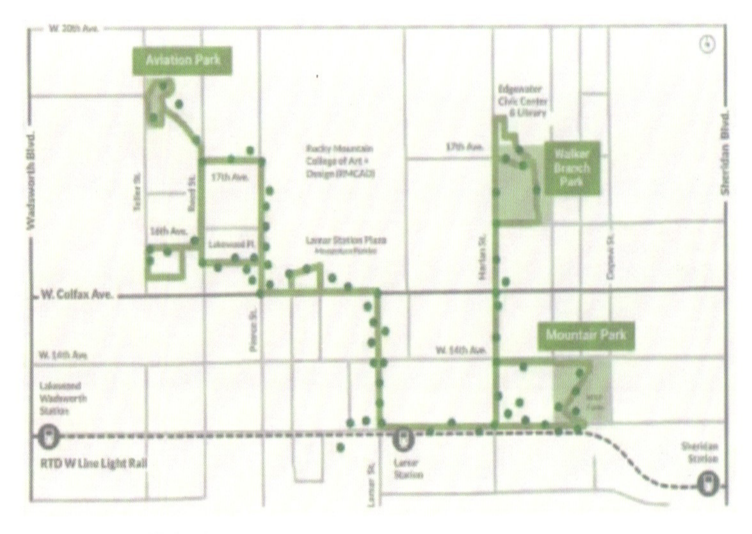

位于丹佛的公共艺术小径

第四种类型是在换乘路径上融合公共艺术，换乘的路上甚至有废墟的区域，也可以融合艺术作品。迈阿密的慈善家们做了这样类型的艺术作品，创造了一个可以骑自行车的路径，同时也打造了一个公共艺术的走廊。

位于迈阿密的艺术走廊

第五个类型是流线型的公共艺术，它将艺术和文化活动结合，在轻轨换乘站的建设过程中，这样的一些公共艺术实际上能够在整个城市转型期间支持当地社区的发展。在圣保罗有一个项目，里面有很多临时的小型项目，也能够帮助一些受轻轨建设影响的商业活动。

位于圣保罗的流线型公共艺术项目

第六种类型是地区性大规模轻轨换乘走廊，这一类型的建设实际上是希望推广当地形象，在整个轻轨系统之中会融入地区推广的意识。波士顿在这方面就有很好的案例，图中这条靛蓝色的公共艺术走廊就体现了当地民族多样性的特点。

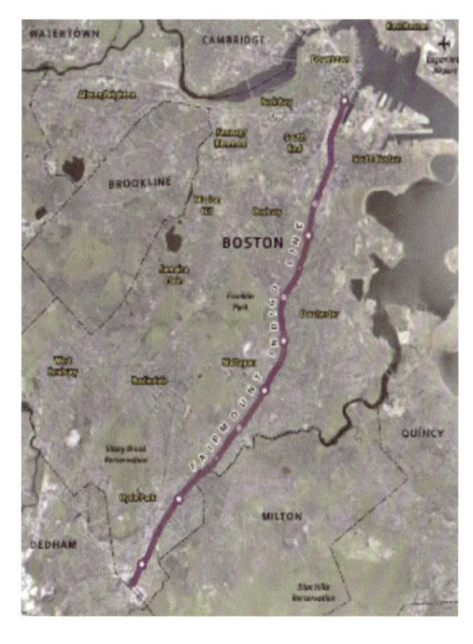

位于波士顿的地方性质公共艺术走廊

第七种类型是在轻轨换乘站建立机构，这个类型是要打造一些品牌来推广当地社区的公共艺术和社区活动，在凤凰区域的中央城内有 55 个不同的文化艺术机构，整个品牌都会在轻轨上进行打造与推广。笔者并不是要告诉大家地方重塑需要如何进行，因为实际上我们做的工作都是一些在进展中的工作，虽然不是最佳实践，但是在未来都很有发展前景，我们非常希望推动全球的地方重塑。

轻轨换乘站机构的品牌推广

圆桌论坛

从北美获奖案例《跷跷板墙》引发的公共艺术讨论

主持人： 汪大伟
提问嘉宾： 赵健、李龙雨、方晓风、黄晓春
解答嘉宾： 杰克 · 贝克、弗吉尼亚 · 圣 · 弗拉泰洛、罗纳德 · 雷尔、珍 · 克拉瓦、马克 · 范德斯恰夫

北美获奖案例《跷跷板墙》

提问部分

赵健： 公共艺术通常由精英提出，但公共艺术的实际实施必须超越仅为精英服务、由精英判断和由精英创造的范畴。以下几点可以支持这一观点：首先，在这次为期 40 分钟的活动中，孩子们玩跷跷板时的场景令我记忆犹新，这一场景表明作者面对自己的创作，给公共艺术的另一层面下了一个不错的注解。

另一方面，这个作品展示了创作者的精英意识，在选择特定环境的前提下，利用了一个超乎常规尺度的、最大的公共驱动力。随后，他们找到了一个恰如其分的机会，就像选择一种材质，精心构建一样最小、最袖珍的单元体。就像应对一个跨越 600 英里的举动，他们用以小博大的方式，在精神上利用团结的纽带尝试融化墙壁两面的隔阂。在跷跷板这种跨越语言、艺术形式和国家文化盲区的方式中，它呈现出团结和平等的价值观。

跷跷板是没有竞争的互动活动，是你来我往，动作一样，持续交换。跷跷板给我留下深刻印象的是，它让观众感受到公共艺术的话语权不全在于精英，其服务对象也不仅限于精英，从整体上展现了公共艺术应具备的公共性。想请问在里斯本展出时，是否通过图片、影像、视频来展示或延展参与者在项目中所感受到的不理解心理。

李龙雨：首先，这个项目采用了非常简单的材料和媒介，如木头和钢铁，但其涉及的社会政治问题却非常复杂。当我第一次看到它时，错误地认为它是美墨边境的墙，而当我在现场目睹这样一项具有创新性的项目时，我深感震撼。我想请问该项目是否需要政府批准，并且是否存在复杂的批准手续。

方晓风：在这个项目中，我们引用了阿基米德的名言："给我一个支点，我可以撬动整个地球"。尽管这句话在跷跷板项目中与力学有相似之处，但更重要的是它以非常小的项目挑战了非常大的议题。基于这一点，我有两个个人观点。首先，这是一个非常巧妙和智慧的设计，也是我们近期一直在思考的问题："公共艺术如何体现其公共性和艺术性？公共艺术具有哪些特征？"跷跷板项目展现了公共艺术的一个特征——唤醒，它以直观的方式解释了存在于我们心中但不一定有强烈意识的被遮蔽的事物。这个项目通过一种非常温和的手法，让我们明显地感受到了其具有的批判性：对现实中"墙"的嘲讽。我们常常将个体比作鸡蛋，将公权力比作石头，然而这个项目却将鸡蛋变成了墙皮鸡蛋，通过这种幽默的方式增加了鸡蛋的韧性。它采用一种调皮的态度，而非激烈的抗议手段，没有通过争吵或抗议来表达，而是以一种游戏的态度使抗议拥有了韧性。该项目主要通过社交媒体传播，体现了公共艺术在当今语境中的独特个性。我对该项目在 Instagram 上的反应非常关注，想了解社交媒体上的反应与实地的反应之间有什么样的关系，有何异同。

黄晓春：作为一名社会学专业的人员，我认为这个项目本身体现了在如今风化日益严重的社会中，我们应该如何建立连接的重要性。这个作品最出色的地方在于它具有双重的定义。我们所看到的是现实生活中美墨边境上一堵看得见的墙，这道墙将两边的社区分割开，而跷跷板则在此基础上建立了一种连接，使得两个社区和文化群体能够互动。此项目的另一个吸引人之处在于墙是一种隐喻，因为在现代社会中，墙无处不在，尽管它可能不像实际的墙或钢铁那样显而易见。例如，无论是在不同族群之间、不同阶层之间还是不同社区之间，"墙"都是存在的。因此，这个项目启发我们要用怎样的公共艺术力量和方式来打破这些墙，重新建立社会的团结和连接。在这个意义上，我想提出一个问题：是否有考虑过在更加抽象的意象中，例如在美国社会面对族群、性别等种种"墙"时，采用更好的"跷跷板"，将这些事物连接在一起。

解答部分

杰克·贝克：我想将这个问题留给我们的艺术家，因为他们对这个问题有更深入的了解。同时，还有一位教授提到了公共艺术的本质，并问我们如何通过这两点来认识公共艺术的本质。我认为公共艺术的本质是社会性的，因为它旨在将我们聚集在一起，它是对于我们具有汇聚在一起的能力的见证。此外，它还涉及到许多创造性的因素，如社会参与性和创新性，这些都是公共艺术所包含的要点。公共艺术不仅可以为城市增添价值，还能促进地区的发展。这些观点已经在我们的专家团队中得到了讨论。因此，提出这些问题并思考未来的造像非常重要。未来，我们应该如何更好地捕捉艺术和公众的本质？如何更好地将两者结合起来？

弗吉尼亚·圣·弗拉泰洛：我想回答关于授权许可的问题。我们并没有获得政府的认证来进行这个项目。此项目本身是一个公共基础设施项目，由我们出资，不属于联邦政府的责任范畴。我们有权进入这个公共设施或出现在这个公共场合。我们没有办法永久把东西固定在墙上，就像在政府建造的场景中也无法永久地固定任何东西一样。但这也存在一定的风险，因为当时的我们并不知道边境的情况会如何，政府是否会阻止我们或逮捕我们。在此之后，虽然他们没有直接参与，但他们允许我们进行，因此，最终我们有了这个能够与世界进行沟通的项目。

罗纳德·雷尔：在 Instagram 上，大家对这个项目的评论是怎样的？反馈又是怎样的？这些评论和我们在现场所体验到的感受并不相同，我们可以以不同的方式思考它们的相似与不同之处。当然，它们所带来的影响也是不同的，因为整个世界都能观察到这件事情，包括美联社，他们完全理解项目背后的意义和它所具有的力量。参与者可以亲身体会到在玩跷跷板时，通过相互交流听到的笑声，能够意识到人们在这一瞬间是多么团结，这个墙是多么的形同虚设，这对于参加那天活动的人来说，是不可忘却的亲身经历。然而，人们在线上的想法可能会有所不同。在线上，大家可以进一步思考我们所面临的困境，包括各种虚拟的、隐形的墙壁。我们确实有能力跨越这些鸿沟，克服这些障碍，但我们需要思考如何做出行动。线上的影响力并不比线下更小，甚至让我们思考：我们需要与大家分享，让大家迈过社交媒体本身所创造的鸿沟。在项目上线的 24 小时内，我们目睹着评论的快速增长。来自世界各地的媒体纷纷联系我们，他们来自不同的文化背景，说着不同的语言，拥有不同的政治体系，然而他们都对这个项目产生了共鸣。在这一瞬间，我们感到社交媒体为我们建立了联系。想象一下在我们的生活中存在着许多壁垒，如何克服这些壁垒是对艺术家的一项挑战，我们所希望看到的是，社区与社区之间更加紧密地团结在一起。

珍·克拉瓦：我认识到公共艺术不仅仅是呼应性的艺术形式，还能激发人们重新思考。尽管只有 40 分钟的游戏，但所有参与者都有机会思考一个没有隔阂的世界将是怎样的。我们一直强调将人们聚集在一起，让大家共同享受快乐的气氛、共同发展，并思考彼此之间的不同之处。

马克·范德斯恰夫：接着这个观点，我们在这里分享的是美国和墨西哥边境的项目，而且也意识到国际政治和地缘政治因素的存在。很多人能够察觉到中国和美国之间也存在着一些无形的墙，在公共艺术领域，我们需要保持这样的警醒，并记住跷跷板能够拆除这些壁垒的故事，这将在未来帮助我们解决类似的问题。

汪大伟：感谢大家的交流与讨论。通过《跷跷板墙》这个案例，我们获得了一些有意义的启示。它体现了相互性和互动性，在这之中是情感互动与彼此呼应的原理。同时，我们还提到了阿基米德用支点撬动地球的名言，它启发我们用智慧的方式可以产生巨大的社会变革力量。这些启示回答了我们对于公共艺术更加深入发展的追求，无论是跷跷板还是阿基米德的原理，在我们未来的公共艺术发展中都可以发挥哲理性的作用。

国际公共艺术论坛（二）

气候危机时代的公共艺术

作者：李龙雨　上海大学上海美术学院教授，国际双年展协会原主席

摘要：文章主要探讨气候和生态危机时代下的公共艺术可深入的领域，提出原先建筑师在建造可持续性建筑与生态建筑时并未涉及公共艺术，通过经典案例的分析，明确公共艺术对城市规划、建筑、景观的重要性，公共艺术应纳入一个更为广泛的领域。

Public Art in the Age of Climate Change

Author：Yongwoo Lee

Professor at Shanghai Academy of Fine Arts, Shanghai University, Former President of the International Biennial Association

Abstract：The article mainly discusses the possible areas of public art in the era of climate and ecological crisis, and points out that architects did not involve public art in the construction of sustainable buildings and ecological buildings. Through the analysis of classic cases, it argues that the importance of architecture, landscape, and public art should be included in a wider field.

气候变化时代背景下的公共艺术涉及可持续性建筑和生态建筑。尽管在很多大型城市中都有这些或类似的建筑，但在这些建筑类型中，建筑师并没有参与到公共艺术这个领域中去，但公共艺术对促进景观师、建筑师和城市规划者之间的合作具有非常重要的作用，所以笔者希望通过这篇文章让读者可以把公共艺术纳入一个更为广泛的领域，也包括建筑领域。

因为建筑可以被纳入到公共艺术领域内，所以公共艺术和很多领域都可以展开合作，比如由意大利建筑师于米兰设计的掀起绿色革命的建筑项目，主要是面对大城市的住宅区，在这个项目中，我们平常意识里平面的森林变成了垂直的，这个建筑的名字就叫做“垂直森林”，是

意大利建筑《垂直森林》（来源百度百科）

建筑师和景观的合作。

它不是一个双字塔类型的结构，共有 900 棵树，最高达 111 米，而低的只有 76 米，是建筑也是森林，所以叫做建筑式森林，这里的建筑既可以吸收雾霾，又能够为城市造氧，在城市区域也是一个自给自足的结构，该建筑甚至可以使用一些像太阳能过滤废水这种的新能源，在各个不同的功能层面让整个建筑物保持一个健康的状况。

除此之外，这个建筑师还在不同的地方设计了其他绿色建筑，比如在开罗，他主要强调的是城市森林的再造。森林退化是环境问题的一个重要因素，而这个项目旨在将退化的森林进行“森林再造”。在荷兰也有一个森林建筑物，该项目开始于 2009 年，经过 13 年时间已经影响广泛，深受大家青睐，其核心理念是通过种植不同的树去创造城市森林，这在很大程度上帮助空气保持洁净，并减少二氧化碳的排放。

开罗“森林再造”

最后，有一个尚未实现的设想，那就是在中国的柳州也要建造这样的项目。这座塔式的结构将完全被绿植覆盖，可以帮助改善中国的空气污染问题。看上去是非常科技型的一些建筑，最后是连片的森林。但为什么我们要选择树木，为什么要在城市当中打造森林？原因是在城市中种植更多的植物可以帮助吸收将近 40% 的化石燃料排放气体。

那森林再造可以帮助我们减少二氧化碳吗？答案是：种植新树木确实是最有效的一种减少大气当中二氧化碳的方式之一，并且能够帮助减缓全球变暖的现象。同时我们所谓的可持续性的生活方式当中，列出的第一条就是植树造林，并且我们鼓励减少对于肉的食用，因为要吃更多的肉，就需要有更多畜牧业的发展。

我们也要推动使用可持续再生的能源方案，去促进无纸化进程，现在无纸化已经成为一种时尚。它可以帮助我们改善城市的一些不良健康状况。下图是另外一个设计师设计的，该设计师也是2010年上海世博会英国馆的设计者，他和上海的一位企业家合作历时 9 年才在上海完成这个项目。如今，它也成为上海的地标性建筑。该项目外部是一个艺术街区，设计师使用了许多绿植覆

柳州森林建筑

上海悬浮森林

盖商场，商场于2020年12月20日启用。立柱是这个项目最重要的一个特点，有人说该建筑像一个火炬，也有人说像一个饭碗。虽然许多建筑师都会在他们的建筑作品当中植树，但也存在招惹昆虫的弊端。至于这种形式是否美观，是否奇怪，如何判断就全然在观众了。

再比如苏州河的艺术街区，下图是俯视角度的景色。有人说太漂亮了，也有人说用力过猛。在新加坡由托马斯设计的建筑，名字叫做“伊甸园”，这个建筑师做了这样的一个非常细的建筑。大概有179米高，它的阳台上有很多不同的植物，这已经成为了现代建筑设计的一个典范。我们可以看到许多这样用公共艺术的方式来设计建筑。

我们重新定义公共艺术，有位日本设计师叫安藤忠雄，在一个公共艺术中心里设计了被樱花树包围的卫生间，这就是在设计中融入了植树的意识。笔

苏州河的艺术街区

新加坡建筑“伊甸园”

者也与一位日本建筑师于2016—2017年一起设计了一个约23米高的建筑，内部共使用一万个脚手架，上面有很多可种树的点，在走过过道时可以体验树在上面的感觉。

联合国数据显示，约65%的温室气体来自很多城市楼宇，这些楼宇消耗了全世界78%的能源，使得城市成为造成环境污染的主要源头。虽然城市只占地球表面积的2%，但是城市同时也是公共艺术的重要舞台，公共项目会在城市中实施，虽然在乡村之中也会有公共艺术，但是通常情况下，城市中更为常见。所以在创作公共艺术时，就应该考虑到气候变化和环境问题。英国政府也开启了很多新的项目，宣称如果要开展一个开发项目，项目就必须要提高50%的生物多样性。目前生物多样性包括城市气候变化，已经从一个专业的词汇成为了一个普通的词汇。

还有日本的一个公共艺术建筑可以这样描述：“这个地方塑造的形式让公共艺术非常成功。不光是地方重塑而是地方塑造，它有特定的形式和语言”。现在我们面临的问题是如何通过这种形式主义的审美来实现可持续性的发展。如今我们有很多紧急的生物危机问题，所以公众就非常想要知道如何去进行地方重塑，所以地方塑造变得异常重要，它能够让人们运用创新性的一些元素去进行地方塑造，使这些地方变得更有趣，比如壁画、雕塑、装置、数字媒体等。但是在地方重塑概念下，我们还要考虑到建筑中的景观建筑艺术，以及社区的艺术表演、当地的节庆等。

爱因斯坦曾说：“问题永远用创造问题的相同形态来解决”，我们用过去的想法就只能得出相同的结果，从而变成了一个死循环。下图是一个英国的艺术家做的壁画，这个艺术家来到了一个停车场，他涂掉了 ING，把停车场改为了一个环境友好的、有很多植物的公园，还有一个小女孩在这个地方荡秋千。这个就叫做艺术家把一个空间进行了重新定义。

英国的艺术家做的壁画，涂掉了ING，女孩荡秋千

苹果公司的创始人乔布斯每年会交 7 万亿的税，是美国最大的纳税户，但同时他也是叙利亚移民的孩子。在下图的壁画里，艺术家并没有说他是苹果公司的创始人，而是说他是叙利亚移民的儿子，这个壁画是在法国的一个难民聚集点画的，我们并不知道那些移民最后会发展得如何。

法国难民聚焦点的壁画

在表演型公共艺术“看冰”项目中，可以看到一大块来自北极的冰块，一直被运送到巴黎，该项目想表达这些冰块融化的地方，其实离我们的居住地非常近。观众知道冰块来自北极，也知道冰块正在消失。他们在项目中能够亲身去触摸和感受冰块的融化，甚至部分观众伴随着激动的情绪，等到这些冰完全融化后才肯离开，这暗喻了人类的一些活动对我们生活的地球造成了极大破坏。

所以，结合上述案例，“建筑、城市规划以及景观的塑造”这三者必须要融入到公共艺术当中去。

表演型公共艺术：看冰

公共艺术推动公共性建构——当代中国社区建设的新路径

作者：黄晓春　教授，组织社会学专家，上海大学社会学院院长

摘要：文章先结合中国现状和相关理论解释公共艺术在建设过程中十分困难的原因，再通过案例阐述为何公共艺术对推动公共性的建设比一般的公共政策、公共财政的作用更大，可见艺术推动公共性发展过程当中的强大内源力和潜力，最后表达笔者对公共艺术未来发展的美好愿景。

Art as a Catalyst for Building Publicness—A New Path for Community Building in Contemporary China

Author：Huang Xiaochun

Professor, Expert in Organizational Sociology, Dean of the School of Sociology and Political Science, Shanghai University

Abstract：The article first explains the difficulties encountered in the construction process of public art in China based on the current situation and relevant theories. Then, through case studies, it demonstrates why public art is more effective in promoting public construction than general public policies and public finance. This shows the powerful internal force and potential of art in promoting the development of publicness. Finally, the author expresses his optimistic vision for the future development of public art.

对知识领域而言，当代中国的社区建设都面临公共性困境的问题，虽然从理论上所有人都知道社区很重要，但真正参与过社区活动的人却少之又少。甚至社会学开年会时发现，很多人从来不参与小区活动，但社区是中国社会建立，社会治理中非常重要的问题，是中国重要的组成基石。公共服务要递送到老百姓手里，靠的就是最后一公里的社区，我们发明了很多词来形容社区的重要性，早些年中国的各级政府要把各种各样的服务递送到社区，服务犹如各种各样的线，最后的针眼是社区，要通过社区来实现。

如今社区变成了上级政府的牵锤，部署的时候就敲打你，为什么中国的社区这么忙，这么累，就是要减负，因为社区是中国公共服务的最后一公里，我们可以看到整个社会构建的基石也在社区，最近在社区的防控也起到了非常好的作用，最重要的原因是因为社区的防控体系，使得所有问题在最后一公里得到了解决，概括而言即小事不出门，大事不出村。

社区是社会认同塑造的基础单元，社区很重要，最重要的原因是其公共性，但在今天的中国尤其是在社区的层面，一直是缺失了所谓的公共性，即公共意

识的，“公共”让我们每个人从死神的生活当中走出来，让我们关注公众问题，任何社会若无公共空间，就无法形成政策互动，让社区作为作最后一公里的结果是各级政府的压力越来越大。前不久看到了上海某个区的部门报告写道：“虽然在过去的这段时间里，我们已做到了一年 365 天全年无休，24 小时待命，我们依然和人民群众有距离。”

为什么公共性很难建设呢？可以如此剖析清楚。以公共性为例，让人民群众关注公众问题，首先涉及到的第一个问题是各级政府对于社会的赋权，对于公共的空间、资源要让群众说了算，这个时候才有公共性。道理很容易讲，文件也是这么写的，但因为我们要有秩序，所以对于任何一个政府而言，都会担心公共领域和公共权利一旦放出去以后，容易出事。相当于政府不放权，就没有公共性，因此很难找到平衡点，好比钟摆的运作，社区的公共性很难得到有效改善。

在此意义上，上海很多地方能够看到精彩的艺术推动公共性重建的案例，我们意识到在开放流动、充满不确定性的社会下，公共力量是那么强大，可以柔性地解决我们在政治领域、社会领域的复杂问题。公共艺术所蕴含的审美要有趣味，也要具有普遍的社会吸纳性，要让不同阶层、不同群体、有不同意见的人通过这个艺术达成共识是很困难的。

笔者曾经在上海遇到过一个非常经典的故事，在一个高端商品房的小区内依靠公共艺术去构建居民的认同感。社区居民自己拍社区电影，居民自己设计剧本并参演。如果家中有人拍电影的话，家属要探班，拍一个电影却把小区当中数百个，甚至这辈子都不会发生连接的人聚集了起来，因此我们可以看到公共艺术强大的力量，可以超越社会的边界来推动共识。

另外艺术活动所引发的交流互动，从组织的社会角度来说，具有很强的兼容性。比如社区有很多问题会被讨论，小区要不要设停车位，要不要装电梯，有车的人要停车场，但有人就要绿化，这很容易形成矛盾点，难以聚合在一起，但艺术的问题就很容易形成共识，一同讨论哪种建筑方式更好，这类问题引发的讨论不具有排他性，反而具有很强的兼容性，因此更容易有秩序。

另外参与艺术活动是因为它会激活参与者来自内心深处的渴望，会形成可持续的社区纽带，因此公共社区会持久。如果业委会有问题，那大家都会关注，但是这个问题一解决，所有人又都找不到了，而公共艺术对于美学和艺术的追求是比较持续的，所以在很多维度上，艺术能发挥一般公共物品所不具备的效能来推动我们当代社群。

如今艺术推动公共性构建的过程当中仍然面临一些挑战，最大的挑战来自于几个方面，首先是由于受学科分工的限制，传统来说，社会学、政治学，公共管理学对于社区建设有更强的话语，但这些学科是不太注重艺术的，很难考虑到把艺术的方法纳入社区的管理，而艺术家考虑问题的时候大部分是考虑其趣味性，很难思考如何把对于人群的吸纳做进一步的讨论。

第二个方面是由于我们中国内部的影响，社区建设的职能部门很少推动公共艺术进社区，社区建设一般是由组织部门推动的，这些部门推动社区的建设确实不太引入这种规划。在公共艺术的视角下，这是由于条块分割的原因导致的，公众广泛参与艺术平台的载体不足。

关于未来的展望，可见艺术在推动公共性的发展过程当中具有强大的内源力和潜力。未来，公共艺术要发挥其载体和治理机制的作用。我们要去推动跨学科的融合，要让社会学家，艺术家经常互动，尝试用不同的方法解决问题，另外我们要探索公共艺术作品，虽然这方面还有比较强的精英化特征，真正的公众参与度还很有限；最后，我们要形成公共艺术扎根的生态，联结高校、政府和企业共同协助来构建良好的生态体系，最终来推动当代中国社区公共性的建立。

有机更新，幸福城市

作者：俞斯佳　上海现代城市更新研究院院长，上海市建筑学会监事长，上海城市雕塑中心理事长

摘要：本文通过阐述自身参与的新华街道的改造项目的过程，从系统分析，记录诉求，从哪个角度来进行更新和谁来更新，最后相对完整地形成了社区 15 分钟生活圈，并结合在社区内进行的上海城市空间艺术展览，以艺术化的形式向其他社区的规划做了推广和普及，新华街道 15 分钟的生活圈实践为有机更新提供了可推广可复制的样本。

Organic Renewal, Happy City

Author：Yu Sijia

President of Shanghai Modern City Renewal Research Institute, Chief Supervisor of Architectural Society of Shanghai China, Chairman of Shanghai Sculpture Space

Abstract：This article explains the process of the renovation project of Xinhua Street that the author participated in, from the perspective of system analysis and appeals recording, to hold and who to update, finally formed a relatively complete 15-minute living circle of the community. Combined with the activities carried out in the community, the Shanghai Urban Space Art Exhibition has promoted and popularized the planning of other communities in an artistic form. The 15-minute living circle practice in Xinhua Street provides a sample that can be promoted and replicated for organic renewal.

新华街道是一个拥有丰富人文底蕴的街道。从历史的源流来看，这里蕴藏着丰富的历史资源。过去，它是租界的边缘，类似于现在的黄金地段。在当时，它是上海的乡村地区，形成了一个相对完整的外国人社区。解放后，该地逐渐演变为工人居住的地方。由于地处中心城区，高档住宅也逐渐增多。这些社区非常复杂，既有许多受保护的历史建筑，也有大量的普通民居和工人住宅，还有高档商品房，各类建筑都混杂在一起。现在的新华社区跨越了两个风貌区，其中有三条历史风貌保护道路。笔者对番禺路做了重点保护工作。

在进行改造的过程中，笔者与团队从社区治理的角度评估了该区域未来更新改造的需求。因此采取了自上而下和自下而上的两条线索，共同参与并提出整个社区更新的需求。最终形成了一个清单化的改造方案，明确了具体的目标和步骤。

在这个过程中，笔者的更高理念是建立一个 15 分钟的社区生活圈。上海

在这方面率先提出了“15 分钟的生活圈”的概念，现在全国各城市都在倡导这一理念。这对于未来社区的更新改造和提升提供了标准化的规范。使得在新华街道进行社区更新的过程中有着更高的要求。

简单来说，新华街道的社区生活改造可以分为“五个宜”和“六个共”。“五个宜”包括：宜居、宜业、宜游、宜学和宜养。进一步细分，总结出近 109 个项目，并将其纳入为三年行动计划。其中，一些项目可以立即实施，计划在今年内完成；而一些较为复杂的项目将在第二年推进，但整个三年计划内的 100 多个项目基本上都能够完成。

举个例子，笔者在宜游方面打造了一套后街漫步网络。在整个漫步系统中，笔者发现许多老旧围墙，尤其是许多小区因门禁和围墙而被割裂。经过梳理，我们发现了大约 20 到 30 个步行网络断点。我们选择了其中一部分进行打通，建立了这些节点，形成了一个相对完善的内部漫步网络。因此，番禺路在长宁区后来被命名为 " 漫步番禺 "。

这样的改造方案涉及多个方面，通过优化居住环境、促进产业发展、提供丰富的旅游资源、提供优质的教育条件和充分考虑养老需求，笔者致力于打造一个宜居、宜业、宜游、宜学和宜养的社区。这些规划已经在三年行动计划中得到落实，并将逐步推进和实施，以提升整个社区的品质和生活体验。

漫步网格1

笔者发现该路段周边存在许多待更新改造项目，故将这些项目与路网结合起来，形成了一个系统化的管理系统。同时，与未来的功能规划相结合，以提升社区的综合功能。长宁区南北两部分拥有不同的功能规划主题。通过打造漫步网格，在整个社区内形成了四个不同活动系统的网络。其中一些系统以历史文化为主题，这些系统将历史文化资源串联在一起，被称为历史文化街；另一些系统以休闲漫步为主题，被称为时尚休闲境；还有一些系统则规划为供跑步和快走的运动境。此外，结合城市空间艺术季，展览季也在此地举办，在举办过程中有大量项目被串联起来。这些项目并不都很大，有些是门房，有些是

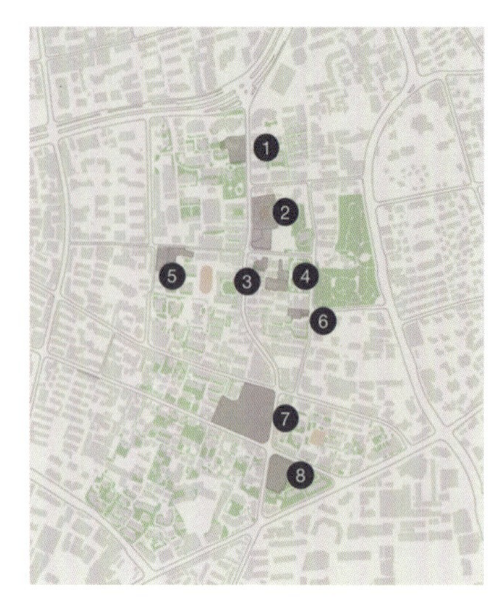

漫步网格2

菜场，但将它们串联在一起形成了有机的公共空间系统。当然，也有较大型的项目，主要分为两类：一类是政府主导的项目，另一类是市场主导的项目。由于目前大部分政府财政紧张，单靠政府投入进行社区更新改造是不现实的，必须引入民间机构。其中一类是由社会市场主导，另一类是由政府引导。

2019 年到 2020 年共完成了 24 个项目，完成率高达 96%。其中包括对住宅的改造，我们称之为宜居，对老旧住宅进行改造；还有一些是创意空间，经过了重新打造和提升，被改造成具有创意功能的空间；同时，笔者还对漫步系统进行了改造；此外，还针对养老服务区域进行了改造，即宜养空间的改造，以满足老龄化的需求。

宜养体验馆——怡养 · 老有劲展

汇总这些案例后，笔者对其进行了评估，认为达到了 B 级水平。随着更多的设计师、艺术家以及公众和当地居民和业主的共同参与，未来项目的提升水平将会更高。而“六个共”则是共创治理机制的核心、共商社区需求、共绘规划蓝图、共建社区家园、共评治理成效和共享治理成果。这个过程中，地方居民、业主、政府以及第三方机构、设计师和艺术家共同参与完成了各项工作。

笔者记录了大量关于社区需求的清单，这有利于进行评估和第二阶段的整改。2020 年，笔者创建了一个相对完整的社区 15 分钟生活圈，并将其作为样板社区进行展览。因此形成了三个展览计划：首先是总社区的展览，其次是五个单元的分主题展览，其中，笔者展示了有趣的装置艺术，例如在玻璃盒子里的 24 小时计划，任何年轻人都可以报名参与。第三个方面是两个特别的计划，在 2020 年的展览过程中，由于艺术家和社区居民之间的语言和审美趣味有时不同，笔者和团队有所顾虑。但总体评价良好，公众的参与度高。此外，笔者还进行了细胞计划，将公共艺术融入社区的微小空间，两个月后再进行拆除。

2020 年的计划吸引了 5 万人次的参观群众，共有 200 多批次的 VIP 参与，还有许多人参与线上的具体活动。社区的治理取得了较好的效果，并通过艺术化的形式向其他社区的规划进行推广和普及。新华街道 15 分钟生活圈的实践为有机更新提供了可推广和可复制的样本。

青岛地铁公共艺术——“空间一体化”设计理念研究与实践

作者：吴学锋　青岛地铁集团有限公司总工办副主任

摘要：青岛地铁集团在公共艺术设计方面取得了显著的成就。本文将其内容分为四个方面：空间一体化设计理念的提出、理念的研究过程、理念实践的效果以及建立专家委员会。青岛地铁集团提出了空间一体化设计理念，该理念以人民为中心，从人的视觉感官和行为逻辑出发，开展空间的主视觉设计，提高了城市形象和社会影响力，达到了传承青岛城市文脉，发扬青岛城市精神的效果。

Research and Practice of “Spatial Integration” Design Concept for the Public Art of Qingdao Metro

Author：Wu Xuefeng

Deputy Director of the Chief Engineer Office of Qingdao Metro Group Co., Ltd.

Abstract：Qingdao Metro Group has made significant achievements in public art design. This article divides its content into four aspects: the proposal of the integrated design concept, the research process of the concept, the effect of the concept practice, and the establishment of an expert committee. Qingdao Metro Group proposed the integrated design concept of space, which takes people as the center, starts from people's visual perception and behavioral logic, carries out the main visual design of space, improves the urban image and social influence, and achieves the effect of inheriting Qingdao's urban context and carrying forward Qingdao's urban spirit.

青岛地铁 1 号线在 22 年前全线通车，实现了青岛西海岸新区与主城区的互联互通，使青岛的轨道交通网络由 6 条线路组成，总里程达到 284 公里，设有 128 个车站。在全国开通地铁的城市中，青岛的里程排名第十位，也是第 26 个开始建设地铁的城市。

2021 年，青岛地铁全年客运量达到 2.47 亿人次。去年，青岛地铁三条线路规划已获批准，包括七条线路总长 139 公里，总投资约 1000 亿元。因此，青岛地铁的运营和建设线路总里程已达到 503 公里。笔者提出了 " 建设轨道上的青岛 " 的概念，这个概念正在逐渐引起关注。青岛地铁的公共艺术成为当代城市文化最直接、最具象征性的表达媒介。现在在地铁站的空间中，可以感受到一种特殊氛围，这种氛围正在改变青岛这座城市的气质，展现出开放、活力和时尚的特征。

首先，空间一体化设计理念被提出。长期以来，建设地铁就是建设城市，一方面是发展地铁，另一方面是连接城市。地铁涉及人民群众的福祉，对一个城市的意义得到了广泛认可。在许多层面上，地铁建设被狭隘地理解为简单的基础设施建设，而忽视了其作为城市最重要设施的人文意义。在此之前，大部分地铁都只是艺术创作表面的皮毛，公共艺术品通过刻板的艺术墙方式生硬地融入地铁站的空间，导致形式千篇一律，失去了个性化。

青岛地铁是如何实施这些概念的呢？2012 年，青岛地铁的第一条线路 3 号线启动了装修技术设计工作，在 8 个站设计了公共艺术产品。尽管在装修设计和公共艺术方面做了一些融合的努力，但 3 号线的公共艺术设计中仍然采用了较为传统的模式。而在 2 号线的设计中，我们考虑在机械上进行融合，将汽车站的装修、导向、公共艺术产品和广告设计这四个专业融为一体，当时称其为四位一体的设计。尽管取得了一些效果，但仍然不是非常满意的。

青岛地铁3号线重点站——太平角公园：《海洋乐园》陶瓷壁画、《天窗》不锈钢雕塑

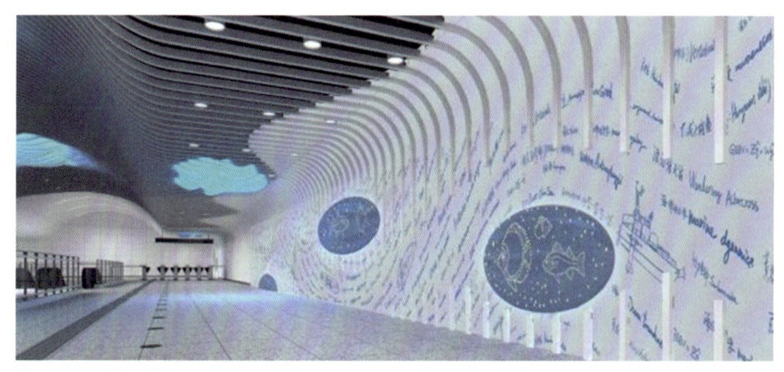

青岛地铁2号线重点站——海游路：《学海遨游》浮雕、UV喷涂

到了 2016 年，13 号线的设计正式启动，而在 2017 年启动了 1 号线和 8 号线的设计。在这一步，笔者提出了空间一体化的设计理念，将装修设计、公共艺术产品、广告、商业设计施以及灯光、机电线路等汽车站的人体化设计等八九个专业融合为一体，形成相互支持、相互补充的有机制，并对其进行了整理和统一分割，提升了性能和设计标准，逐步实现了空间一体化的理念。

空间一体化学概念的主要内容为以下几点。首先，笔者通过深入研究地铁对乘客整程中的行为，重新设计乘车体验。从乘客的视觉、感受和行为出发，进入行空间的主视觉设计，提升艺术品质。其次，系统性地实现现代交流功能

青岛地铁13号线

网，将艺术作为功能的一个组成部分，以满足功能为主导，使其服务从功能上，而不是抢占主导位置，主张在功能上恰到好处。第三，艺术设计要简单化，本着少花钱多办事的原则，不只是节约成本，而是简约且符合时代的潮流。追求的不是为了简单而简单，而是为了提供高品质。努力争取公共艺术在我们工程师全生命周期当中可以保存下去。

第二个方面是关于空间一体化理念的研究过程。概念的提出需要深化和落实，在该理念的指导下如何做具体的工作，主要分为两个维度，第一个是从车站空间的一体化，发展到了地下和地面上空间的一体化。把地下空间的艺术相对延伸到地面建筑、高架车站的建筑、出入口和场所的建筑，从内延伸到车辆的外观、车内的装饰上，这些设计也要和车站的分布相协调，做到向内向外都要延伸。第二个是空间一体化的设计，从单一的装修设计到艺术引领的空间，用艺术作为灵魂来创造空间，通常情况下，为地铁空间做简单的装修都是被动的，如今让艺术占据主动地位，根据艺术表达需要来进行空间的设计，在这种理念下，用满足交通功能下的一些技术手段对传统的地铁车站建筑进行改造升级。比如说在设计过程中，通过结构细算可以取消站亭的驻所，把站亭原有的比较宽的两排柱子改成一排柱子；再比如以前管线要占大量的空间，如今通过 BIM 的技术可以排地节约 20—30 厘米的空间，从而提高交通功能使用的空间；通过在艺术空间使用一些明亮的表现手法，提升了灯光的设计，提出了见光不见灯的设计理念，取消减少了天花，使用天

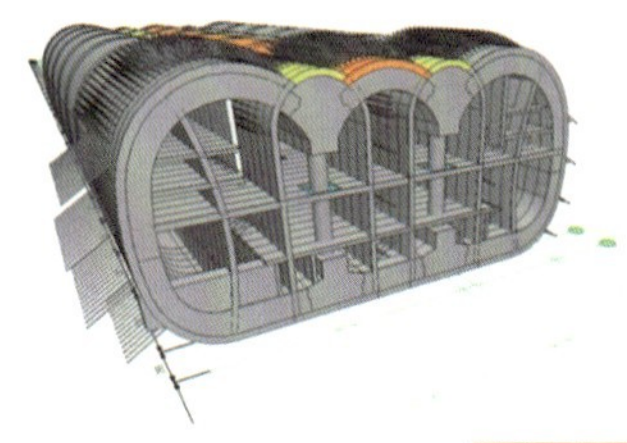

BIM技术布置空间

星空灯——见光不见灯的理念设计

青岛地铁全网出入口实施

花管线梳理，展现了工业美和文化塑性。

而空间一体化的要求是怎么做到的？技术层面上，首先要把地铁的功能放到第一位，把乘客安全送达目的地是地铁的最终目的，同时要为乘客提供舒适的交通环境；第二，艺术以人为本，关注乘客乘车的美好体验，创造视而不见，观而有感的艺术，营造轻松愉悦的沉浸式乘车体验；第三是艺术语言的应用，从叙事到抒情的表现都与时俱进，有当代性、国际化，关注新媒体、新媒介的应用；第四，车站重点分级艺术资源配置要合理，设计投入要张弛有度，根据全网线路和站点的不同，避免将资源过度地在局部使用，要全网全程来考虑；第五，准确得体地彰显我们城市文化、城市品格、城市精神，不再简单地将地上建筑搬到地下，地上有什么建筑我们在地下建相同的，现在要注意改善它；第六点是坚持独一无二的青岛理念，不再盲目地向人“学习”，注重创造

青岛地铁8号线

青岛地铁8号线重点站——胶州北站：《千帆竞逐》金属装置

城市新的文化符号；第七，是注重引领，城市市民的审美获得大众的喜爱，将以美誉的功能引导市民；第八，注重艺术设计的经济性、环保性，要达到高品质，争取艺术品和艺术品全生命周期同在。

第三个方面是关于我们理念实践的效果，具体在 1 号线、8 号线实施后的通车效果，车站空间更为丰富的色彩，将青岛的老城海岸、月夜、四季花开，工业厂房等等都作为素材，汲取描写青岛的文学和诗句，用更为当代的艺术表达呈现出青岛的特点，例如以下站点，设计理念是记录城市与海风，展现青岛城市的形象，实现樱花如同穿过尘雾的红日般的效果。

空间设计的国际范也应用在地铁出入口设计，11 号线和 13 号线两个高架线的设计当中都有外国设计师的参与，这些设计师有国际视野，进一步提升了空间一体化的制作，在文脉上，青岛地铁坚持与城市文化紧密结合，形成一种接地气的国际范。再比如 3 号线呈现独特的历史文化与风土人情，展示了不同文化的印记，向世界展示青岛的文化底蕴和丰富精神等文化魅力，11 号线几何状的改建在阳光下呈现出的变幻交错，13 号线醒目清爽的灰白色，帆船的主体色彩体现了当代建筑美学的现代艺术气息。青岛地铁出入口做到了全网统一，通过对于欧式风格元素的提炼，采用新古典主义手法，体现了青岛印象、青岛记忆，成为青岛市民为之自豪的建筑。

第四个方面，专家委员会成立 10 年来，召开了会议 34 次，坐实了专家会，以艺术委员会为基础，打造了专业团队，开放专家咨询、公众参与的模式。同时吸纳高水平的艺术家参与其中，有来自中央美院、清华美院、上海美院、山东美院、西安美院的国内高水平专业院校来征集方案，保证了专业性。

再者，青岛地铁公共艺术重视公众的参与，青岛地铁空间艺术设计，除了重视上层智慧之外，从来没有放弃从市民中提取营养，始终坚持艺术设计源于群众，服务群众，每次设计成果都要进行公示，虚心听取市民的建议，对于市民的色彩偏好、口味都会认真地去领会，例如根据对市民审美喜好的调查，发现淡雅的颜色更受欢迎。

青岛地铁强化用技术手段，对公共艺术创作进行支持，优化地铁空间的功能性设施和乘客出行的方式，用 BIM 手段提供强大支持，为了艺术表达的需要，给了乘客创作空间而不是给乘客空间让其来装修，通过这样的方式激活创造力。

最后，也依托于领导决策的科学机制，创新决策机制，把专家意见和领导决策有机结合起来，这是最重要也是最根本的保障理念和实施的经验之一。总之，车站一体化发展，基于以人民为中心的原则，是从人的视觉感官和行为逻辑出发开展空间的主视觉设计，促进了城市形象，提高了社会影响力，实现了传承青岛城市文脉，发扬青岛城市精神的效果。

圆桌论坛

基于大洋洲获奖案例《北上朝圣》的公共艺术研讨

主持人：方晓风、蒂姆·格鲁奇

提问嘉宾：眭谦、姜俊

解答嘉宾：凯莉·卡迈克尔、蒂塔·萨莱纳、欧文·艾梅特、
马可·库苏马维加亚

大洋洲获奖案例《北上朝圣》

提问部分

方晓风：先谈各自对《北上朝圣》的评价，或者最关注的部分是什么？

眭谦：我想起了波斯文学当中一个古老的故事，这个故事里有一首诗叫做《鸟的回忆》，又翻译成《百鸟朝凤》，故事讲述了一群鸟寻找它们的鸟王的旅程，鸟王被认为在卡福山上。这些鸟经历了艰辛的旅途，包括死亡和疾病，最终飞抵卡福山时只剩下 30 只鸟。然而，到达卡福山后，并没有找到鸟王，它们开始思考原因，后来发现这 30 只鸟就是鸟王。这个故事寓意深远。我在观看《北上朝圣》后，意识到这两位艺术家就像那群鸟一样，在长途旅程中体验了世界的变化和人类的各种情感。从公共艺术的角度来看，这对我们也具有启发。公共艺术首先强调的就是公共，这种公共应该是艺术家与社会的互动关系，它不仅仅是把艺术品放置于公共场所。公共艺术家的视野应该是面向全世界，面向全人类的，关注社会的一些公共话题。我更加关注的是他们在艺术旅程中是否考虑了在地性文化，以及他们的艺术创作和公共艺术中是否将其融入

其中？他们如何通过在地性文化和与全球进行沟通和交流呢？

姜俊：我在一定程度上觉得这样一个社会介入性的作品非常有意思，我非常感兴趣的是如果接受美学的话，参与人所谓的，作品以哪种形式展现而它又是在哪个场域当中进行展现的，这一点可能更为重要。因为这个项目让我联想到了1982年博伊斯的社会雕塑，过程当中非常重要的正是它的参与性，以及项目如何进入到大众媒体引起的一系列讨论。在这个过程中，我们实际上看到了艺术家如何与卡塞尔的媒体形成有力的宣传合作，使项目能够在媒体上发酵，最终和大众媒体发生链接，特别是和在地的大众媒体发生链接，从而形成了卡塞尔的讨论，以及在德国的语境里展开讨论。这些讨论使得大家对一系列的问题，特别是环保问题产生新的认知，对艺术也产生了新的认知，对于当时步入20世纪70年代并逐渐中产阶级化的欧洲或德国社会来说，这些讨论会产生怎样的影响呢？博伊斯的社会雕塑通过媒体事件的操作和争论，引发了人们对某些问题和观念的讨论和变化，对于社会的重塑，或者是在这个过程当中如何重塑社会，这个行走项目在行走完了以后如果接触大众，是接触哪些大众？是我们所说的本地大众？还是西方社会的大众？或者其他类型的大众？因此，如何重新引起讨论并对本地社会进行反馈或重塑可能是我对于这个项目更感兴趣的部分。由于我们是通过网络去了解这个项目的，希望能听艺术家介绍背后的故事。

方晓风：问题正好构成了这个两个维度，一个问题实际上是在地性的问题，一个问题实际上是更广泛的媒体环境当中传播的问题。

解答部分

蒂姆·格鲁奇：我在里斯本看到了这个项目的一部分，看到了这个项目跟当地的文化的密切联系，由艺术家展开下这个项目的过程当中与当地文化产生了联想和相关的工作。

蒂塔·萨莱纳：关于当地文化的问题实际上非常复杂，因为我们在成长过程中形成了一种认知，那就是文化可能是一个非常古老的概念，可能涉及土著人、原住民和部落，主要是反映的一种力量。然而，在我们的徒步旅行中，我们遇到了不同的文化。如果我们把文化视为生物，他们之间是看不到的，因此文化不是固定的，每分每秒都处在变化中。当涨潮时，你会发现洪水涌来，人们的行为完全不同，他们不再是在陆地上行走，而是在水上行走。例如，我们的政府新建了一个盲道，用了一种非常不同且非常醒目的颜色，即用黄色标识盲道。结果在洪水或不同气候条件下，人们行走的方式发生了变化，可以明显看到这种醒目的颜色。你会发现几个小时内道路发生了变化。同样，人们建造房屋，保护自己的财产，在停电时与人们沟通都会面临类似的情况，这些都是让我非常好奇的地方。文化是一个永不终结的人类过程，其中会有很多的问题出现，好像是一个战斗永恒处在不停冲突和协商当中，这是我对文化的理解。

欧文·艾梅特：我想再补充一点，还有一个很重要的方面，就是我们需要了解在雅加达海岸地区或爪哇岛上的原著文化是什么样的？从我们的观察来看，是一个比较混合型的文化，我们拥有各种各样的文化相互融合，有爪哇岛上的文化，中国传来的文化，印度、阿拉伯文化等的，这几种文化纠缠在一起，不同的方式融合然后形成了一个不一样的总体的当地文化。这个很有趣，比如说在雅加达我可以想到的一个例子，在雅加达西部的一个海岸城市，就受到非常丰富的中国文化的影响，他们和爪哇岛当地的文化以及印度教融合在一起，然后形成了新的趋势，新的海岸文化。

蒂姆 · 格鲁奇：从个人的观察来看，我发现这个项目包含了非常多不同的维度，有一些是介入性的艺术，比如说采取了仪式的形式，在这些仪式当中我发现您好像找到了一些历史参考点，历史上大家会做的一些文化活动和仪式，比如说祭祀等，所以您和当地文化的这种互动其实也是有历史的一面，对吧？

蒂塔 · 萨莱纳：确实会出现这样的情况，我们总是对人类大脑的认知过程感到非常好奇，因为大家处理身份认知、认同感等类似的问题，会涌现出许多故事，并且以广泛的范围展开对这些故事的叙述。我们可以从不同的角度，包括宗教和国家意识形态等，来审视这些问题。这些故事我们自己也可以创造，重新解读其他的故事，重新想象艺术的内涵。有时候，让人参与进来是最简单的方式，因为他们对这些故事非常了解。例如，我们所在的这个城市，大家都有共同的文化认知，包括群岛国家也有类似的文化特征。当大家来到我们的城市时，可能会对殖民历史有深刻的印象，还有一些神话故事，比如关于城市是如何从海上崛起的传说。在这些情况下，我们没有办法控制这些故事，因为这些故事和神话他们融为一体，最终不会出现在很大变化的前提下，我们的情感会受到影响。我们最终还是会回到当地的公众身上，去认真思考一下这里到底发生了什么，现实是什么样的？

欧文 · 艾梅特：还有另外一个很有意思的观点，由于受到社会习俗的影响，这种开发有时会导致人们掩盖这些故事，将它们隐藏起来。还有一些故事因宗教因素的影响而受限，因为这里是印尼最大的穆斯林聚居区，在清真文化中某些议题是禁忌的。虽然它们并不影响人们的日常生活，但却深深植根于人们的心里。

蒂塔 · 萨莱纳：其次，我们目前在项目进展中不再过多考虑人的因素，很多项目关注自然，例如受到绿藻和海洋植物的影响，探究它们如何影响文化。在这些生物体中，你会发现即使在严重污染的地方，它们仍然疯狂地生长。还有一些特定的植物都是在非常极端的环境下生长的，这是从生物学的角度来看。我们希望以哲学的方式来研究它们。

提问部分

蒂姆 · 格鲁奇：刚才姜俊先生有讲到社会雕塑，德国的社会雕塑的历史关系，马可，您在雅加达主要是从事城市设计，以及城市设计如何推动了城市发展，您能不能简要地评论一下社会雕塑的概念，还有您有讲到了这个人们口口相传的故事和影响，从您的角度，从社会雕塑、社会影响力的角度出发，您是怎么理解城市问题的，以及他们双方之间互动的作用。

解答部分

马可·库苏马维加亚： 我觉得我们两位艺术家的作品并不是希望在结尾的时候达到某种高潮，尽管他们的项目涉及不同的社群，但是在我们做的一些项目当中，也和艺术家一起合作，会采取这种社会雕塑的手法，我所在的机构会和当地的一些社区合作，也和艺术家合作，不仅是欧文和蒂塔这样的艺术家。我们很多的时候会让社区的成员参与进来，然后创造某一种小高潮，希望大家理解这种理念，能够主动地塑造他们的社区。这背后的理念是我们一直在讲城市权衡，不是说能够进入到城市就算了，而是要有能力改变重塑我们的城市。按照您想要的方式，而不是政府或者是说其他人的方式来塑造城市，我觉得欧文和蒂塔两个人超越了社会雕塑的概念，因为是那么庞大的项目，他们刚刚在讲他们现在更多地在关注和其他物种进行生物学上的交流，这是很重要的，我们最终还是会发现他会回到人类智能的文化上。

谈到不同地方的本土文化问题，即一个国家在进行现代化进程时，当地文化往往会变得同质化。这种现象在中国、印尼和其他国家都存在。过去，不同文化并不互相侵蚀，而是在整个现代化过程中受到一定的压抑，但仍然存在着一些强有力的元素，比如语言。我们可以观察到一些有趣的文化现象，例如某个地方之前有600户人口，使用了五种不同的语言，这里我指的不仅是方言，而是真正的不同语言，如苏丹语和日语，这两种语言差异很大。当然，这个地区还有华人社区，这里的华人非常富有。在海岸线附近，我对当地文化进行了一些调查，我们可以从他们的家庭而不是公共区域来了解情况，这才是一个挑战。两位艺术家，你们可能需要采用自己的方法来观察他们的家庭或社区内部的情况。有趣的一点是，我们需要了解是什么机制让这样的本地文化得以保留，这并不是文化之间的冲突，而是现代国家和现代文化所面临的问题。

蒂姆·格鲁奇： 我这边有一个问题是刚才姜俊先生说到的，就是传播和国际合作的问题，我在问其他人之前我想问问你，特别是关于当地文化，社会雕塑以及传播还有国际合作这方面您有什么看法呢？

凯莉·卡迈克尔： 您提到了风险的问题，现在对这个问题的讨论仍然具有重要性，其中包括项目的执行方式。您曾经写过非常美丽的一段语言，说我们的项目能够创造魔法。而谈到文化，正如马可先生刚才所述，不同文化在同一地区的存在，等等，这些内容都是非常重要的。

蒂姆·格鲁奇： 我想让两位艺术家来回应一下全部的问题，关于这个项目在全球传播的情况，另外还有未来国际合作的问题。

欧文·艾梅特： 我觉得在雅加达的北部，实际上尽管我们的时间非常紧张，我们会发现我们必须这么做工作，有的时候就是没有时间，没有空间，有时是没有美感存在的，有时是必须现场干的，对艺术家的想象力而言非常有挑战性。从我们的视角来说，我们存在一定疑虑，在这个项目的进行过程中，我们了解了非常多的故事，比如说这个社区非常团结，马可刚才说到了，有的社区很团结，从我们的角度认为这是非常好的，因为它并不能跟现代的生活非常兼容。这次我们的行程并不是说是一个非常快乐的行程，实际上还是有风险的，我们是一直在走，其实走路的过程有的时候在城市当中还是有风险的。我们想要用很多不同的方法来进行传播，我们没有太固定的计划，只是尽量解决现实的问题。

蒂塔·萨莱纳：说到传播还有策略的问题，我们如何去向更多的观众进行传播，实际上并没有计划，我们也不会制订如何去做的计划，因为我们是独立的艺术家，并没有一些机构要求我们这么做。我们做的所有工作基本上都是我们自己想做的，但是我们的确是很喜欢这个项目，这是个非常个人化的项目。当然我们也涉及很大的问题，有的时候也会用社交媒体，比如说Instagram，我们了解对于普通人来说，他们可能并不觉得这个议题很吸引人，可能没有很多的人喜欢看这个城市当中的现实情况。可能也有人喜欢用我们的材料，但是我们实际上并没有太多的时间去做这样的传播工作。

蒂姆·格鲁奇：也有人会对你们的项目感兴趣，比如我希望能够在三年展的时候看你们的项目来到澳大利亚，我们希望在 IAPA 之外也能够继续讨论你们的项目。这个项目未来希望能够继续来去做，也能够让其他的有类似问题的社区能够意识到他们的问题。

国际公共艺术论坛（三）

平淡的涌动，城市空间的艺术时刻

作者：钟律　教授级高级工程师，上海市政工程设计研究总院专业总工程师、中国勘察设计协会园林和景观设计分会副会长

摘要：作为城市软实力的体现，城市场景的发展方向正在从有序向有趣转变。本文以美好街区生活圈中的设计为案例，通过自我空间的设计来重塑城市空间，营造情感空间。设计创新将重建的空间作为研究成果向社会表达，点亮场景不仅是打造创意之城、人文之城、生态之城，更是提升城市魅力和可持续发展能力的有效手段。

Plain Surge, An Artistic Moment in Urban Space

Author：Zhong Lv

Professor-level Senior Engineer, Discipline Chief Engineer of Shanghai Municipal Engineering Design Institute, Vice President of Garden and Landscape Design Branch of China Engineering and Consulting Association

Abstract：As a manifestation of urban soft power, the development direction of urban scenes is shifting from orderliness to attractiveness. This article takes the design of beautiful community living circles as a case, and discusses how to reshape urban spaces through the design of self-space, and create emotional spaces. Design innovation will express to the society the reconstruction of space as research results, lighting up the scene is not only to build a creative city, a humanistic city, an ecological city, but it is also an effective means to enhance the charm of the city and its sustainable development capacity.

一江一河的场景其实是城市软实力的一种放大表现。《上海市城市总体规划(2017 年—2035 年)》里特别提到了上海河道，即一江一河，以沿陆河的基本思想来重新定义我们的城市规划和河流改造，使城市与河流共生共长。这样的城市才能更好地吸引人群。而其中的核心问题是：什么是场景？场景是一种软实力，我们的城市和社区在变化，从生产者向消费者转化，在芝加哥学派的城市理论中，场景被作为一个理论研究，通过文化设施的组织和活动形成特定的场景，并孕育共同的价值取向，以吸引富有创造力的人群，推动城市发

展，形成正向循环。

城市是我们历史文化的重要承载体。笔者的研究命题是情感空间，通过从永城市取样来构建心理地图，将梳理空间圆形和赋予精神意念延伸作为最重要的方式。通过物质媒介形成节点、路径、地标等五大元素，从而构成城市的意向。然后以城市的意向为出发点，形成具有人文情怀的城市空间设计。在笔者众多的城市案例中，将设计策略和设计应用作为整合的空间序列，将可识别的设计、互动性的设计和被动式的设计策略作为综合性的空间修改，形成具有空闲性的综合体验。在情感空间中，定制了文化艺术 IP，并以公共艺术为媒介，整合了许多国际的公共艺术媒介。

通过长期研究，笔者发现我们的城市场景充满了凝聚精神所需要的载体，场面已经从有规律的走向有趣，谁能点亮有趣的场面谁就能成为全球的领跑者。这也是将城市作为一个整体化研究策略的重要内容，将美术家、音乐家和景观策划师纳入其中。这是国际关系中软实力的一种表现，也充分说明了城市景观的力量。

近年来，笔者负责了浦江贯通核心段落的区域设计，包括苏州河的空间品质体征。2021 年笔者还负责了黄浦区的美丽街区改造。如何更新城市的艺术界，也是笔者多年来研究上海城市空间的一个重要话题。在上海的空间艺术展期间，主要将国内外许多理论研究、时间思潮实践机制和设计创新作为研究成果向社会表达。

2021 年落幕的城市空间研究以 15 分钟生活圈为核心。作为黄浦区展览的策展人，笔者在这 15 分钟生活圈里发现了一种体重获得感、身体现代社会幸福的、近在咫尺的生活方式。笔者也期待通过建筑阅读和人文魅力的结合为人文街区提供一个引证，因为只有促进心灵的艺术才能成为未来的艺术。

通过构建美好街道的生活圈，我们的城市可以更好地理解自己。整个空间需要进行稳定的文化表达和公众表达。在这 15 分钟的生活圈里，南昌路距黄浦区有 1.6 公里，主要表现海派文明。笔者关注很多方面的合作。通过

南昌路泰戈尔花园

黄浦区与绿化市场容区合作，与社区团队共享、共建、共营，共同打造了一个城市的战场。

南昌路上的海派建筑、时光画像和文化生活等，构成了 15 分钟生活圈中精华的元素。笔者致力于打造生态友善的街道区，提供宜居的环境，让人享受街区的乐趣，包括街区的兴业和科技融合，这些都成为唤醒社区艺术感悟的方式。茂名路和南昌路的交界处有一个街心花园，笔者将泰戈尔花园作为一件雕塑，如今已成为一个美丽的公园供人阅读的空间。

这是位于另一处街道头的公园，其白色廊架是年轻人快闪活动的地点。该公园位于弄堂口，笔者将其艺术装修工作为社区盆栽交换的聚集点。在南昌路，许多书卷上都印有“南昌路 1902”的字样，这是路名和建路时间。通过数字标签，可以寻找到现存南昌路的历史痕迹。另外，笔者用定制的音乐作为每一天“音乐会”的开幕曲，从清晨、午后到日落，伴随着泰戈尔《飞鸟集》的朗读，以这样的气氛展开一整天的城市生活，以城市街道为背景，用音乐描绘对生活和远方的美好想象，构建出了一个“身景融合”的空间。

南昌路寻芳园

笔者在南昌路的街道上构建了微型空间，这也是上海设计之都的首站点。在这里，笔者保留了所有的设计过程和街道更新的过程，并通过图文展示向社会传输价值。笔者为整个空间设计了文创产品，制作了包含 12 个月份的日历。另外，笔者将把南昌路的符号融入胸针和挂件的设计中，在微型空间中展示，来参观的市民络绎不绝。整个效果为实景打造，将笔者所期待的文化效果融入其中。

笔者提出的心灵之约表现了艺术与空间的深层关系，并最终回归大众生活。整个城市的更新发展核心并不只有拆除和重建，而是从市民媒体的角度出发，与有经验的经营者对话，共同探讨城市更新的方法与路径。城市的核心应该是人，只有我们了解了生活方式，城市才会更有意义。笔者于 2021 年负责的嘉兴市的活动，这是一个全域系统下的城市更新范例，作为国内示范，国际文化加持的国际 IP 的城市空间，这里实现了基础设施和行业的跨界融合，最终成为一个城市文化旅游 IP 的更新案例。另外，一个关于曾经是碱厂的工业厂案例，这个碱厂的运营团队介入之前，艺术团队与美国艺术家合作，在笔者的策划基础上进行融合式的建筑表达，中间的艺术装置可以联动两端的建筑，

光·禾——茧库建筑空间3D光雕艺术

通过四个断章把嘉兴、碱厂、运河、丝绸文化融入进秀场演出中。在 15 分钟的秀场中，笔者抽取历史中的素材，对这些元素进行整理，针对嘉兴特有的文化进行符号语言式的提炼，并通过数字艺术将江南丝线五色进行抽象演绎，表达了对未来生活的幻想，艺术家根据每一幕的篇章进行音乐定制，最后通过光影融合达到预期的艺术效果。

笔者认为，设计是一个自我寻找的过程。设计不应该有明确的标签，而应该在每个空间中慢慢摸索，从而展现自己的魅力。设计师要通过艺术来表达人文美和社会价值，因为艺术有很多的不确定性，时间的涌动会使空间变得平淡，但也会感动我们每一阶段的心灵。

场域营造

作者：胡泉纯　中央美术学院雕塑系副主任、公共艺术工作室主任

摘要：本文从笔者自身视角出发，通过自身在 2021 年的 4 个创作实践案例，展示事件介入和物件介入两种艺术创作，创作过程中尤其注重尺度关系，即作品与人的身体关系，思考作品如何与其所处的环境进行对话，解读场所信息并提取，触发创作思路，最终实现场域营造。

Field Building

Author：Hu Quanchun

Deputy Dean of the Sculpture Department of the Central Academy of Fine Arts, Director of the Public Art Studio

Abstract：From the author's own perspective, through his own 4 creative practice cases in 2021, this article shows two kinds of artistic creations: event intervention and object intervention. It argues that in the process of creation, importance must be attached to the relation between the work and human body. The creator must consider how to engage in a dialogue with the surrounding environment, interpret and extract the information of the place, trigger creative ideas, and finally realize the creation of the field.

近年来，笔者的创作主要集中在乡村。然而，由于疫情的原因，乡村课题无法按照正常程序开展。因此，笔者能够在城市空间中进行创作的机会就成了 2021 年的一种巧合。经过反思，笔者将过去的创作归类为两类：事件介入和物件介入。

事件介入指的是我们在乡村策划的一些艺术线路。而物件介入则是为了打破常规的雕塑装饰，笔者与团队将一些永久性的作品转变为物件作品。在创作中注重空间的尺度、材料和三维性质，在 2021 年进行了多次实践，这样的创作旨在场域营造。

从笔者的视角来看，场域营造是近年来兴起的创作的观点和方法。基本思想是在公共空间中创造一个整体空间，而不仅仅是放置一件艺术作品。这一特点着重于研究特定场所的特性，笔者认为地域性就在于现场的体验。关键在于如何解读信息，通过解读场所的信息，从中提取能够触发创作思想的信息点和创作的作品。这样可以实现与场域、人和环境的有机关联。

2021 年，笔者在向阳华侨城进行了一件作品的创作。这个地方的名字——“奇妙镇”极具吸引力。来到此处之前，笔者对此处充满了各种预装和想象——为什么它叫做奇妙镇，到底有多少奇妙？当笔者到达该地点时，才发现它其实

是一个综合地产作品，司空见惯的商业街，并没有任何特别奇妙的地方。所谓的奇妙是指在这个商业空间里聚集了一群艺术家，通过创作产生奇妙的效果。笔者第一次在这样的环境中进行创作。通常在乡村创作时需要提前进行调研，对乡村的了解至少需要 7 天到半个月的时间，但那时候只有一个星期，在这样的状态下，很难激发创作思维。

最后，笔者在建筑工地的水泥地面上看到了被车轮碾过的泥痕，这触动了笔者童年的记忆，即关于南方乡村的记忆。南方乡村的道路有着自己的情绪，一旦遇上雨天，道路就会变得泥泞不堪，天晴后，道路缓慢变硬和干涸，每次下雨后，道路又会重新泥泞起来。

《水泥路》

随着城市化的进程，尤其是对城市中的孩子们来说，对泥泞的道路已经失去了印象。奇妙镇在繁华的商业街就重复一道以往的水泥路，有水有泥的路，于是笔者回到北京后就开展了相关实验，在玩具店买了拖拉地，就看车轮压过以后，印是否可控，如果要制造一条泥泞的道路，车轮的轮纹应该达到什么样的深度，要有几种车型共同碾过，才可以复制一条乡村的泥泞道路。在商业空间现场通过硅胶仿膜铸层钢来实现这种效果，随着天晴慢慢蒸发，因为是莱合钢（音）就会一直锈下去且不会消失，也和场地有关。奇妙镇最初是一片农田，一座城以最快的速度覆盖了，当时它原本的空间属性是农田和乡村道路所组成的典型的农村场域的环境，笔者希望通过一条长 9 米，宽 4.5 米的泥泞道路告诉来访者他们原来这块儿场地是一个农村。

在武汉扎地创作展上也有相关作品，虽然场地不同，但环境非常优美、典雅。然而，这个地方是一处陵园，也是革命烈士的安息之地。场地的属性与之不同，陵园承载着对逝者的缅怀和纪念，充满着情感。在这样的场所创作一件作品，应该从哪个角度出发呢？后来我想到这是逝者安息的地方，除了逝去的亲人和朋友，我们小时候的古园空间也逐渐消失了。我想创作一个有废墟感的主题，通过爬山虎这一元素来表达家乡房子的意象。基本的概念元素选择了最简单的房子，爬山虎爬满房屋，抽离了房子的实体，留下的是爬山虎对这个房子的记忆。作品采用了钢板和激光雕刻，以及将爬山虎作为材料，它表达了房子消失的状态，当爬山虎爬到房屋顶端时，留下了一种带

《消失的房子》武汉扎地的作品

有情感和记忆的废墟感场景。

一般的情况下，创作都是跟空间发生关系的，笔者希望人能够进入到作品，人和作品是一种对话关系，基本的空间尺度是以人的身体为参照物，下图是人的身体与房屋的比例关系。

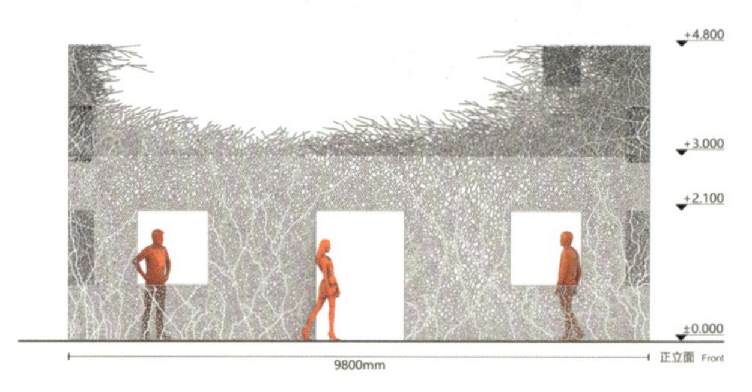

人物与房屋的比例图

2021 年的特殊之处在于，由于疫情的原因，一些需要与大众交流的创作课题无法进行。这件作品位于唐山德隆钢铁集团的钢铁艺术园内，整个雕塑园地势较为平坦，北边是工厂区，南边则是一排楼盘挡住了海岸线。笔者的创作目的是想在工厂区内通过一组作品营造一个独立的场域，在这个平坦的地方创造一个制高点。基本的思路是利用爬山虎作为创作材料，人们可以在空间中形成一个圈，采用红色柱子和箭头连接的方式，让人们可以自由穿行其中。创作的基本理念是用爬山虎包裹柱体，最终将柱体抽离，这是作品完成后的状态。这个作品是雕塑园中的制高点，也是雕塑园游览的最后一站，整个工厂区的游览就在此处结束。

虽然该地区是一片湿地，但由于海水和土壤含有较多的盐分，无法长出较高的植物。所以笔者用爬山虎来营造这样的柱体空间。在晴天时，内部的光影效果非常丰富。这件作品是为北京外国语大学建校 80 周年而创作的纪念作品。起初他们提出要做雕塑，我思考着如何理解雕塑呢？因为外国语大学的外研社和西校区这两座建筑都非常有特色，我每次经过北京西三环时，都会被它们吸引。这两座建筑是由国内知名设计师创作的，对于从事公共艺术创作的艺术家来说，在这样的环境中进行创作会感到一定的压力。这种压力来自于周围建筑

雕塑园柱阵

的质量和场地环境的优越性，而艺术家的作品又该如何与周边环境进行对话。

后来笔者亲自去现场进行了调研，发现了一个问题，北京外国语大学西校门和后面的建筑不在同一条轴线上，整个空间中存在着两条轴线。这两条轴线带来的问题是，当人站在这个场景中时，会感觉房子的方向不正确，找不到固定的方向。我的作品的基本形态就来源于对这两条轴线的协调，通过横跨在两条轴线中间，模糊掉不同的轴线关系。

由于外国语大学本身的专业属性，笔者认为它应该具有桥梁和交流的功能，通过外语教学为中国培养了众多的外交官。它的主要功能就是交流和循环，这是该作品创作的基本概念。因此，在这个过程中，笔者通过关键词来推导出它最终的形式语言是什么样的。类似于一个墨笔循环的概念，不断地流动和相互交流，同时也带有桥梁的印象。底部使用了 101 种语言，因为外国语大学有 101 种语种，这表达了最简单的问候 " 你好 " 在 101 种语言中的呈现，这样不同专业的学生都可以找到自己相关的语种。

这件作品仍然保留了笔者的一贯风格，尺度是以人物为参照的，它具有造型和空间体验。下面是夜晚的效果。这是整个生态形成的基本逻辑过程，在创作过程中需要考虑。可能最复杂的部分就是 101 种语言在底部表面的排列和安装。

《夜晚》北京外国语大学建校80周年纪念性作品

上海社区微更新中的公共艺术运作机制

作者：汪单　上海交通大学设计学院讲师，国际公共艺术研究员，ePublicArt（电子版公共艺术杂志）主编

摘要：梳理中国社区治理的发展进程，归纳对比中国和美国社区公共艺术形式，通过上海微社区中的项目展示不同类型的公共艺术，最终提出社区治理是公共艺术项目中的组成部分，希望有长期相关工作团队能与街道甚至地方政府对接，公共艺术是多元的，在未来公共艺术的运作中需有政策性引导四点。

Operational Mechanism of Public Art in the Micro-renewal of Communities in Shanghai

Author: Wang Dan

Lecturer at the School of Design, Shanghai Jiao Tong University, IPA Researcher, Editor-in-Chief of ePublicArt (an electronic public art magazine)

Abstract: This article reviews the development process of the Chinese community governance, summarizes and compares Chinese and American community public art forms, displays different types of public art through projects in Shanghai micro-communities, and finally proposes that community governance is an integral part of public art projects. It hopes to have long-term related work teams to connect with streets and even local governments. Public art is diverse. There are four points of policy guidance in the operation of public art in the future.

近年来，社区治理和社区微更新受到越来越多人的关注，这个课题在各个领域都得到了重视。而如今，公共艺术在社区治理中扮演着非常重要的角色，政府、非盈利组织和艺术团体都意识到了公共艺术的重要性。

自从 2016 年上海市规土局在上海微更新中引入公共艺术试点以来，随着多元的社会力量的加入，不同形式的公共艺术也在社区中推广开展。笔者提出的问题是，如果这些项目通常采用灵活的项目制方式进行，那么这些项目的持续时间是多久？如果公共艺术项目作为社区治理的基本内容，那么有什么机制来保障其持续推进和发展呢？

作为一个观察者，笔者更多关注的是社区治理，而不是作为社区治理的从业者。接下来的案例也发生在我所在的社区，或是由笔者的朋友们实施的项目。回顾中国社区治理的发展进程，从 20 世纪 80 年代开始，大家对社区这一概念

有了一定的认识，主要是以街道和单位为主的治理结构。到了 20 世纪 90 年代，人们开始更加关注社区服务，并将其扩展到社区各个空间。而到了 21 世纪，尤其是 2013 年之后，国家提出了治理体系和治理现代化的概念，社区服务逐渐转变为社区治理，并从思想研究逐渐落地到社区服务的实际过程中。

公共艺术在社区中的呈现形式大致可以分为以下几种。首先是美术馆的延伸项目，例如 2012 年广东某美术馆举办的黄编社区艺术节。这个项目非常有趣，因为广州时代美术馆本身就位于这个社区中，社区一直是它的研究对象。另外，2017 年至 2021 年，陆家嘴基金与立邦合作，在陆家嘴周边街道进行了许多壁画项目，还有每两年一次的上海城市空间艺术季。

美国的社区公共艺术也有几种形式。第一种是私人拥有的公共空间艺术配置，由于美国土地私有化程度较高，出现了许多私人拥有的公共空间。他们通过奖励和私人资本投入的方式来建设公共艺术。第二种和第三种形式比较相似，是通过社区发展的方式来推进公共艺术计划，通常通过联邦和地方政府提供资金支持来推动。第四种是间接的资助方式，通过税收鼓励社区和地方艺术基金会的发展。这些形式在各地都有相应的法律规定，公共艺术发展的背后都有法律的支持。

对于中国社区公共艺术的未来发展，是否需要立法以及政策性引导来支持项目推进呢？在社区微更新项目中，例如 2016 年上海规土局与上海规划局共同推进的“行动上海空间微更新行动计划”，从 2016 年开始，对社区的公共空间硬件进行了改善，将其逐渐发展为社区服务和公共艺术一体化的空间，注重提升品质和更新社区文化。笔者理解的微更新项目实际上是一种载体，用于进一步深化社区治理。这种方式有趣的地方在于，项目规模较小，容易实施落地；其次，对公共空间进行了提升；最重要的是改善了公共空间的硬件设施，同时也对社区的文化进行了更新。在这个项目实施过程中，政府起到了搭建平台的作用，通过具体项目来集结社区和社会各方资源。

包括陆家嘴和粟上海在内的公共艺术计划，进行了许多空间改造，为公共社区提供了良好的美术馆服务。他们提供了一个社区运作机制，粟上海作为美术馆的附属项目，是美术馆在壁画之外的延伸项目，代表了与政府的合作。在社区中，他们与政府和企业合作，充当了中介和策划者的角色，将优秀的项目从美术馆引入社区和空间中。

在 2019 年的一个老社区改造项目中，位于愚园路的花园路项目，以刘海

粟上海社区美术馆 · 愚园

粟的黄山画作为起点，通过色彩的提炼打造了一条彩虹长廊。这引起了公众的积极反响。这个项目是一个多功能的复合空间，包括公共图书馆、展览区和互动休息厅。有趣的是，在地下层他们还保留了原有的业态，包括裁缝店等，这是一种可取的做法，在城市更新中保留了原有的功能，还为其增添了新的功能。这个项目是美术馆的附属项目，他们策划了许多社区的公共活动，并持续进行了一年。到了 2020 年，他们展示了这个艺术社区以及其他社区的公共艺术展览。这引起笔者深思，由于这个项目归属于美术馆的子项目，最终还是回归到美术馆的展示。对于社区的服务，更多是一种单向引导的方式，最终的成果还是在美术馆展示，与通常的社区公共艺术有所不同。

另外一个项目是浦东社区基金发展会的项目，成立于 2015 年，由地方政府发起，是一个通过社会集资的非公募基金会。陆家嘴社区基金会的资金主要来自两个方面，一方面是通过政府的公共服务采购，另一方面是社会的捐赠。与公共艺术相关的项目有三个。首先是 "parking DAY"，他们在公共空间租用了两个停车位，某一天会邀请不同的艺术家、音乐人和公共服务者在这些停车位上开展活动。

其次是配合上海的社区微更新，在陆家嘴和其他地方进行了公共改造项目。他们提供了通过公共艺术改造社区的艺术社区项目。其中一个具体例子是他们与立邦漆合作的 " 上海为爱上色 " 墙面绘画项目。该项目从 2017 年开始，至今已经实施了 36 幅作品，遍布陆家嘴的墙面，他们还邀请了国外艺术家参与这些壁画的创作。此外，在 2018 年，他们还与浦东新区合作，在缤纷社区东昌路街角进行了墙绘壁画的改造项目，这与社区公共空间的改建是相辅相成的。

总体而言，社区基金会在社区治理中具有双重身份和优势。一方面，它面向社会，具有一定的准公共机构号召力和权威性，在推进公共艺术项目和公共服务时具有一定的优势，并得到社区的认可。另一方面，对于政府来说，它是一个非政府机构，整体运作机制灵活，更容易调动社会资源，在创新治理和资源整合方面具有一定的优势。

最后，笔者对公共艺术在当前社区治理中的角色进行了思考，主要涉及四个方面。首先，笔者认为公共艺术并不仅仅是一种艺术介入方式，更多地是在治理的脉络中承担某种责任，在整体规划中起着重要的组成部分的作用。其次，许多项目都采用临时的项目制方式，持续时间最多只有三到五年，因此希望能有一个长期的策划运营团队，能够与街道、地方政府进行对接，或者由街道管理部门来执行这些项目。第三，笔者认为公共艺术应该是多元化的，因为它面对的是不同地区的不同人群。关键在于如何实现多元化，其中一个重要的因素是赞助人的多元性，因为不同的赞助人对艺术会有不同的想象和需求。如果有不同的社会力量和社会资本的支持，公共艺术就一定会呈现多元化的面貌。第四，为什么在未来的公共艺术运作中需要政策性的引导或立法的方式，这是一个关键问题。一方面，政策可以鼓励社会参与城市公共艺术建设；另一方面，政策还可以规范公共艺术的实体和城市运作。

艺术介入“第三空间”

作者：沈烈毅　中国美术学院教授，2021 上海城市空间艺术季艺术主题演绎和重点展区新华社区策展人

Art into the Third Space

Author: Shen Lieyi

Professor of Chinese Academy of Fine Arts, Curatro of Art Theme Presentation and Major Displaying area Xinhua Community of Shanghai City Space Art Season 2021

第三空间是社会学家提出的，是属于家庭和工作之外的一类空间，人们可以在其中进行休闲、娱乐、社交等多种活动。细胞计划是去年笔者和团队在新华社区实施的公共艺术项目，是 2021 年上海城市空间艺术季的重要组成部分，根据本次城市空间艺术季，15 分钟社区生活圈，人民城市的主题，笔者推出了“细胞计划”这样的主题，含义是在于将这样的新华社区作为一个鲜活的集体，最终于有机体融为一体，共同成长。

笔者与策展团队不仅有传统的安置艺术作品进社区的做法，更看重的是与社区与居民的互动，很多的作品正是由于居民的积极参与才最终得以成形，居民是作品的主角，他们和他们的行为是作品的重要组成部分，对作品的面貌和内容产生非常重要的延展。对于传统的公共艺术计划，细胞计划具有强烈的开放性、实验性和过程性，由于这样的特性也为策展团队艺术家提出了更高更多的要求，在项目过程当中各个方面的交流，碰撞摩擦时有的发生，这些是非常正常而且有价值的。毕竟只有当细胞植入有机体时，才能得以存活和发展，如果将一个作品看作艺术细胞，通过它的分裂、繁殖可以在周围形成社区居民的第三空间。社区作为居民的基本单元，通过彼此合作交流逐渐可以成就一座人民城市。

圆桌论坛

基于欧洲获奖案例《水与土》的公共艺术研讨

主持人： 郝凝辉

提问嘉宾： 王晖、钟律、张羽洁

解答嘉宾： 朱茜 · 乔克拉、艾丽丝 · 斯密茨、马尔杰蒂卡 · 波蒂奇、伊娃 · 普芬内斯和西尔文 · 哈滕伯格、黛安 · 德弗

欧洲获奖案例《水与土》

提问部分

王晖： 对于能看到关于自然的好作品表示欣喜，更期待于探析几位艺术家、现在和未来的作品之间有何关系。

张羽洁：《水与土》这个作品给我留下深刻印象，一方面来说，该项目是在工地上完成建设的，艺术作品诞生在这样一种具有很强的规划性的场所，呈现出自上而下的力量；另一方面，在这个工地当中出现的自然且生态的游泳池又呈现出一种自下而上的力量。有趣的是，这两种力量在这两种空间当中的“讨论”，亦或是一种博弈，一种权利的互动。

除此之外，作品的生态性也令人眼前一亮。社区的居民、学生以及周围的人通过使用多种不同的自然植物共同培植环境，同时水资源作为生态的一种体现，群众可以在此环境中游泳，形成了一种纯自然的方式。这个作品所具有的完美性毋庸置疑，但艺术家在制作作品的过程中所面临的巨大困难和挑战也让人好奇。

钟律： 我们使用自然的语言在极强的规划体系下做自我表达的艺术。艺术是个人的，也是空间场域的；另外艺术材料的未来也将拓展，存在于我们

城市中的点点滴滴，甚至城市当中的很多基因素材，未来会作为公共艺术的表达。

解答部分

艾丽丝·斯密茨：该项目在未来尤为重要，既可以帮助人们拓展对于城市的认知，也可以做到更大的规模，丰富城市战略，成为城市规划过渡的一部分；可以被嵌入到公共领域，也可以回答很多的问题，例如关于基础设施公共空间，住房和创意性城市的问题，任何的一个议题都适用于这些场景。同时通过小型项目的实验得出的结论，也可以将其拓展运用至更大的项目，这也是较好的实践。

朱茜·乔克拉：对于生物多样性的搬迁的讨论也是一个尝试，将这个项目作为范例，通过加入一些具体的元素把这个项目整体搬迁到一个新的场所，也是地方性的体现。其反映当时项目所在的厂址以及搬迁的可能性，所以关于生物多样性的搬迁是值得探讨的话题，例如如何去展示在某一个厂址所创造出来的生物多样性，并把它迁移到这个城市的其他厂址。

伊娃·普芬内斯和西尔文·哈滕伯格：这个生物多样性的空间在城市里是极好的，通过避免使用化学杀虫剂，保持了城市中害虫的不确定性以及昆虫的多样性。若能快速地塑造这样一种新的生物多样性的情景，并把它从郊区引入城市。将部分植物种植到适应其生长的池塘边缘地带或具有坡度的特殊位置等，去观察植物生长是否改变以及它们的变化情况，这样能形成一个较好的学习曲线。若能把空间交给自然，就可以理解自然的发展过程和环境的承载力，了解自然的供需能力，保持一个开放的应对科学的态度！

朱茜·乔克拉：艺术是日常生活的一部分，如艾丽丝所述，其有智慧、艺术以及人类的介入。该项目作为模板，让人们意识到艺术可以成为一种工具，也可以成为一种智慧的表达形式，既可以帮助调节自然智慧和人类之间的关系从而促进两者之间的互动，也能创建新的革命历程。将艺术作为一个厂址营造的催化剂，同时也作为智慧的象征。

伊娃·普芬内斯和西尔文·哈滕伯格：该作品可将其类比为指导人们走过一个旅程的工具，在此过程中并不清楚其结果如何，对于结果保持开放的态度，也是一个与自然相联系的有趣特点。自然是永远在变动的，人们为什么会如此欣赏自然的美景，为什么会去爬山、徒步，皆因这些景观总是在变换，这些变化使人们一次又一次地回到同一个场景当中。因为四季的变化，不同的花期，所以每一刻的风景都不是千篇一律的，因此在牵扯到自然元素的项目中，人们可以利用自然来创建这种美，同时要对变化保持开放的心态。

郝凝辉：作品尤为震撼人心，也彰显了创作者有趣的灵魂，让人联想到丹妮丝在曼哈顿的小麦田，构建了充满诗意的乌托邦作品，期待下一个作品可以更多地关注对于自然环境的可持续。

国际公共艺术论坛（四）

城市品牌化实践中的艺术路径

城市与艺术的品牌共生：为何我们应重视公共艺术在城市形象塑造中的作用？

作者：眭谦　清华大学国家形象传播研究中心学术委员会副主任、城市品牌研究室执行主任、中心智库专家

摘要：笔者介绍了地方形象的特征，关于地方形象的主观性、竞争性、管理领域以及地方品牌形象管理与传统地方品牌定位的悖论。最后通过对品牌与形象的关系，阐述公共艺术不是一个城市生态的主流，而是用其独有的温度感染力和文化渗透力在城市的各个场景中延展自己的力量。

Artistic Paths in the Practice of Urban Branding

Author：Sui Qian

Deputy Director of the Academic Committee, Executive Director of the Urban Brand Research Office, and Expert of the Think Tank, National Image Communication Research Center of Tsinghua University

Abstract：The author introduces the characteristics of local image, the subjectivity, competiveness, management field of local image and the paradox between local brand image management and traditional local brand positioning. Finally, through the relationship between brand and image, it explains that public art is not the mainstream of urban ecology. Public art uses its unique warmth and cultural penetration to extend its power in various scenes in the city.

在我们生活的时代，城市与乡村都扮演着其独特的角色，展示着各自的形象。形象是一种认知的构造，是由公众对某地的集体印象叠加而来，具有强烈的主观性和稳定性。这种形象的形成是由多种因素，如大众传媒、人际传播和环境因素所决定的。

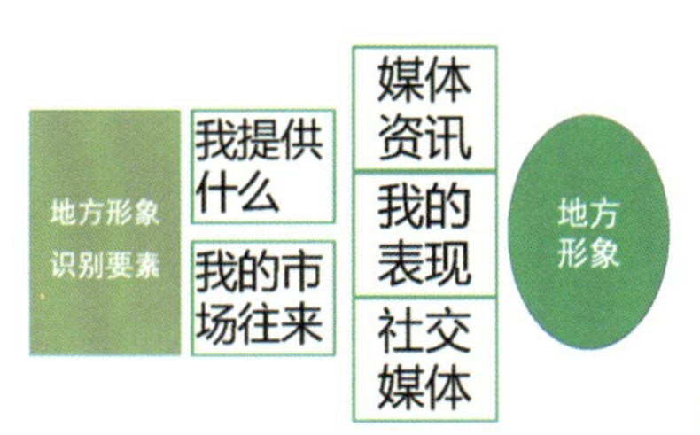

地方形象识别要素

地方形象和地方产品之间存在紧密的联系，特别是在原产地效应中。原产地效应是指地方产品与其所在地之间的关系，这种关系对于地方的经济发展有着正面的推动作用。随着经济的发展，地方形象的竞争变得日益激烈，这不仅体现在旅游业的推广上，还体现在吸引投资和推销地方产品等方面。

地方形象也对居民产生了重要影响，为他们提供了一种内在的凝聚力和自豪感。形象的构建涉及多种因素，包括地方提供的产品和服务，与地方有利益关联的群体，以及如何通过传播关系来塑造形象。其中，媒体的报道和社交媒体的电子口碑对地方形象的影响力尤为重要。

地方品牌化是管理地方形象的一种手段，将地方视为一个产品或个体来进行对外营销，从而形成一种差异性和竞争力。地方品牌化实质上是对地方形象的管理工具，其目的是影响地方的客户，并有效地开展城市营销活动。这种管理通常包括三个方面：主题定位、创意设计和整合传播。特别是在创意设计方面，艺术界的专家们有着丰富的经验和独到的见解。

主题定位
品牌识别
形象定位
文化符号
……

创意设计
品牌设计
环境设计
活动设计
产品设计
……

整合传播
媒体矩阵
公关活动
广告策划
事件营销
……

地方形象管理的三个步骤

地方品牌的概念诞生于地方形象管理之中。其核心理念是如何基于地方形象来吸引和影响目标受众，从而有效地进行城市营销。笔者认为在这个管理过程中，主题定位、创意设计和整合传播是三个关键环节。

其中，创意设计作为核心步骤，需要我们深入研究地方的身份和认同，明确其定位，并构建符合地方文化的符号体系。这不仅需要文化和人类学的研究，还需要对地方文化进行深入识别，理解其文化认同的来源。

在创意设计之后，传播成为关键。公共艺术与古典艺术的最大不同在于其传播性要求极高。从公共艺术的角度看，它与各种传播方式——如公关活动、媒体、广告策划和事件营销——都紧密相关。例如，美国哥伦布的某科技艺术装置，凭借其强大的传播效应，吸引了大量游客，使这个原本没有特殊旅游资源的城市成为旅游热点。

主题定位中的“象征性行动”也不可忽视。人们的认知常常基于感性，对于复杂或与自己无关的事物容易产生抗拒。因此，我们需要一个简单、直接的定位，使受众能迅速把握并产生特定的情感反应。这种明确的定位在城市品牌战略中至关重要。

城市品牌化是城市发展的重要组成部分。然而，在很多传统的城市品牌定位中，存在着一个悖论。由于中国是一个古老的文明国家，许多城市在进行品牌定位时，会过分强调自己的文化积淀，这可能导致公众对城市的刻板印象加重。笔者以青岛为例，青岛作为一个海滨城市，历史上由于德国殖民的关系，使公众对其形成了一定的刻板印象。在这样的前提下，如果不做出积极改变，而仅仅是基于原有的认知来进行城市品牌定位，那么这种刻板印象可能会进一步加重。

另一方面，有的城市由于历史原因缺少文化标志，这导致其城市形象缺乏吸引力。相比消除刻板印象，创造新的集体形象更为容易。而在此过程中，艺术在城市品牌建设中就扮演了重要角色。随着复制技术和互联网的发展，艺术品的展示价值不断增加，人们不再需要实地欣赏艺术品。互联网的传播使得艺术品的价值得到指数级放大，从而加强了人们对艺术的欣赏和膜拜。

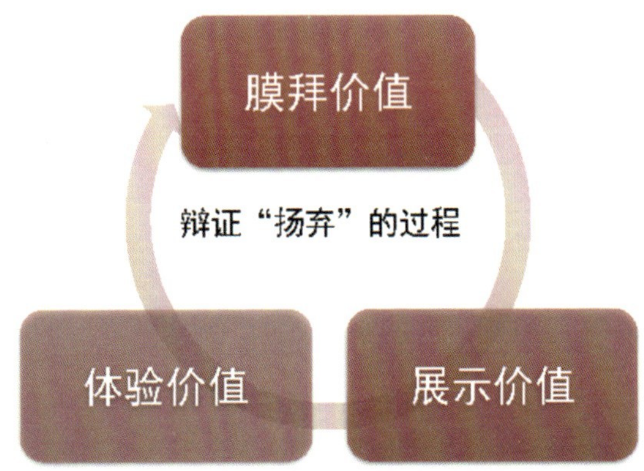

艺术品审美吸引力的源泉

在人文地理学中，地方和空间的关系尤为重要。笔者引用了段义孚的观点，即“体验”，地方的形成是基于人的体验，地方的品牌价值也正是基于这种体验。人们对一个地方从感知到认知，再到最后的认同，形成了对城市形象的清晰认同感。在这一过程中，艺术，特别是公共艺术，发挥了至关重要的作用，它能强化人们对地方的感知，从而强化对地方的认同。

由此可见，艺术在城市品牌化实践中的作用不可忽视。它既可以帮助打破刻板的城市形象，也可以加强人们对城市的认同感。正确利用艺术的力量，能使城市品牌更具吸引力，更有深度。

然而，传统的城市品牌定位常常存在悖论。过度强调自身文化可能导致刻板印象加重，如青岛被视为与德国殖民地有关的海滨城市。为消除这种刻板印象，创造新的城市形象成为一种策略。艺术在城市品牌中的作用得到了进一步的强化，特别是在互联网时代。随着互联网的传播，艺术品的体验价值也被放大，从而增强了公众对艺术品的崇拜价值。

结合艺术路径的城市品牌化实践，旨在通过深入的文化研究、创意设计和有效的传播策略，为城市塑造一个独特、吸引人的品牌形象。

在全球范围内，尤其是西方国家，公共艺术已成为公共政策的一部分，因为它与地方形象的建构有着密切关系。众所周知，地方形象的竞争与经济竞争息息相关。当代艺术以其参与性、互动性和娱乐性为特点，吸引了大量人群到博物馆，不仅仅是为了欣赏艺术，更多的是为了消遣和娱乐。

城市品牌并非基于刻板印象。真正的城市形象应是充满趣味、活力和时尚感的。很多城市宣称自己充满活力，但真正的活力来源于文化，而艺术正是文化的活力之源。

场景理论核心是基于顾客的视角来看待我们城市的各类空间。场景理论作为一个社会学概念，为公共艺术介入城市提供了理论支撑。场景不仅包括了各类服务设施，还具有符号意义，与地方的文化形象紧密相连。公共艺术的介入便为城市空间带来了深刻的文化和美学价值。

公共艺术对城市品牌建构的路径可以总结为四个方面：

1. 提升居民的文化福祉：公共艺术使居民能够在家门口享受城市文化，增强了他们对本地的认同感和归属感。

2. 融入城市公共设施：公共艺术不应仅限于特定的艺术区，而应融入街道、广场、火车站等多种空间。

3. 促进城市文化消费：例如英国的灯光节和地铁艺术项目，这些公共艺术项目不仅提供了艺术体验，还带动了经济效益。

4. 催生城市创意产业：公共艺术能够促进核心艺术资源的集聚，吸引高端人才，构建创意城市形象。

综上所述，艺术在城市品牌化实践中的介入旨在打破传统的做法，通过地方体验和城市营销的结合，转化为推动地方创意经济的动力。而公共艺术作品的体验价值通过社交媒体的大规模分享，能吸引利益相关方的广泛参与，共同推动城市品牌的传播，构成创新驱动力。

以艺术社区助力城市公共艺术发展

作者：孟宪伟　西海艺术湾创始人，西海美术馆创始人、理事长

摘要：笔者以西海美术馆为例，阐述了当代建筑对于重塑公共艺术生态的积极作用——通过建筑空与海滨自然环境在地性融合，重塑场所的气质与文化内涵，进而辐射周边领域，助力城市公共艺术的发展。

Promote Urban Public Art Development with Art Communities

Author：Meng Xianwei

Founder of The Artists' Garden (TAG), Founder and Chairman of TAG Art Museum

Abstract：Using the example of Xihai Art Museum, the author demonstrates the positive impact of contemporary architecture in reshaping the public art ecosystem. By integrating with the natural environment on the waterfront through local materials and methods, the architecture reshapes the character and cultural connotation of the site, which then radiates to the surrounding areas, thereby promoting the development of urban public art.

西海美术馆是山东省及青岛市的重点文化产业，是综合的国际艺术化社区，坐落于国家级旅游度假区，位于金沙滩、银沙滩国家湿地。艺术湾社区的建筑面积是 12 万平方米，包含着大型的美术馆、艺术酒店、机构美术馆、艺术机构、艺术工作室，写生基地，写生码头板块，其展馆设计将艺术教育、艺术创作、艺术展览、艺术品交易、艺术体验融入当代建筑空间。

艺术湾建筑的特点是兼具艺术性、唯一性和原创性，建筑本身是技术和观众体验的重要部分，建筑是风格及功能的载体，更是社区艺术属性的体现，为观众呈现了一场以城市为背景的当代建筑艺术，这不仅丰富了公共艺术的表现形式，也拓展了公众参与公共艺术的途径。

为了更好地发挥当代建筑对于重塑公共艺术生态的积极作用，我们将艺术巧妙地植入了公共艺术空间。艺术湾在规划之初，首先是承袭城市建筑文脉，凭借优越的地理位置拥有得天独厚的海滨资源，艺术湾委托欧洲的建筑师来承袭文脉，用自然景观和艺术内容丰富建筑场所本身，以此塑造独特的建筑资源。

在设计过程中，建筑师提出每个建筑是有生命的、唯一的、特殊的，并且与周围环境、场所精神和谐共处，我们以在地性为基础，发挥基地的场所精神，让建筑与人文环境自然环境融合，使其成为文化景观。 西海艺术馆采用

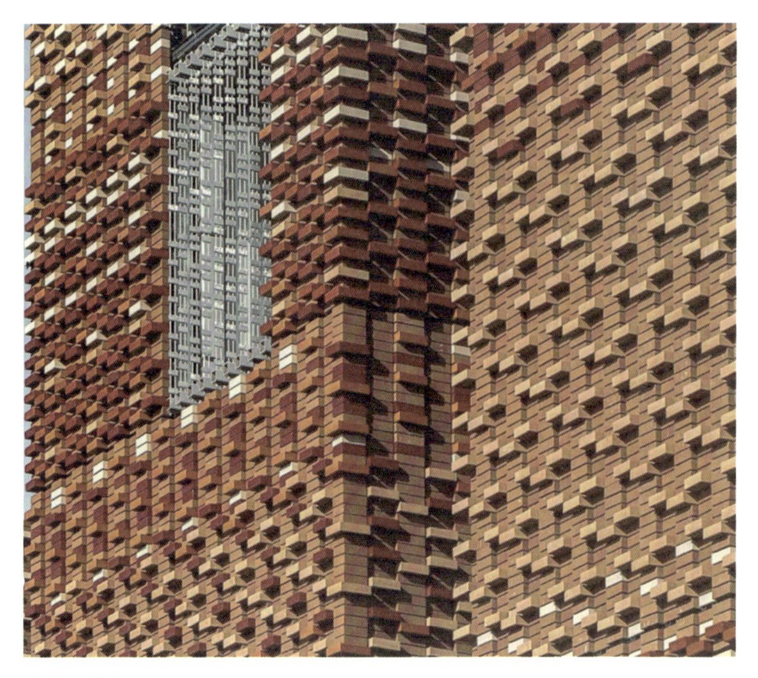

西海艺术馆陶砖

了9种颜色，23种陶砖，独特且壮观，同时该建筑承载着厚重优雅的城市风貌，也为城市公共艺术提供了新的演绎空间。

在该建筑中，建筑师运用幕板，在符合现代建筑风格的同时，使其更好地适应海边的自然环境。同时美术馆使用了大量超级白色玻璃，将光影的语言在建筑中的表达发挥到了极致，艺术建筑与自然的融合被无限放大。自然景观与文化造物相互映衬，美术馆的设计语言、建筑材质等所散发出的浓郁诗意和优雅气质，使美术馆本身成为一个一步一景，美轮美奂的大型艺术品。

艺术湾绿化面积8万平方米，绿化率达到75%，在项目开工前，我们采集了基地原有的植物种类，希望建成后最大程度地恢复原有生态。 艺术湾通过与自然环境与人文环境充分的融合，巧妙拓展了社区的边界。

艺术湾与自然环境融合

美术馆设有一处 500 米的艺术长廊，这里定期会举办一系列活动，以丰富城市的文化生活。美术馆的艺术商店及配套成为社区公共服务的一部分，展厅设有通向户外的连廊，使自然建筑与艺术充分融合，并激发与环境的对话。同时，以美术馆的建筑空间为起点，充分挖掘艺术与生活连接的多种可能性，激活公众参与艺术的新形态。此外，美术馆与周边社区建立联系，例如每周向社区开放，让社区居民能够一起参与城市的公共艺术与文化生活。

艺术长廊

西海艺术湾作为一个大型的艺术空间，将创作、建筑空间、与海滨自然环境充分交织融合，重塑场所的气质与文化内涵。目前，西海艺术湾已逐渐形成体系化，为当代艺术空间形成公益事业与产业文化的创新融合发展做支撑，同时辐射周边社区的艺术发展。

圆桌论坛

从拉丁美洲获奖案例《波托西社区电影院》引发的公共艺术讨论

主持人： 赵健

提问嘉宾： 刘勇、胡泉纯

解答嘉宾： 伊丽莎白·沃勒特、阿德里亚娜·里奥斯·蒙萨尔夫、扩展建筑艺术团体、德拉加尔萨·木兰

拉丁美洲获奖案例《波托西社区电影院》

提问部分

胡泉纯： 听了哥伦比亚波托西电影院的项目介绍后，我深受触动。此项目展现了诸多关键词：自主、自发、合作、共建，这些也是公共艺术的核心理念。在哥伦比亚特定的社会和经济背景下，几位建筑师、艺术家和社会活动家启动了这个项目，对全球特别是发展中地区具有重要的指导意义。项目的参与者主要有两大群体：一是发起者，包括建筑师、艺术家和社会活动家；二是公众。对于这个项目，我有两个疑问：首先，在发起者之间的合作中，他们遇到了哪些困境？其次，在项目实施过程中，当公众参与管理和运营时，他们遇到的最大困难是什么？

刘勇： 我与胡泉纯教授都为一个生动感人的故事所触动，此故事与社区建筑有关，与我们的社区生活紧密联系。我拥有城市规划背景，近年在国内参与了大量的项目，很多讲述的内容都引起了我的共鸣。一个特色的建筑项目融合了多方资源，如社会资本、公众和志愿者等，实现了与社区的紧密结合。对比十年前，中国现在的这种项目越来越多，不仅有政府推动的，还有NGO 参与的。我也希望南美研究者多来中国交流，了解我们在城市更新领

域的进步。拉美的城市化率高于中国，尽管中国也有其特色的半城市化地区，但中国没有像拉美那样大规模的贫民窟，这是我们需要从政府推动城市整体发展的角度去反思的。我认为，艺术不仅是观念，还可以成为社区居民的生产力。通过艺术，可以为广大居民服务，实现长久的互动。我提出的第一个问题是：成功的建筑案例有哪些经验可供其他社区借鉴？第二个问题是：每个项目都有其特性，如热心的建筑师、合作的社区居民等，我们如何从中总结出具有普遍意义的规律？

最后，我认为中国的城市规划经验和拉美的经验有所不同。中国已经实现了自上而下与自下而上的融合。而对于南美和其他发展中国家来说，如何在强调社区参与的同时，更多地引起政府对贫民窟等问题的关注，进而实现真正的改善，是值得我们共同思考的问题。

解答部分

扩展建筑艺术团体：首先，关于复制项目经验的问题，虽然具体背景可能不同，但项目中的人文因素是全球共通的。因此，项目本身可以很容易地被复制或扩展到其他地方。然而每个社区都有其独特性，我们需要将这种独特性囊括进去，才能通过项目表现出社会公平性和城市权利。在拉美地区，我们采用了自营自建的方式，让每个人都参与自建过程，这是该项目在拉美地区的主要特点。在其他地方，如巴黎，自建可能不是常见的社区行为，因此我们需要根据当地特点调整方案，以引起当地人的情感共鸣。

关于每个项目遇到的困难挑战，我们在场地开展项目时需要对其有明确的理解，包括地理、经济和社会特性。我们面临的主要挑战包括暴力问题和国家管制的缺乏。并非像学校和公共设施那样要求人们聚集在一起，我们需要的并非是形式上的统一，而是目标上的一致，虽然每个人对此都有不同的意见和看法，但我们需要找到共同的方向和目标来克服困难并完成这个特殊的项目。

伊丽莎白·沃勒特：我想说，艺术是生产力，能影响我们的日常生活。这个项目展示了我们如何通过利用空间增强与社区的联系。嘉宾提到项目的成功是否是偶然，我认为这与项目的艺术过程、关系和信任的建立有关。开始时建立的互相信任非常重要，这可能会带来意料之外的愉快体验，但这也是一个比较艰难的过程。这就是我想补充的。

阿德里亚娜·里奥斯·蒙萨尔夫：在波哥大这种特殊的拉美城市，没有政府支持和基础设施，更没有规划和资金。由于资源短缺，人们必须亲自行动，这不是因为他们的热情，而是他们没有其他选择，这与有城市规划的地方，如青岛西海岸新区大相径庭。在这样的项目中，我们面临的问题是社区中的每个人都有不同的需求，而艺术家和社区居民的看法也可能不同，这是一个巨大的挑战。

赵健：我简要总结下，咱们的线上与线下互动非常有深度和价值，体现了我们对世界多样性的认识。关于“规划”，现今中国的方法已从高屋建瓴变为更接地气，其中“缝合”和“织补”这两个词是近期最生动的描述。现场的嘉宾用他的创作充分展现了这种“缝合”，而线上的嘉宾则用雕塑手法展现了对在地条件的“织补”。南美的作品涉及的词汇如“自我管理”也非常感人，艺术的起点在于社区参与，在无政府支援下，艺术家们依靠集体行动维护了自己的文化和城市。

国际公共艺术论坛（五）

赓续中华优秀传统文化血脉，打造现代艺术发展新平台

作者：王波　青岛西海岸新区（黄岛区）政协副主席、青岛西海岸新区工商联（总商会）主席（会长）、青岛西海岸政协书画院院长

摘要：笔者探讨了中华优秀传统文化在新时代艺术发展中的作用和价值，提出了打造琅邪画派的理念，旨在将中华优秀传统文化融入艺术创作中，为公众带来更多创新和吸引力的艺术作品。同时，通过搭建新平台并吸引更多艺术家参与其中，共同推动中国艺术领域的发展和创新。笔者介绍了琅邪地区的历史文化和文脉，认为其对华夏文明产生了深远的影响，为后世的艺术发展提供了丰富的文化资源。最后，笔者提出了琅邪画派的具体任务，包括描绘新时代新征程的恢宏气象、坚持艺术为人民服务、传承中华优秀传统文化并融合当代审美追求等。

Upholding Excellent Chinese Traditional Culture to Create a New Development Platform for Modern Art

Author: Wang Bo

Vice Chairman of the CPPCC Qingdao West Coast New Area (Huangdao District) Committee, Chairman of the Federation of Industry and Commerce (General Chamber of Commerce) of Qingdao West Coast New Area, President of the Academy of Calligraphy and Painting of CPPCC Qingdao West Coast

Abstract: The author explores the role and value of traditional Chinese culture in the development of art in the new era, and proposes the concept of creating the Langya School, aiming to integrate traditional Chinese culture into artistic creations and deliver more innovative and captivating works to the public. Meanwhile, by building new platforms and attracting more artists to participate, the author aims to jointly promote the development and innovation of the Chinese art field. The author also introduces the historical culture and context of the Langya region, believing that it has a profound influence on Chinese civilization and provides rich cultural resources for the artistic development of future generations. Finally, the author proposes specific tasks for the Langya School, including depicting the magnificent scene of the new era and new journey, adhering to art as a service to the people, inheriting excellent traditional Chinese culture, and integrating contemporary aesthetic pursuits.

中华优秀传统文化是中国民族的精神财富，也是世界文明历史上发展的宝贵遗产。学者们曾指出，中国是世界上唯一一个在短短的时间内可以快速崛起的国家，其背后的原因之一就是中国文化的传承与发展。

中华优秀传统文化博大精深，它是我们新时代艺术创作与创新的不竭之源。笔者希望通过打造琅邪画派，将这些传统文化元素融入我们的艺术创作中，为公众带来全新的艺术体验。

“琅邪画派”源于青岛西海岸新区过去属于琅邪地区的历史背景。这个地区拥有得天独厚的自然环境和人文资源，如山海之间的美景和丰富的历史文化遗存。琅邪地区被视为中国时间开始的地方，也是氛围化、太阳文化的发祥地。自古以来，人们便认识到琅邪地区的重要性，帝王将相也纷纷前来祭祀时运、命运、时势等概念。越王勾践曾登上琅邪台祈祷四时兴盛，后来他成为一代霸主；秦始皇统一中国后，也三登琅邪，筑高台、立刻石，发表了他的治国理念。这些历史故事为我们展示了琅邪文化的独特魅力和价值。

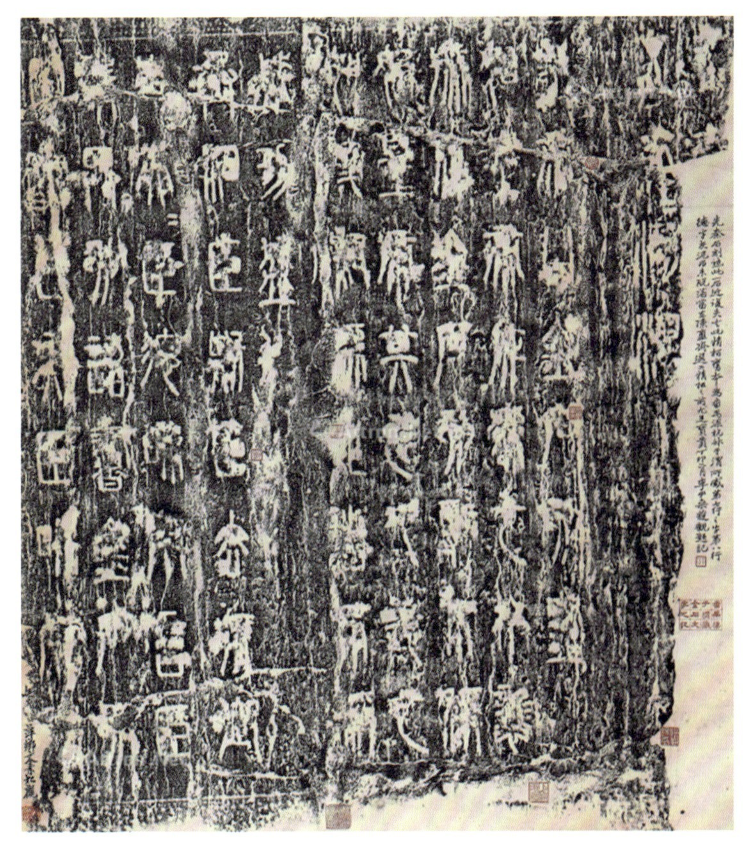

琅琊刻石

除了历史文化，琅邪地区的文脉也源远流长。从上古时期的东夷文化到齐国的繁荣时期，再到东汉经学大师郑玄的教诲，这个地区汇集了无数文化瑰宝和名门望族。这些家族的繁荣也为华夏文明的发展做出了重要贡献。

笔者认为琅邪地区的历史文化对华夏文明产生了深远的影响，为后世的艺术发展提供了丰富而宝贵的文化资源。通过将中华优秀传统文化融入艺术创作中，我们可以为公众带来更多具有创新性和吸引力的艺术作品。同时，通过搭建新平台并吸引更多的艺术家参与其中，我们可以共同推动中国艺术领域的发展和创新。

以习近平新时代中国特色社会主义思想为指导，以弘扬中国文化艺术为使命，为新时代中华文化艺术崛起和中华民族伟大复兴贡献力量，我们提出琅邪画派的任务，具体来说，有以下六点：一是以民族复兴伟业为引领，描绘新时代新征程的恢宏气象；二是坚持艺术为人民服务，创作无愧于人民和时代的美丽中国画卷；三是守正创新、探赜索隐，传承中华优秀传统文化并融合当代审美追求；四是立足中国大地，挖掘、传承中国优秀传统“笔墨”文化；五是弘扬正道、树立正气，营造自尊自爱、互学互鉴的画派风气；六是荟萃群英、凝心聚力，构建国内领先、国际一流的艺术发展平台。

公共艺术与城市创新

作者：沈康　教授，广州美术学院建筑艺术设计学院院长，研究生学院院长

摘要：公共艺术在城市创新中扮演着举足轻重的角色，通过多元化的途径助推城市的可持续发展。具体而言，公共艺术有助于提升城市空间的品质和形象，为其注入新的元素和活力，打造宜人的生活环境。同时，公共艺术亦可作为城市活动和事件的催化剂和推动力，促进经济的繁荣发展以及文化交流的深入开展。实践证明，公共艺术已成为众多城市创新的重要手段之一，其应用具有丰富的途径，能够创造更富特色和活力的城市空间与文化氛围。通过与城市规划、建筑设计的紧密结合，公共艺术为城市的可持续发展注入新的能量和动力，进一步推动城市的繁荣发展。

Public Art and Urban Innovation

Author：Shen Kang

Professor, Dean of the School of Architecture and Applied Arts, Dean of the Graduate School, Guangzhou Academy of Fine Arts

Abstract：Public art plays a significant role in urban innovation and promotes sustainable urban development through diverse channels. Specifically, public art enhances the quality and image of urban spaces, injects new elements and vitality, and creates a pleasant living environment. Meanwhile, public art can also serve as a catalyst and driving force for urban activities and events, fostering economic prosperity and deepening cultural exchanges. Practice has shown that public art has become an important tool for many cities to innovate. Its application has rich avenues that can create more distinctive and dynamic urban spaces and cultural atmosphere. Through close integration with urban planning and architectural design, public art injects new energy and momentum into sustainable urban development, further propelling the prosperity of cities.

在当今社会，城市更新已成为人们关注的焦点之一。随着城市化进程的不断推进和互联网等新兴科技的发展，城市生活的内容和呈现方式也在发生变化。在这样的背景下，公共艺术作为一种能够为城市创新发展提供活力和驱动力的艺术形式，越来越受到人们的关注。

公共艺术是一种具有公共性、开放性和互动性的艺术形式，它通过艺术与城市空间、城市生活、城市文化的结合，为城市创新提供新的思路和方向。

在城市更新的过程中，公共艺术可以通过与城市规划、建筑设计等领域的合作，将艺术与城市空间、城市生活、城市文化相结合，创造出具有特色的城市空间和文化氛围。

笔者引用了古根海姆效应，开展公共艺术在城市创新中具有多种应用途径的讨论。首先，它可以提升城市空间的品质和形象，为城市增添新的元素和活力。例如，通过在城市空间中设置雕塑、壁画等艺术作品，可以吸引人们的眼球，增加城市的吸引力。其次，公共艺术可以成为城市活动和事件的催化剂和推动力。例如，通过举办音乐节、艺术展览等活动，可以吸引更多的人前来参观和参与，从而促进城市的经济发展和文化交流。

毕尔巴鄂（古根海姆效应）

在实践中，公共艺术已经成为了许多城市创新的重要手段之一。例如，上海每年举办的空间艺术季和深圳的双城双年展等，都是通过公共艺术来推动城市创新的重要案例。此外，一些城市还通过公共艺术来打造自己的城市品牌和形象，以吸引更多的人前来旅游和投资。

深圳双城双年展

公共艺术作为一种具有独特魅力和价值的艺术形式，可以为城市创新提供新的思路和方向。通过将公共艺术与城市规划、建筑设计等领域的结合，可以创造出更加具有特色和活力的城市空间和文化氛围，为城市的可持续发展注入新的能量和动力。

笔者以桂山湾的团队项目为例，展示了如何通过艺术手段来改造和提升城市形象和品质。笔者认为公共艺术应该是一种策略，而不是一件作品。通过深度挖掘当地的文化潜力要素，结合市场需求，设计出独具特色的城市空间、节日和网红打卡点等，为当地带来新的活力，提升了旅游品质。同时注重与当地居民的交流和参与，让当地人在项目中发挥积极作用，增强社区凝聚力。这个历时 8 年的项目不仅提升了当地的文化和旅游品质，也为其他城市提供了可借鉴的经验。

桂山湾设计规划

最后，笔者认为文化与艺术对于城市发展是十分重要的，一座美好的城市应该是有着文化的味道和艺术的味道的。

圆桌论坛

从东亚地区案例《新游戏，新连接，新常态》引发的公共艺术讨论

主持人：魏婷

提问嘉宾：沈康、魏秦、汪单

解答嘉宾：熊鹏翥、张正霖、朴多爱、Junk House

东亚地区获奖案例《新游戏，新连接，新常态》

提问部分

沈康：刚刚听了前面几位嘉宾的分享，我感触颇深。这个案例深深触动了我，事实上，在过去特殊的一年里，公共艺术的交互公共性受到了巨大的影响。我们接下来需要思考的，应该是提出一个新的思路来解决当前的问题，希望借助本次论坛我们可以通过交流和思考，最终找到更新的路径。

魏秦：听了艺术家们的分享，我想首先谈谈我的启发，

第一，新的视角与情感关注：疫情的背景下，艺术家的作品不再仅仅关注公共实体空间，而是深入到人们的情感需求和疫情下人们生活方式的变化。这种转变从对公共艺术的实体空间到情感需求的关注是容易被忽略的，但却是非常重要的一个点。

第二，新的连接方式：在疫情阻断了传统的人与人之间的交流方式后，艺术作品找到了新的方式来连接人们。例如，通过小模块化空间、健康距离的响应以及人与人之间情感上的需求，这些作品重新建立了人与人之间的连接。

第三，再生产与互动参与：公共艺术的再生产过程不再仅仅关注作品本身，而是更多地关注公众的参与。公共艺术让观众参与到艺术创作过程中，使作品更具互动性。

第四，重新定义公共艺术：公共艺术需要创新性，这种创新性拓展了我们对于公共艺术的定义，从实体空间到多维角度的空间，都是公共艺术的一部分。

基于以上四点体会，我想提出三个问题：

第一个问题：在未来可能的疾病背景下，公共艺术如何从实体空间扩展到虚拟空间？

第二个问题：在有限的交往环境、空间范围和行为限制下，如何还能保证人与人之间的情感交流？

第三个问题：如何在不直接面对面交流的前提下，达到人与人之间的情感交流和认同感？

以上是我的体悟和疑惑，希望听取其他艺术家和专家的看法。

汪单：看到这个项目以后，我联想到最近看的一本书《凡是过往皆为序章》，在疫情时代，人与人之间面对面的互动都显得弥足珍贵，无论是网络技术、通信技术如何发达的时候，我们依然需要延续性的公共空间以满足我们的互动诉求。这个项目选择了高架桥下的闲置空间，突破了常规公共艺术空间的设定。这一选择反映了对空间延续性的探索和对公共艺术的新时代思考。时代变迁要求我们对公共艺术和空间持续深入关怀，考虑其特定用途。一般而言，人们对公共空间的使用都非常注意规范和形象。然而，这个项目却创新性地鼓励了公众在疫情背景下主动使用这一空间。街道利用网状结构搭建了一个镂空的半封闭空间，使得人们能够相互对视和交流，同时在一定程度上保持了距离，体现了灵活与秩序的完美结合。在后疫情时代，公共艺术项目面临激烈竞争，创作研究的界限变得模糊，挑战接踵而来，值得我们深入思考如何应对。

我的问题是在这样的一个疫情时期，对于运作公共艺术的公司来说，背后的运作机制是什么？公司地区和政府空间的管理者和社区通过怎样的方法实现这个项目？

解答部分

Junk House：在过去的三年多的时间里，我们持续开展了这个社区艺术项目，并每年都会回归该社区。此外，我们还举办了多次工作坊，其中一些涉及公共艺术，我们邀请社区居民参加夜间活动和工作坊活动，例如进行瑜伽、其他活动以及在墙上画画等等。累计已经举办了超过 50 场艺术工作坊，社区居民对于这些艺术项目的参与度很高。除了春季之外，我们在冬季也开展了这些受社区居民喜爱的项目。社区居民也期待着新的艺术项目，从而将人们联系到了一起。

在这个区域，我们与一家公司有着合作关系，他们支持我们使用公共区域。我们利用这些闲置的土地，并与当地政府合作。因此，我们与当地政府保持着良好的关系。在我们进行艺术项目创作时，得到了他们的大力支持。此外，这个项目还得到了韩国艺术理事会和当地政府的资金支持，韩国高速公路建设委员会也参与了这个项目，促使各方共同讨论并实施该项目。在同一区域已经有三年的时间来执行这个项目，并可能会继续实施下去。我们与公共事务办公室和韩国技术委员会合作，共同推动这个项目的实施。

张正霖：首先感谢主办方和与会嘉宾的邀请。在此，我想提出一个观点，即在疫情背景下，公共艺术面临着新的挑战和转变。正如前面的嘉宾所提到的，公共艺术的公共性是建立在让更多人产生关联的假设之上的。然而，由于疫情所带来的各种防疫和卫生规定，以及公众习惯的改变，公共艺术的存在环境和实施路径也随之发生了变化。因此，我认为在当前的疫情环境下，公共艺术的实践必然会迎来一次转变。

我非常欣赏目前正在展示的 Junk House 艺术家的作品，这是一个很好的尝试，帮助我们想象在疫情时代甚至是后疫情时代下公共艺术的样貌、方法论以及产生的效益等。我认为这是一件优秀的作品和出色的创作计划。总之，我认为在当前的疫情环境下，公共艺术的实践需要适应新的环境和挑战，探索新的路径和方法，以回应这个时代的变革。Junk House 艺术家的作品为我们提供了很好的启示和借鉴。

熊鹏翥：感谢各位，我想对公共艺术进行总结，尤其是在我们刚刚探讨的范畴内，公共艺术作为一种媒介，有助于人们重新认识我们的城市。以往，人们可能会避开那些不愉快的角落，但通过公共艺术，我们可以重新审视这些被忽略的区域。同样重要的是，通过重新认识城市，我们也能够重新认识自己。经过近两年的疫情洗礼，我相信公共艺术的概念和未来发展形态都将拥有更多的拓展空间。

国际公共艺术论坛（六）

城市之美——川美公共艺术设计的探索

作者：魏婷　副教授，四川美术学院公共艺术学院副院长

摘要：本文主要探讨如何在设计学框架下构建和发展公共艺术，提出了公共艺术设计的理念，并探讨了如何应对本科教学的挑战，从而实现设计学与公共艺术的融合。通过实践案例，展示公共艺术可以介入城市空间，建设城市艺术工程和精品文旅项目，同时也可以进行小尺度的社区探索，培养人才。这些实践成果不仅美化了城市环境，也为居民带来了实实在在的改变和好处，推动了城市更新和文化复兴。

Beauty of City-Exploration of Public Art Design by SFAI

Author：Wei Ting

Associate Professor and Deputy Dean of the Public Art School of Sichuan Fine Arts Institute

Abstract：This article mainly explores how to construct and develop public art within the framework of design, proposes the concept of public art design, and discusses how to respond to undergraduate teaching challenges and achieve the integration of design and public art. Through practical cases, it demonstrates that public art can intervene in urban spaces, construct urban art projects and quality tourism programs, and also conduct small-scale community exploration to cultivate talents. These practical achievements not only beautify the urban environment, but also bring real changes and benefits to residents, promoting urban renewal and cultural revitalization.

在本科教育阶段，公共艺术专业被置于设计学之下，但我们如何在设计学的框架下构建和发展公共艺术？如何在本科评估中应对教学挑战？如何在川美实现设计学与公共艺术的融合？这些问题都值得我们深入探索。因此，笔者提出了公共艺术设计这一概念。

自 2015 年成立以来，公共艺术学院一直致力于在城市公共空间中寻找创作灵感，运用艺术和设计的手法推动城市更新和文化复兴，逐渐形成了城市艺术设计这一学科方向。

城市是人类文明的结晶，是人类创造美好生活的见证。亚里士多德曾说，

人们为了追求更美好的生活而来到城市。从 2015 年至 2020 年，国家出台了一系列相关政策，将城市建设作为中国发展战略的重要组成部分，目标是建设宜居、绿色、智慧、人文的城市。然而，现实中的城市问题却依然存在，如城市文脉的割裂、生态环境的恶化、艺术精神的遗失以及公共形象的丑陋等。这些问题源于过去 40 年快速的城市建设所留下的后遗症。

最近 10 年，公众对城市审美的意识逐渐复苏。我们的城市发展已经从追求规模和速度转向了产生城市效应的时代，这为城市美学发展提出了新的要求和任务。我们尝试从理论上进行梳理，探讨当代内涵和时代价值。我们的出发点是满足居住舒适度，最终目标是创造美好的生活。

城市美学的研究是对城市高质量发展规律的探索与实践。基于这一理念，我们提出了川美的方案，如何进行公共艺术设计的学科建设。对于实践的设计师来说，我们很少进行理论上的梳理和研究，因此我们提出了城市美学的框架，以便大家共同探讨。通过设计学、美术学、建筑学、城乡规划学以及固定园林学的学科交叉融合，我们的主题是城市更新和文化复兴。我们对研究对象和理论层次进行了梳理，确定了实践路径——城市艺术设计和城市艺术工程——以实现高质量的城市发展和高品质的城市生活。

笔者将从两个维度来完成我们的实践。首先，是城市美学空间的实践。重庆是一座充满魅力的城市，具有独特的山水和人文资源。人和城的发展史也是桥梁的发展史。我们的研究对象主要是重庆中心城区的近 30 座桥梁。这些桥梁在物质空间和交通空间上起到了连接作用，也成为了人们的生活方式和生活的场所。

公共艺术进入到桥梁的建设中可以追溯到 20 世纪 80 年代的桥头堡雕塑，如今它已成为公共艺术的标杆。例如，火热的立交桥形成了壮观的城市景观，吸引了众多游客前来打卡。这些桥梁不仅在空间上起到了连接作用，同时也连接了人们的生活方式和生活的场所。然而，桥梁也给我们的生活带来了问题，如交通堵塞等。因此，其他城市的限号通行是真正的限号，而重庆的限号则是限制上桥梁。重庆因此被誉为中国的桥都。2005 年，茅以升桥梁委员会把重庆定义为世界桥梁的一本教科书。

我们的研究提出了建设重庆桥梁博物馆的设想，希望通过文化主线和三个艺术篇章来展示重庆桥梁的发展历程和成就。我们从历史发展脉络中清理出文化概念并融入其中。其次是从五个方面对整个桥梁建设进行公共艺术的权益化设计：桥头堡雕塑、城市壁画、艺术照明、桥下空间的利用以及导视系统的设计。

另外，笔者将为大家详细介绍嘉陵江大桥的照明设计优化案例。该桥始

嘉陵江夜景效果展示

建于 20 世纪 80 年代，以钢架结构为主。然而，经过多年的使用，其照明设计存在一些问题。为了提升桥梁的整体形象与安全性，笔者所在的团队对其照明系统进行了全面的优化设计，主要是进行了色光的处理，使其形成了不同的夜景效果，并重点展示了嘉陵江大桥桥梁的钢架结构。

黄花园大桥夜景效果展示

此外，我们还对黄花园大桥进行了照明设计。该桥的特点是大跨度、连续广。根据现有的情况，我们对其照度进行了调整，减少亮度，同时重点突出其跨度。这些照明艺术处理手法帮助我们更好地展示桥梁的特点。为深入研究城市夜间形象塑造照光艺术，我们与重庆大学共同承担了相关研究课题。

此外，我们还梳理了 8 座桥的导视系统，并开发了桥梁博物馆的文创产品。通过不同的艺术形式，我们尝试对公共艺术介入城市空间进行诠释，旨在建设重庆的城市艺术工程，打造精品文旅项目和文化展示窗口。

同时，我们将进行小尺度的社区探索，主要围绕教学展开。近年来，我们以社区为载体，通过文化与美学教育来培养人才。对于上海的社区微更新和治理，我们可以将其比喻成西餐；而我们所做的社区营造，则如同重庆火锅，充满了生活气息和热情。同学们选取了重庆老旧社区中的菜市场进行改造。在这个破败不堪、灯光昏暗的角落中，同学们对店铺进行了改造，并出资协助其提升形象和人流。最终，整个通道的其他店铺也纷纷寻求我们的帮助，希望同学们能为他们的店铺进行照亮行动。

总体上，我们在社区营造方面已经取得了一定的成果。6 年来，近 260 名师生走进 10 个社区，完成了 243 件作品。我们希望这些作品能像小珍珠一样散布在社区的角落里，慢慢生根发芽，让人们感受到艺术的温度。这些作品不仅美化了社区环境，也为居民们带来了实实在在的改变和好处。

重庆老旧社区中的菜市场改造图

艺术针灸·社区赋能——黄浦区南昌路街区变电设施更新

作者：魏秦　上海大学上海美术学院建筑系副教授，中国建筑学会乡土建筑分会理事

摘要：本文介绍了南昌路街区微基建的实践背景和意义，强调了以人民为中心的城市建设理念和公共艺术创作介入社区微基建的重要性。通过引入微基建的概念，将公共艺术和社区治理相结合，改善社区环境和提升居民生活质量。文章以南昌路街区变电改造项目为例，展现了通过公共艺术创作的方式，能为社区带来更好的公共空间和服务设施，同时也能够促进社区居民的参与和共享共建共治的实现。

Art Acupuncture-Community Empowerment—Renewal of Substation Facilities at Nanchang Road Block, Huangpu District

Author：Wei Qin

Associate Professor at the Department of Architecture, Shanghai Academy of Fine Arts, Shanghai University, Member of the Vernacular Architecture Branch of Architectural Society of China

Abstract：This article introduces the practical background and significance of the micro-infrastructure construction in the Nanchang Road community, emphasizing on the people-centered urban construction concept and the importance of public art intervention in community micro-infrastructure construction. By introducing the concept of micro-infrastructure, the combination of public art and community governance is achieved to improve the community environment and enhance the quality of life of residents. Taking the power transformation project in the Nanchang Road community as an example, this article demonstrates how public art can bring better public spaces and service facilities to the community, while also promoting community participation and achieving shared governance.

本文基于南昌路街区微基建的实践展开，首先将从以下几个方面介绍实践背景。习近平总书记在城市建设中强调以人民为中心，提出“人民城市为人民、人民城市人民建”的理念。在这个背景下，上海基于人民城市的理念完善了上海 15 分钟生活圈规则设计的导则，而社区的微基建是落实这一理念的重要手段。

此外，习近平总书记在清华美院提出，要将美术元素、艺术元素应用到

城乡规划建设中，让艺术成果更好的服务于人们的生活。今年年初，上海市委书记特别提到城市管理精细化是推动高质量城市发展和高品质城市生活的重要方面，并提出了城市街道应该有美的追求、高的颜值和好的表情。在这个背景下，我们的实践创作具有很好的引导作用。

本文引入了微基建的概念，这是在国家倡导新基建的基础上，针对社区尤其是满足城市居民最后一公里需求的小型服务设施体系的一种提法。从空间的角度分类，微基建包括基础设施类（如快递、停车、邻里设施等）、绿化配置类（如医疗服务等）。社区微基建可以作为我们从城市社区治理走向共享、共建、共治的重要抓手和支点。那么，城市的公共艺术创作如何介入社区的微基建呢？可以从以下几个路径入手：首先，可以将闲置的公共空间进行功能植入，通过提供基础的服务功能来改善其基础设施。其次，可以利用美院的专业优势，完善基础服务设施，如停车点、健身设施、无障碍设施、垃圾收集设施等，创作出体现人文关怀和睦邻友好的作品。最后，可以通过组织社区活动来激发公众参与微基建的热情。

基于以上背景和理念，我们进行了南昌路街区的变电改造项目，这个项目涉及了微基建的内容。通过公共艺术创作介入社区微基建的方式，我们希望为南昌路街区带来更好的公共空间和服务设施，同时也能够促进社区居民的参与和共享、共建、共治的实现。

南昌路街区文化是上海最具人文氛围的特色街道之一，因其是中国共产党的诞生地，有新青年的编辑部，是党的初心始发地，曾聚集了众多文人大家。此外，这里还有许多历史保护建筑，因此，这条街道不仅具有深厚的历史文化底蕴，也成为了年轻人喜爱的法式风情网红打卡地。

我们与老师和同学一同沉浸式地感悟了这个街道，发现可利用的红色资源非常丰富，有许多老师和学生创作的作品，包括新的雕塑群雕、新青年编辑部、新的广场以及马恩雕像等具有红色记忆的点，总共有二十七八个这样的红色历史教育点。

然而，我们也发现街区存在着一些问题。首先，街道建面风格较为混杂，文化体验感较差。我们对居民、商家、游客、老人以及社区基层服务工作者进行了调查，他们均反馈称该地区缺少休息空间，尽管人文氛围充足，但人文特色的展示仍显不足。经过调查，我们发现了四个痛点：碎片化的节点空间、消极的街道界面、散乱的街道以及缺少家具。我们考虑通过空间、人气和人文来进行艺术“针灸”，选取空间解决社区问题。具体而言，我们首先通过定位“取血”，调查了街道上的垃圾收集站、入口、沿街立面以及变电站设施，选取了六个点进行针灸形式的设计。

第一针“扎”在了科学会堂变电站附近，这是一个失去活力的地方。我们希望通过设计将其变成一个有温度且值得驻足的空间。在针灸过程中，我们提出了多个方案，包括写意山水、现代构成主义方式和符号拼贴。最终，我们选择了一种时尚且受年轻人欢迎的方式来表达偶遇的主题。

该设计灵感来源于南昌路的文化符号——玫瑰花，以及人们在此偶遇的概念。我们希望通过这种方式，使人们愿意停留在这里，与诗人共同憧憬美好的生活。设计方案将偶遇的种子变形组合，并结合了周围建筑的拱形符号元素。我们没有固守传统形式，而是希望通过颜色来呼应周围建筑并导入休息空间。这样可以让人们在这里休息、观赏和阅读。为了隐藏变电设施上的管线，我们

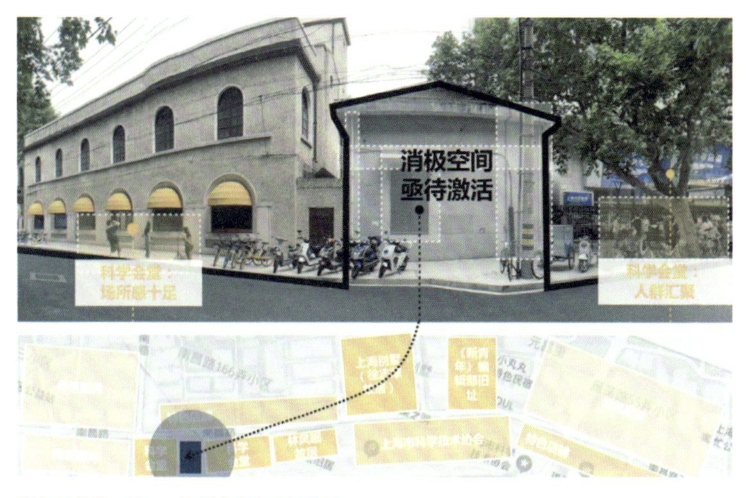

取穴针灸第一针——科学会堂变电站改造

利用字符的凹凸关系将其隐藏起来，并在立面上添加了偶遇文字以彰显该街道的共享文化形式。为了隐藏墙面上的防火门，我们在立面上设计了一些玫瑰花的图案。

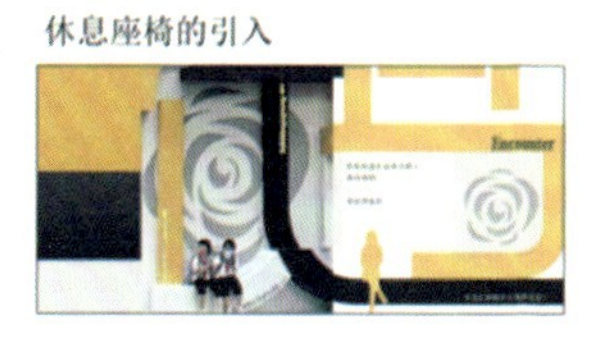

明快柔和的黄色

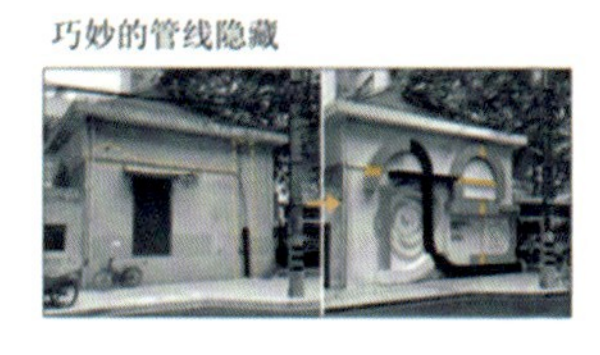

针灸要点：设计方案创意展示

我们对所有管线进行了测绘，并与社区进行了材料和色彩之间的讨论和沟通。整个针灸治疗过程持续了一个月左右，施工也接近尾声。到了 9 月初的时候，这个项目已经完工了。有人会问为什么在这样的历史街区采用这样的新形式。事实证明，建成后这个项目得到了大家的认可，并成为社区美誉的热力点。上面有许多变形的文字会引起人们的猜测和互动，不经意间人们会在这里停留、休憩和阅读上面的诗句。这是我们为阅读经典提供的一种新方式。

在社区门口，有一个不能动的变电站，这也给我们的设计带来了很大的挑战。然而，我们希望融入人民城市为人民的理念，通过在每个变相箱的门口使用散装材料进行制作，打造一个可供人们休息的空间，在街道入口营造出一种家的感觉。

空间设计是其中的一个方面，我们希望通过艺术针灸可以参与到社区的赋能。为此，我们与上海大学、上海美术学和南昌路的街道、上海市中院、钟

居住在变电站街道对面的奶奶在指导下拍的照片

律总工一起协助我们进行空间设计、展览策划，共同为南昌路出谋划策。我们希望这个社区赋能能够通过行为的赋能，包括产业赋能把我们的欧遇和咖啡一条街联动起来，并通过文化赋能，让我们的公共艺术作品参与到城市艺术季当中，使观者和作品成为展品，我们会参与南昌路美好的作品展览并与设计师共同进行对话。

同时，我们将与思想进行赋能。我们学校一直在把我们的产学研合作和社区更新结合起来，通过我们的教学、课题结合起来，让学生深入到社区里面，通过市政教学融入，让学生们融入社区，了解居民的需求，能够对学生的思想来说有一个赓续红色基因，有一个这样的教育路径和抓手。

从社区方面通过学生的作业征集更多的征集方案，为学生设计拓展一定的思路。我们的设计得到了一定的反响，在学习强国、新闻综合频道都有所报道。我们希望可以通过整合社区的空间文化资源，通过我们的专业引导，能够继续选取不同的点，通过针灸激活，通过艺术接入和社区融入的方式共同持续退去南昌路微基建的更新。最后以美增韵，以美为媒，以美担当来继续开展我们的街区更新，希望南昌路的街区宜漫步，能够激活社区美好生活。

城市更新中的轻质型和运营导向的公共艺术实践

作者：姜俊　国际公共艺术研究员，独立策展人，批评家，同济大学建筑学博士后

摘要：本文通过探讨现代主义和后现代主义建筑运动对公共艺术，结合实际项目，从轻质和可运营的两个角度出发，表明在现实主义化的城市当中，我们今天现代新区的建设也是现代主义导向的建设，公共艺术在不断迭代和转型。

Lightweight and Operation-oriented Public Art Practices in Urban Renewal

Author：Jiang Jun
IAPA Researcher, Independent Curator, Critic, Post Doctor of Architecture at Tongji University

Abstract：This article explores the influence of modernist and postmodernist architectural movements on public art, and combines practical projects to demonstrate from two perspectives of lightness and operability that in the context of realistic urbanism, the construction of modern new districts today is also modernist-oriented, with public art undergoing continuous iteration and transformation.

在近期召开的 IAPA 会议中，主旨发言环节有一位美国学者讨论了段义孚的著作《空间与地方》中的体验视角。该著作从一个崭新的角度审视了空间与地方的关系，其中空间被视为一种理性化、量化的讨论对象，而地方则是人们感知、认知和融入的空间。学者强调，基于人的感知和文化性感知，地方是人们融入空间、文化融入空间、历史融入空间的产物。因此，该著作特别关注体验性或想象性的地理人类学维度。

几年前的另一本书，也是在 1977 年出版的，德国的一位哲学家在其中探讨了空间和场所的问题。他在 1969 年的讲座中专门探讨了艺术与空间的关系，在《筑居思》一书中明确提出了我们通常所说的同质化空间的概念，并强调了人与空间的互动关系。实际上，空间并不是人的对立面，也不是一个外在的对象或内在的体现。当我们谈论人并以人的方式存在时，我们已经用人这一概念来描述了个体的状态。个体存在于特定的场域中，这是一个具有历史性的空间，而不是单纯的数理化空间。空间与人之间并非相互独立，而是人在空间中确定了所谓的场所和定义。

海德格尔在《筑居思》中探讨了桥的意涵，他将桥视为连接两岸的物体，同时也是创造出一个地点的空间元素。他认为，一个特定的地点（ort）才能为一个场所设计提供基础。他强调地点并非预先存在的，而是在桥建造的过程

中首先被确定下来的。基于这个场所，一个特定的空间得以设计出来，而在这个空间中，道路和场地等元素也得以规定。因此，空间的营造是基于地点的选择与设计，而非单纯的空间规划。

海德格尔建议在二战后的重建中更多地关注场所及其所承载的历史，而不是单纯关注物理化或数学化的空间。当时二战后的城市重建工作大量进行，现代主义的建筑风格被广泛应用。但对于海德格尔来说，场所的重要性逐渐消失。他在 1969 年探讨了艺术与空间的关系，形容雕塑和建筑为地点的化身。他认为物体本身就是地点，并强调地点不是预先设定好的物理技术空间的意义。艺术与空间以及艺术与周边的场域之间形成了一种相互渗透的游戏状态。他通过现象学的方法体验了所谓的空间艺术。

那么，海德格尔的讨论主要是针对 1919 年至 1993 年间由包豪斯所提倡的同质化的现代主义建筑风格。这种建筑风格强调功能、标准化、模块化和规模化。1919 年是一战结束的年份，大量被摧毁的城市空间需要迅速重建。二战结束后也是如此，需要大量建造新的建筑以创造新的城市。这种包豪斯模式后来广为人知，并被应用到全球范围内，形成了国际现代主义风格的城市规划原则。

20 世纪 60 年代和 70 年代，在美国开始出现后现代主义的建筑评论家和建筑师。1966 年时有人提出了反对现代主义同质化和规模化的非场域化建筑的概念，并探讨了建筑的复杂性和矛盾性。20 世纪 70 年代初他写了一本名为《向拉斯维加斯学习》的书，这本书成为了后现代主义建筑运动的代表作之一。该运动反对现代主义的诉求，强调文化因素和多元主义的回归。这段时间在建筑领域发生了很多变化，公共艺术也开始在西方城市的规划中崭露头角。

在 20 世纪 60 年代至 70 年代期间，我们见证了二战后经济的崛起，见证了生产型城市向消费型城市的转变。城市从一个以工业化为职能的地方，逐渐转变成了一个第三产业聚集的地方。在这种中产阶级化的社会背景下，文化的消费逐渐受到了重视。我们可以看到，在西方的大众生产中，大众化市场逐渐向差异化的小众市场转变。旅游产业和旅游工业应运而生，并逐渐呈现出差异化的趋势。与此同时，后现代主义建筑开始崭露头角，这也促使了在地性公共艺术项目的兴起。

在这样的消费型城市中，城市文化成为了一种对城市故事的独特解读。换言之，那些有故事的地方，无论是在城市中心还是在娱乐化的场所，都变得尤为重要。如何创造新的神话，如何追溯和传承城市的传统历史，成为了我们关注的焦点。在 1977 年，德国的明斯特市举办了首届雕塑项目展，这被认为是早期在地性艺术的公共艺术节庆。这一活动一直持续至今，从 1977 年到今天，我们见证了雕塑在 20 世纪 60 年代至 70 年代的社会转型中的变革。雕塑不再仅仅是独立的、自治的艺术表现形式，而是更加关注其所处的社会环境。从雕塑项目转变为雕塑活动，并呈现出活动化、表演化和场景化的趋势，人与人之间的关系在这种公共艺术项目中得到了重新构建。

在 20 世纪 70 年代，社会民主党提出了“文化为人民”的口号。这一口号在 20 世纪 70 年代特别强调了政治的参与性和文化的普及性。在 1997 年，一位重要的学者发表了一篇名为《艺术和城市》的文章，将城市描述为叙述性的空间。在这样的背景下，雕塑和公共艺术如何为城市创造新的故事或神话呢？我们可以简单地将明斯特的公共艺术节理解为场所的在地性表达和知名个性的体现。在这个过程中，项目和在地性、特定场域性变得越来越重要。同时，公共艺术节也转变为一个特别强调运营导向的活动。在过去的 40 年里，我们可以看到明斯特的雕塑从一个雕塑变成了一个轻资本化的运营导向的公共艺术节。这种运营资质变得越来越重要。

明斯特的公共艺术节强调传统的重资产的城市雕塑只能带来支出而没有收益。相比之下，明斯特现在正举办的新型公共艺术节则更加注重传统地区神话与新文化 IP 的结合，以创造故事运营力为核心，强调轻资本事件经济的公共艺术活动。这种模式致力于打造可运营、可持续的循环机制，为公共艺术创造增值价值。这不仅带来了经济的增值，还提升了社会文化的价值。

面对现实主义化的城市和同质化的新城区建设，我们看到现代主义导向的建设正在兴起。与此同时，中国的公共艺术也正在经历转型，逐渐从独立的绿地公园雕塑向所谓在地性的艺术项目和公共艺术项目转变。中国目前正经历着中产阶级化的过程，拥有全球最多的中产阶级人口。据麦肯锡预测，到 2025 年，中国中等收入人群数量将超过 5 亿，覆盖中国城市人口的一半以上。在这种社会背景下，文化消费和大众文化消费就变得越来越重要。

最近笔者在广州实施了一个轻资化的公共艺术项目，这个项目与一个社区改造相关。该社区将原来的小学改造成了创意社，叫做“未来社”，内设有咖啡馆和舞蹈教室。我们将这个空间打造成了一个充满艺术气息的地方，邀请了 4 位年轻的艺术家创造 4 个小景观，分布在空间中。通过这种方式，我们成功地在日和亭的空间中融入了景致元素，并将其命名为“日下只听”。

《未来社》现场

我们在此特别强调，由于这个项目只是一个社区项目，因此其经费是有限的。我们采用了一种较为经济的方式，以降低艺术的制作费用。四件作品的制作费用大约在 6 000 元人民币左右。同时，我们更注重短期效应，这次展览将会持续一个多月，大约一个半月的时间。我们并不强调艺术作品的持久性，因为展览作品将在展览期结束后被拆除。我们更注重投入运营的投入，因为未来社本身是一个运营的集体，他们非常乐意配合我们的工作，帮助我们进行导览，并配合我们举办不同的活动。在这个过程中，运营变得非常重要。

对于这个结果，我们希望艺术家可以获得一定的报酬，因为他们付出了非常大的努力。我们也特别关注这种运营机制对于在地性观众的体验的影响。为此，我们举办了两场研讨会与在地观众进行讨论，同时在线上线下与未来社的粉丝们共同进行导览。此外，我们还增加了展览的宣传和营销费用，并整理了相关文献，包括制作了一些延伸性的产品。我们可以看一下这些由艺术家制作的产品。比如将口红作为一个象征，因为他们的作品描述了每个人的日常生活，这个视频作品变成了一个口罩。此外，艺术家们认为我们的城市就像一个笼子一样，将自己的画作变成了一个袋子，把天空变成了伊芙这样的状况。

最后，笔者想引用元代画家吴镇在 1344 年画的《嘉禾八景图》。这幅画是筹款所用，通过它和筹款运动，这八个景点成为了嘉兴今天的八景。他写道："胜景者，独'潇湘八景'。得其名，广其传，唯洞庭秋月、潇湘夜雨，余六景皆出于潇湘之接境，信乎其真为八景者矣？嘉禾，吾乡也，岂独无可揽可采之景与？闲阅图经，得胜景八，亦足以梯潇湘之趣。笔而成之图，拾俚语倚钱唐潘阆仙《酒泉子》曲子寓题云。至正四年岁甲申冬十一月阳生日，画于橡林旧隐，梅花道人镇顿首。"

圆桌论坛

从西亚、中亚、南亚地区案例《洛伊》引发的公共艺术讨论

主持人：刘勇

提问嘉宾：杨勇智、王波

解答嘉宾：亚齐德 · 阿纳尼 、伊芙 · 莱米斯尔 、阿西姆 · 瓦奇夫 、舒鲁克 · 哈布

西中南亚地区案例《洛伊》

提问部分

杨勇智：我仔细研读了多位艺术家的作品，深感震撼，这些作品都展现出了对社会性的独特阐述，我特别欣赏几位女性艺术家的作品。我一直很关注女性艺术家从女性视角展现的公共艺术形式。因为女性艺术家有着天生的敏感性，她们能够在自己的语言体系下，用自己的视角去描绘社会、表达观点。许多艺术作品在融入社会的前提下，表现出了极富感染力的公共艺术水准。例如以女神节为主题的创作，以及女性在社会的安全问题下，女性卫逸书作品所表达的抗争，都给我留下了深刻的印象。

很荣幸能与这么多的艺术家进行交流。我也希望在这个平台上能与优秀的艺术家们进行深入的交流。我有一个问题想请教各位：在当前的疫情防控新常态下，公共艺术如何介入社会、表达艺术理念？在当代艺术理念的背景下，如何呈现自己的艺术理念，特别是如何利用身边的材料去表达艺术理念？

王波：作品充分展示了艺术家们对所关注的地区的艺术作品进行了深刻的思考。阿西姆先生的作品中有两点特别有趣。首先，他对地方文化进行了深入的挖掘和考虑，并将其全程融入在他的作品创作中。其次，他强调设计师的“不参伍”，即按照中国道教哲学的理念，追求无为而治，让当地的工

匠和来自不同社会阶层、价值理念及做法的参与者共同完成这个作品。这充分展现了他的辩证思维，通过鼓励和倡导，而不是过多干预，从而激发了参与者的积极性和创造力。

有女士观察到，艺术家在这个作品中发挥了媒介的作用，这是一个有趣的尝试。作品最终的效果不错，取得了令人满意的结果。这个结果充分发挥了每个参与者的积极性，也可以说是一次成功的实验。

伊芙女士对艺术劳动进行了深刻的思考，重新审视了艺术到底是什么，以及艺术与劳动和日常生活的关系。按照我们中国的说法是“艺术产生于劳动”，她通过一个劳动者将舞蹈与劳动有机结合的例子，提出了对艺术本源的反思，即艺术到底产生于什么？这个深入的思考为未来的艺术发展提供了很好的启示。

总体来说，这次活动无论最终结果如何，其过程都是有意义的。这些艺术家们以探讨和尝试的方式，将这个项目呈现为一个受欢迎、有趣且被评委们评为优秀的项目。我想借此机会提出一个问题：对于这种探讨式、尝试性的方法，在我们的区域和文化背景下，它的社会普遍意义是什么？

解答部分

阿西姆·瓦奇夫：关于公共艺术在疫情时代的未来发展，我个人的观点是，我们正面临一个挑战，即如何将创作的自由性、实验性融入到公共艺术中，同时还要考虑到现实环境的影响。虽然技术为我们提供了新的可能性，但我仍然坚信，艺术的感染力来自于对边缘性、个人情感的深入挖掘。对于公共艺术而言，理解并描绘未来的可能性，尤其是与公众深度互动的方面，是至关重要的。我们必须要能真的理解未来会怎么样，尤其是对于公共艺术而言。

第二点，您刚才讲到了道教里中国的哲学理念，当地居民的劳动过程和很多工业行业的形式作风是不一样的，我们发现艺术家或者是说这些做创意的人，他们完全控制了整个创意产生的过程，人们参与的过程无非是根据他们的指示生产制作某些东西，所以我觉得这是现在存在的一个问题，我不想在我的画室里面做好设计，然后拿出去让人生产，我觉得生产的过程，制作的过程，本身也是艺术创造的很重要的一个可能性。只有在我们探索这些可能性的过程当中，我们才能够找到新的视角。我想要探索的是一种新的合作模式，这种模式能够将当地居民的劳动过程、习俗和技艺引入艺术创作中，让艺术的创作过程变得更加多元、开放。我反对那些只停留在设计层面，完全交由工人进行批量生产的创作方式。

至于您提到的项目影响，确实，影响力的衡量并非易事。这个项目还在进行中，我相信它的影响会在长期中逐渐显现出来。为了记录整个项目的诞生过程，我写了一本书，这本书是以英语和当地语言双语出版的。我希望通过这本书，能够让更多的人了解这个项目，了解我们在这个项目中融入的创意和努力。

因为我觉得中国和印度之间的合作非常具有前景，我们是邻居，我们有共同的理念，共同的工艺技巧，我们有同样强烈的家庭关系，家庭的纽带关系，同时我们也有很大的区别，我希望未来能有机会和中国的艺术家们合作。

刘勇：其实最终话题还是回到了阿西姆先生的作品，这个作品对于我而言有两点非常吸引我，第一个是创新，这个项目最大的创新我觉得是源于把握好和抓住了宗教的事件，采用音乐的形式并把它植入到社区空间当中，所以变得项目非常具有活力。这个项目之所以成功是因为宗教在印度的日常生活当中是非常重要的，所以能够抓住一些最关键的点是最重要的，项目从形式还有所有呈现出来的空间效果也都是非常震撼的。

第二点我觉得值得去探讨的就是关于方法，刚才王波副主席说了，中国道教是无为而治，可能跟阿西姆做的项目有异曲同工之妙，希望设计师退出，居民能够介入，这样起到公众参与的作用，把艺术家的修养、艺术的技能、艺术的审美更好地传递给受众。

国际公共艺术论坛（七）

公共艺术赋能乡村振兴

作者：杨勇智　山东工艺美术学院公共艺术教研室主任，山东省美术家协会雕塑艺委会副秘书长

摘要：本文从提炼乡村文化精髓，将村庄建设成为露天的“美术馆”，借力公共艺术表现与传播乡土文化，打造特色小镇和艺术赋能，建立乡土文化自信三个角度来展示山东工艺美术学院在赋能乡村振兴方面的实践收获，衍生出对乡村振兴如何赋能公共艺术和乡村发展的思考，并表达希望为新时代中国乡村振兴和时代发展尽一点绵薄之力的美好愿望。

Public Art Empowers Rural Revitalization

Author：Yang Yongzhi

Director of the Public Art Teaching and Research Office of Shandong University of Art and Design, Deputy Secretary-General of the Sculpture Art Committee of Shandong Artists Association

Abstract：This article presents the practical achievements of Shandong University of Art and Design in empowering rural revitalization through three interrelated perspectives. Firstly, it examines the preservation and celebration of rural cultural heritage, emphasizing the distillation of cultural essence and the sustainable development of local resources. Secondly, it explores the transformation of villages into outdoor "art galleries", seeking to activate public spaces and promote local cultural tourism, while preserving the authenticity of rural landscapes. Thirdly, it examines the role of public art in expressing and disseminating local culture, highlighting the creation of distinctive towns and the empowerment of rural communities through artistic interventions. Through these interconnected perspectives, the article delves into the transformative potential of public art in rural revitalization and expresses the hope to contribute to the development of a more inclusive, sustainable, and culturally vibrant rural future.

乡村振兴是一个备受关注的话题，而艺术在乡村振兴中扮演着越来越重要的角色。今天，我们需要思考的是，对于广大村民来说，落在他们世代生活

的土地上的公共艺术到底意味着什么？他们又是怎么看待这些公共艺术作品的？在全面推进乡村振兴的新阶段，公共艺术具备了强大的人文魅力和社会影响力。我们学校在教学中注重以项目带动实践，鼓励学生参与到乡村振兴的实践活动当中去。我们以参与的几项有关乡村振兴的公共艺术创作活动为例，从三个方面进行展开。

首先，在乡村振兴进程中引入公共艺术，可以强化农民的生态文明建设思想意识，促进农村的信息沟通和文化自信。公共艺术的建设和发展需要艺术创作者和农村群众的互信互助，彼此融合。2021 年，我们在山东寿光和山东物泽农业发展有限公司一起进行了一个项目，打造美丽家园。经过考察，我们提出以主题墙绘结合菜都文化寿光模式引领创新为主题，对村落、环境进行艺术化改造，将传统审美观念与当代乡村文化相结合，满足人民对美好生活的物质和精神需求。经过一个多月的时间，我们师生 30 多人，以及村民艺术爱好者一起参与设计绘制了将近 40 幅壁画，不仅对破损墙面进行了美化，这更是令人兴奋的乡村美展和文化盛事。乡村本身作为接近艺术的现实，才能体现艺术在乡村实现价值的同时不断地改变着乡村。如今这个镇已经成为当地有名的网红打卡地，吸引着越来越多的游客。

乡村壁画（一）

乡村壁画（二）

第二个方面是我们借助公共艺术的力量打造特色小镇。公共艺术在人居空间、大众心理空间和建设空间中扮演着重要的角色。它为公众搭建了公共交流平台，突显了为空间赋能的特点。同时，人们对公共空间的品质和审美有了更高的要求和期待，希望乡村建设能够更多地通过艺术的方式激活空间，塑造充满人文气息的环境。下图是我们深度参与的山东蒙沂县项目。当地人大力推动新旧动能转换，将丰富的资源优势和生态环境转化为经济优势和生态优势，着力打造养老养生的大健康产业。村民们提出以多种艺术形式提升景观质量，特别是云蒙湖和林荫道是整个景观构建的关键。一个崭新的、极具特色和辨识度的艺术环境更容易吸引游客。

云蒙太阳城滨水景观设计方案效果图

最后一个方面则是艺术赋能，建立乡土文化自信。乡村是中国文化的根，乡村文化的自觉自信是乡村振兴战略的重中之重。从实践经验来看，地域文化、家庭文化和时代风貌是乡村文化系统的重要构成，直接或间接地影响了村民的乡村价值观念。艺术赋能乡村振兴从多方面助力：首先捕捉乡村具有时代性的正能量故事，通过推广，构建村庄和谐价值观；其次深入发掘乡村优秀历史文化与民俗文化，通过历史提炼与符号提炼进行推广与宣传；最后设计特色文创产品，我们全体师生都参与到了乡村特色文创产品的开发中。

山东惠民的获奖案例表明，文化创意已成为当代乡村振兴的带动性要素。对于中国人来说，乡土情怀是我们围绕不开的情节。我们要营造美丽宜人的环境，还要用公共艺术提炼和表达乡村的独特气质，守住乡土文化的根，逐步打造新的符合现代社会问题和时代现象的乡村文化发展路径，推动乡村文化的发展，成为安居乐业的美丽家园。

以上是山东工艺美术学院在赋能乡村振兴方面的收获。我们在思考乡村振兴如何赋能公共艺术和乡村发展的新路径，希望能够为推进新时代中国乡村振兴和时代发展尽一点绵薄之力。

可持续发展：公共艺术介入乡村建设

作者： 徐强　山东工艺美术学院副教授

摘要： 本文从三个方向探讨了如何提升公共艺术介入乡村建设的可持续发展性，一方面是需要依靠乡村建设的法律保障，另一方面是公共艺术介入的“可持续性”三元构建，分别是公共艺术作品、公共艺术活动和乡村空间营造，最后一方面是乡村文化创意的产业保障。同时，文章指出需将村民需求与艺术需求的矛盾降到最低，遵循乡村的可持续原则，让公共艺术为文化脉络的传承带来永恒的动力。

Sustainable Development: Intervention of Public Art in Rural Development

Author：Xu Qiang　Associate Professor at Shandong University of Art and Design

Abstract：This article explores the sustainable development of public art in rural construction from three perspectives. Firstly, it draws on the legal framework of rural construction to provide a legal basis for public art's intervention. Secondly, it emphasizes the "sustainable" tripartite construction of public art, including public artworks, public art activities, and rural spatial construction. Finally, it highlights the importance of rural cultural and creative industries in supporting the development of public art. In addition, the article emphasizes the need to minimize the conflict between villagers' needs and artistic demands, adhere to sustainable principles in rural areas, and allow public art to bring about permanent impetus to cultural heritage.

在公共艺术介入美丽乡村建设的法理保障及其可持续性方面，国家及省市县等各级政府机关出台的法律政策对美丽乡村建设的推动作用不可忽视，特别是在 2021 年中央一号文件中提出了全面推进乡村振兴的要求。这些政策文件强调了加强村庄风貌引导、完善基础设施和公共服务、因地制宜、不搞过渡开发等具体要求。未来，乡村发展和振兴仍将是国家建设和发展的主要任务，但保护乡村的特色和乡土风貌是发展和建设的前提。因此，需要寻找一条适宜的、符合区域发展的乡村振兴和美丽乡村的建设之路。

第二个方面是关于公共艺术介入美丽乡村建设的可持续性三元构建。这主要包括公共艺术作品、公共艺术活动和乡村空间营造。近年来，公共艺术与乡村的结合越来越紧密，众多的双年展与艺术计划都进入了村庄，吸引了艺术家、策展人等多方面的力量参与到乡村建设中来。公共艺术介入到乡村的外部和内部空间，实现了乡村的生态宜居，重塑着地域文化和乡土风情。同时，公共艺术活动也是提升乡村文化自信的重要途径。公共艺术在乡村的开展要干部、村民协同共济，要注重艺术设计的因地制宜，在制作艺术品选材方面尽量选择本土化的，可以重复利用再生的物材，避免采用会造成污染的材料，对乡村建设中拆除的建设材料，可以以此创造出优秀的公共艺术作品，实现对资源的节约利用，同时保留历史的记忆。另外对于乡村的保存和安置处理都应该在方案设计之初，符合可持续发展原则进行策划。

“可持续性”三元构建

“可持续性”三元构建要素图

公共艺术活动，乡村公共艺术节，公共艺术家驻留活动，有一些是艺术家自发的，在乡村自发的在地性的创作活动，包括去年的许村国际艺术家，有一些也是村民自立营造并邀请艺术家进驻的模式，比如说大型的艺术节项目，邀请策展人和艺术家到当地策展公共艺术活动。公共艺术是借力农村，可以提升文化形象，推广地方旅游品牌，带动区域经济的发展，不是一次性的活动，而应该是长期、持续的规划和安排。

第三乡村空间营造，艺术院校实践模式与设计师与政府合作的模式，有一些成功的案例建立在充分调查、充分构思之上，尊重村民的意见，邀请村民加入到建设项目中，因为只有调动了村民的积极性和参与感才能增强村民的社区意识和归属感，才能保证乡村空间营造项目的落地，增添乡土空间营造的共情性。

第三个方面是关于乡村文化创意产业保障，公共艺术促进乡建不能只停留在对乡村的形象进行改造的显现层面，要做到物质文明和精神文明共同发展，使村民经济收入得到提高，切实改善村民的生活质量，才能真正实现美丽乡村。比如，竹编工艺可以通过创新思维得以传承和发扬，促成有特色的生态产业，辅助农村农业形成可持续的良性循环，带动当地乡村发展。通过发展乡村农业旅游产业、加强乡村文化交流、增加乡村知名度和乡村的收入等措施，切实改善村民的生活质量。

公共艺术的介入可以充分发挥村民的主体作用，将村民需求与艺术需求的矛盾降到最低。不应是硬性植入，而应是本着乡村的可持续原则，以适当的方式推进村民的文化自觉，因地制宜地诱发和培育当地的诉求。相信公共艺术能够为乡村的发展提供优质方案，为文化脉络的传承带来永恒的动力。

“一带一路”中的中国民间彩塑艺术——论公共艺术在中国文化走出去中的重要意义

作者：王晖　工艺美术师、中国非遗艺术设计研究院研究员、中国民间文艺家协会彩塑专业委员会会员

摘要：本文结合笔者自身在毛里求斯的研究，探讨了关公雕塑在国际地位上具有中国民间彩塑的当代性，详细阐述了关公文化对国内外的影响，不仅传播了中华优秀传统文化，还象征了友好共商核心理念，以直观的形式讲述了中国的故事，展现中国的艺术，并发扬中国文化。

Chinese Folk Color Modelling Art under the Belt and Road Initiative—Significance of Public Art in the Going Global of Chinese Culture

Author：Wang Hui

Craft Artist, Research Fellow at China Intangible Art Design and Research Institute, Member of Color Modelling Committee of China Folk Artists Association

Abstract：Based on the author's own research in Mauritius, this article explores the contemporary nature of Chinese folk sculpture in the international status of Guan Gong sculptures. The article elaborates on the influence of Guan Gong culture at home and abroad, not only spreading excellent traditional Chinese culture, but also symbolizing the core concept of friendly cooperation, visually telling Chinese stories, showcasing Chinese art, and promoting Chinese culture.

中国民间彩塑是中国古老的民间艺术形式之一，它以最广泛的劳动人民为表达对象，是传播文化、传达情感的重要途径。中国民间彩塑蕴含着丰富的中国民族元素，经常表现人们熟悉的生活内容与故事传说，是让世界认识中国、了解中国文化的优秀媒介。就公共艺术而言，民间彩塑在公共空间中展示了本民族的形象与文化，是中国文化与国际交流中不可或缺的艺术形式。

笔者的民间彩塑国际研究交流工作始于毛里求斯。以下是笔者在此领域的一些重要研究内容。毛里求斯位于 21 世纪海上丝绸之路的自然延伸线上，具有独特的地理位置。自 1988 年 7 月起，毛里求斯成为中国政府在海外建立的第一个文化中心，在过去的 30 多年中，毛里求斯在推广中国文化方面发挥了重要作用。中国与毛里求斯的合作前景广阔。2019 年 10 月，我国与毛

里求斯正式签署了自由贸易协定，该协定于 2021 年 1 月 1 日起正式生效，是我国与非洲国家签署的第一个协定。此协定将提升中毛两国的互利水平。

笔者当时的出发点是青岛港，恰巧也是笔者的家乡，笔者以家乡为傲并希望继续研究中国彩塑艺术。青岛具有优越的天时地利条件和良好的环境，笔者希望能巩固青岛作为产业化基地和桥头堡的战略地位。在“一带一路”建设的大方针下，海外对中华文化的需求日益增长。为了了解更多的国家和人民，此次工作笔者通过民间彩塑的形式表现出来，通过民间传说塑造民间人物形象。我们的艺术家曾创作过英雄楷模塑像，在中国家喻户晓。一位来自山西的代表邀请我们为他们在毛里求斯创作中国公共艺术像，包括关公像。

毛里求斯是一个多民族国家，中国移民 200 多年前就来到了这里。我们推动的中国文化成为其多元化的重要中心。当代华人传承和坚守中华文化，得到了政界和各界的认可。毛里求斯是唯一将春节定义为国家法定节日的国家，中国文化在当地的接受度颇高。

关公雕塑作为中国园区的地标性作品，已经从形式上具有中国民间彩塑的当代性。作品的创作从中国民间来、到毛里求斯民间去。下面是笔者及团队在毛里求斯工作的一些过程和照片，毛里求斯的一些雕塑很有非洲特点，体现了航海文化。关公像由来已久，已经成为独特的中国文化符号，近两千年来各行各业都称关公为英雄，遍布世界的各个角落。在毛里求斯的雕塑圈中重塑关公像是以民间彩塑的语言方法来进行的，目的是为了让更多的国家了解中国的传统文化。

毛里求斯具有非洲特色的雕塑

毛里求斯的教堂

关公，这位历史上真实存在的人物，根据《三国志》的记载，他是山西运城人，被后人逐渐神化，成为英雄崇拜的永恒主题。无论古今中外，英雄传说都是民间传说的重要组成部分，而关公则因其独特的人格魅力，自然成为民间传说故事的主人翁。关公信仰和文化紧密相连，关公文化作为中国文化体系的一员，是中国文化史上的重要人物。千百年来，他的品德被世人传颂，以文学、戏剧、艺术等各种形式展现于民间。关公文化是中国文化的一部分，其故事广为流传，妇孺皆知，构成中华儿女最基本的道德标准。关公在五台山成为海外中华儿女文化认同的纽带，为外国人认识中华文化打开了大门。

文化像一条红线，贯穿人类历史长河，我们的价值观、情感等都是文化的产物。文化作为民族的根基，为国家的发展和民族的进步提供了源源不断的能力。没有高度的文化自信，没有文化的繁荣兴盛就没有中华民族的伟大复兴。中国民族走出去是中国对外交往的重要内涵。在一带一路的倡议背景下，关公文化对沿线各国的传播起着重要作用。关公文化的传播增加了软实力，国家的软实力也是国家的实力。关公文化的思想性在于蕴含着中国传统文化精神的内涵，与其相关的上千年的历史故事、传说等，体现了中华文化的博大精深、源远流长。

其次，关公文化能够让“一带一路”沿线国家的人民更好地了解中国和中国人。从而使得经济合作更加紧密，发展前景更加广阔。让沿线各国人民感受到中国文化的发展也是“一带一路”建设的重要作用。

关公文化走出了国门，在东南亚地区，在各国的唐人街都有歌颂。关公可以作为中国儒商精神的象征，也把“一带一路”的丝路精神装在了心中。雕塑是造型艺术的一种，大体量的立体形象具有超强的视觉冲击力，使人印象深刻，是一种不可缺少的地标性景观。从历史中追溯记忆的同时，雕塑又是独立的，就像画面一样，雕塑不需要屋顶来限制，是具有完整事物特点的独立存在。人们可以绕着它走，可以从各个角度观察，就形成了自身故事的在线、非语言的叙事特点。

关公形象在当地具有重要的符号意义，已经穿越时空，起到了合共民众的作用。在“一带一路”的沿线国家，毛里求斯地标性对文化要有传统的地位还要融入新时代的精神。特别是国际合作、文化交流互惠互利的核心理念。环境为艺术提供素材，在毛里求斯这个新的大环境下，关公雕像的形象是手握青龙偃月刀、刀头朝下、泰若自然、高大威猛、块大毛硬。关公雕像层高 4 米多，适宜非洲土地的庄严肃穆但不失亲和力。关公出海前以及到毛里求斯前和毛里求斯后都头盖红布、燃放鞭炮。

毛里求斯的关公雕塑

关公文化是贴近人民大众的文化符号，起到了不可忽视的作用。在“一带一路”的建设中以关公文化作为地标性景观，不仅传播了中华优秀传统文化，还象征了友好共商核心理念，以直观的形式讲述了中国的故事，展现中国的艺术，并发扬中国文化。

把现场作为方法：中国西南乡村艺术的行动与反思

作者：曾令香　副教授，四川美术学院公共艺术学科带头人

摘要：本文所探讨的公共艺术的在地化诉求，将现场作为方法，公众作为诉求，以新的行动路线解锁中国艺术当代的困境。通过不同实践案例的解读和复盘，提出了我们需要整合各方面的资源，并降低艺术家的姿态，为地方持续注入社群温暖。最后表达了希望中国乡村艺术走向具有中国特色的在地化的新艺术世界的美好愿景。

Using the Site as a Method: Action and Reflection on Rural Art in Southwest China

Author：Zeng Lingxiang

Leader of Public Art Discipline and Associate Professor at Sichuan Fine Arts Institute

Abstract：The localization appeal of public art discussed in this article takes the site as a method, the public as a plea, and a new course of action to unlock the contemporary predicament of Chinese art. Through the interpretation and review of different practical cases, it is proposed that we need to integrate various resources and lower the artist's posture to continuously inject community warmth into the place. Finally, it expresses the hope that Chinese rural art will move towards a new artistic world with Chinese characteristics and localization.

近年来，中国当代艺术创作逐渐转向面向大众、走向乡村、更新城市现场的新形态和新方式。在早期，2010 年左右，当中国的艺术开始走向乡村时，出现了许多良莠不齐的现象，许多艺术作品将乡村视为展览的底座，这引发了一个问题：乡村与艺术之间的关系是什么？公共艺术从西方引入的概念在中国现场会发生什么？公共艺术的在地化诉求能否结合中国的时代命题和中国真实的现场，形成中国化的公共艺术新内涵？为了解决这些问题，本着把现场作为方法，把公众作为诉求也是一种新的行动路线的思路，四川美院团队从 2013 年至 2022 年就从重庆出发，开始到江西、新疆、乃至于国外的波兰等的乡村经历了 16 个行动现场进行了各种各样工坊和在地创作，下面以五个案例来进行整个公共艺术行动的分享和反思。

2014 年，我们从教学出发，带着学生到西南现场的各种现场进行短期在地的调查与创作，得出了很多不同于以往的创作素材，发现了不同于以往的装置、声音和各种的创作媒介，让年轻的学子们看到了中国乡村的真实现场和真

实的问题，从而能够引发更多的文化思考。我们一直是短期迁徙的方式，因为游牧式的创作对于乡村会显得轻巧灵活。但一定意义上这种方式缺少跟在地场域的深入的对话，对于一个地方而言持续性不够。

随后，团队在 2019 年对一个乡村进行了更深入的探讨，将乡村作为主题、表现的内容和对象。在城乡融合的背景下，展开公共艺术乡村艺术的创作。2019 年 4 月，团队在重庆的一个村，利用社会美誉的方式调动城市的中小学生并联动在地政府，一起从东升村的自然生态、建筑遗址还有民间人文故事等展开了四个板块的乡村研学活动。这次活动让城市的孩子真正看到了乡村的生态，也让乡村老百姓第一次像过节一样，从另外一个视角感受到了乡村的某些价值。

这次活动的优点在于，总结出艺术研学是一条打通城乡的直通车，是构建城市教育与乡村文化、乡村资源、乡村价值重要的桥梁，乡村艺术可以把乡村作为表现的主体来展示它的魅力。然而社会的美育需要一个可持续机制来不断地进行能量流通，才能够让城乡的融合在一次一次的美育研学过程中得以完成。

后来，我们应用了当地的公共建筑遗址，是在中国的 20 世纪六七十年代，那个需要自力更生的艰苦岁月中，我们用自己的双手凿出的整个水渠。乡村有各种各样的艺术节，因为乡村的更新化和城乡的流动导致现在乡村缺少社区之间的连接，这次我们的团队就在这个村里面以水渠为重要因素，开创了“水渠艺术节”，通过在地性的策划去调动曾经参与水渠修建的人们，以水渠为基础展开各种形式的活动来实现情感连接和价值认同。当地居民和团队成员都在这一天体会到了好多年未曾经历的共识，以及共舞共享的盛宴时刻。

此次艺术家发明的节日将乡村艺术作为一种能量，链接了社群情感，增强了人与人之间的亲近感、关系，唤醒了我们曾经的珍贵记忆。然而，这种方式需要多方面的保障，并且需要放在地方品牌的整体输出逻辑框架内，持续地展现其影响力，这需要多方协作。因此，这个水渠艺术节让我们反思，西南地区乃至许多地方，其艺术的可持续性缺乏一个多方合作的共同体机制来提供保障，这使得许多有趣的探索无法持续深入地进一步形成地方品牌，为地方持续注入社群温暖。

重庆市北碚区柳荫镇东升村

水渠艺术节现场

作品《柳荫星河》局部

我们以空间营造的方式创建了乡村稻田生产的项目，其中艺术家身份发生了改变，并对公共艺术创作的路径进行了新的探索。我们从艺术家自上而下的强势姿态转变为乡村场所能力的整理者，百姓们声音的倾听者，以及有趣的魔术师。我们利用艺术的力量、审美的力量、想象力的力量，让百姓的文化和秘密得以有趣地展现。这些作品在当地百姓中深受喜爱，因为它们与他们的生活息息相关。这些场所凝聚了他们曾经的建筑文化，甚至创造了一个新的聚会场所，为他们提供了便利。我们充分利用当地的乡土文化资源、空间要素资源、自然生态资源以及物产资源的元素来进行乡村文化价值的重塑。

在这个案例中，我们使用了进口的感官材料将朴实灰暗的道路变成了令人意想不到的星空之路。人们在这里可以看到星座，看到劳务建设构建的岁月。当艺术参与乡村现场时，我们要注意将艺术家的角色转化和乡村记忆的文化彰显作为主要目标。如何使其在地生长是当下乡村艺术和公共艺术的重要挑战。在介入过程中，由于最初的路径是由政府委托而开始的，公共艺术还是存在单一的产业化思维和城市化视角的问题。

最后一个案例是笔者在现在居住的村庄里进行的行动，叫做第二届酉阳乡村艺术季。这是在武陵山区高山生态中产生的共创共享的机制。我们希望我们的艺术作品能够在乡村空间中成长起来，并创设出一种新的公共艺术的共享机制。这个艺术季的设施路径从方案到施工、到在地协调、再到作品完成。在这个艺术季中，大家可以看到各种五花八门的作品，包括科技、非遗转化、以及将闲置空间变成美术馆或博物馆等。与以往中国西南乡村艺术季的案例相比，由于时间跨度较长，我们从最初到中间再到后来的过程中，实现了各方资源的联动。在艺术节的制作过程中，我们实现了百名的开发以及传统民间对外交流和环绕度的提升。

第二届酉阳乡村艺术季现场图

然而，与其他艺术季一样，由于艺术来源和乡村现场生产行为的限制，很容易变成为了短期目标的政治景观。为了某些参观和特定的改变而采取的行动值得我们深思。在乡村进行艺术季生产时，我们的初衷是否真的具有为乡村展开和为乡村永久性文化生长助力的意义？我们的作品如何获得有力且具有抓地力的手段？对于乡村艺术而言，放下艺术的傲慢姿态并贴近地面而行是必要的。乡村艺术是多方合力的结果，其魅力在于能够通过艺术的多样化表现力和感染力引发老百姓的共鸣，从而实现艺术与人、与乡村现场、与历史文化、与未来共生共存的效果！

中国的乡村艺术正在走向一个新的进程，我们更希望以在地化的问题，以在地化的机理，把现场作为方法，在行动中思考，在反思中提炼前行，让中国的乡村艺术走向一个具有中国特色的在地化的新艺术世界。

圆桌论坛

从非洲地区案例《瓦尔卡·沃特水塔》引发的公共艺术讨论

主持人：陈志刚

提问嘉宾：汪大伟 、赵健 、李龙雨、王晖

解答嘉宾：马桑巴·姆贝耶、辛迪·利·麦克布莱德、
阿图罗·维托里 、赖克·西塔斯博士

非洲地区案例《瓦尔卡·沃特水塔》

提问部分（一）

汪大伟：在评审该瓦尔卡水塔项目时，我对其给予了高度评价。这座水塔让我一眼就对其产生了喜爱和崇敬之情。阿图罗先生，您的作品在非洲大地上矗立，为当地居民解决了水资源短缺的问题，并通过您的智慧构建了社区之间人们之间的交流场所，塑造了瓦尔卡树这一象征。我向您表示最崇高的敬意。

关于您未来的发展计划，我已经听到了一些介绍。在这里，我想向您提出一个问题：在筹措经费和融入当地社区、与民众打成一片这两件事中，您认为哪一件更为困难？如果确实存在困难，您又将如何解决这些问题？

解答部分（一）

阿图罗·维托里：非常感谢您刚刚对我的赞美之词，我非常开心您能够看到这个项目并在美学上产生共鸣，并了解其功能。瓦尔卡水塔不仅仅是一个收集水的工具，它也是一个当地社区可以聚集一堂进行活动的场所和媒介。关

于您提到的资金问题，这确实是一个巨大的挑战。我们每天都在努力争取获得更多的资金支持，但由于这不是一个商业项目，因此无法带来商业回报。找到愿意资助我们的人确实相当困难，然而，我们确实得到了很多人的支持。很多人愿意每月出资资助我们一点，虽然数额可能不大，但这些是有意义的捐赠。这些捐赠慢慢汇聚在一起，其效应将被放大，并让更多的人在全球各地了解我们的理念，并支持我们的理念。

您提出的第二个问题是关于社区合作和融入的。当然，我们可以做很多事情。我们目前还在不断学习，通过与当地社区的交流合作。我们最近的项目是在埃塞俄比亚的农村与当地进行合作。每个地方都有不同的文化和技术可能性，我们需要付出巨大的精力和努力来了解所在社区的独特性。这是一个永无止境的学习过程，我们每天都在积极学习并理解我们所处的环境和背景。

在所有的挑战当中，我们很难找出哪一个更难，哪一个最难这种。对于我们来讲，资金的难题是我们面临最急迫的，最难的问题，因为只有有资金的保障才能把这个项目继续下去，又因为是持续性的项目，我们搜集了这么多的诀窍，这么多当地的信息，如果不继续下去，他们就都会失传了，所以目前的状况下，对于我们来说，资金问题可能是排在第一位的挑战。

提问部分（二）

王晖：我们常在非洲从事创造性研究或与之相关的工作。我有幸向您提问，首先，我对您的作品抱着极高的喜爱和崇敬之情。水塔这一理念非常出色，同样致力于艺术创作的我们非常关心和关注您当前的项目，以及我们在非洲的其他同事所从事的工作。我好奇的是，您是否关注中国的文化和中国艺术界在非洲的贡献？我们能否有幸请您为我们解答这些问题？非常感谢！

陈志刚：这个问题针对的是中非之间的文化交流，马桑巴先生来过几次中国，我们之间也做过相关学术方面的交流，这个问题可以请马桑巴先生做一个解答。

解答部分（二）

马桑巴 · 姆贝耶：我知道在塞内加尔有许多艺术项目正在进行，其中包括许多中国和非洲的艺术家共同合作，以反映陆地景观并推动当地社区的合作项目。类似的项目还有很多，我无法一一记住它们的详情和名称，但我能够回想起在塞内加尔的某个地区，中国的美术家们参与了具有非常明确的地区领域和社群特点的合作，这种合作可能为我们展示了一种非常良好的合作模式。

提问部分（三）

陈志刚：我有几个问题想向赖克博士请教。在观察非洲地区案例时，我们的赖克博士从一个研究者的视角提出了许多关于同类项目，特别是社会创新项目创作过程和设计过程中的重要议题。我想请教：基于非洲地区的案例以及您的观察，对于这类项目的运作和创作过程，您有何宏观和相对辩证的视角？

解答部分（三）

赖克·西塔斯：这的确是我们在实施的一类项目，特别是涉及广泛社会参与的项目时所面临的一个重要挑战。首先，这些项目往往非常耗时，并且需要投入巨大的成本。因为在工作坊中制作出成果后，还需要将其安装到当地，乃至全球不同的洲。在资源更为稀缺的非洲等地，这一挑战尤为突出。同时，我们非常依赖于各种合作。顺利的合作总是令人愉快且成果丰硕，艺术、地点和人们都能完美契合。然而，有时也会出现分歧。尤其当你与来自不同地方、不同背景的合作伙伴一起工作时，这些因素可能会导致问题。这些问题在实际操作中会遇到，而在设计过程中却往往容易被忽视。

此外，项目的具体所在地也会对合作产生影响。例如，一些专注于非洲艺术项目的兴趣小组以及基于西非地理位置的网络平台，都进行过许多有趣的调查和研究，向我们揭示了当地发生的事情。还有一点特别引起了我的兴趣，那就是这种合作可能已经超越了欧洲和非洲的关系。因为欧非之间的合作比较常见，毕竟两大洲之间距离较近。但也有一些国际关系项目，如中国与其他国家的合作，因其独特的背景和差异而具有特殊的吸引力。两者之间的合作进一步拉开了距离，使得这种跨大洲的合作更具魅力。

提问部分（四）

陈志刚：谢谢赖克博士比较客观的观点，辛迪研究员也是我们这个案例推荐的学者，想请问从您的视角，针对这个案例，和这次观察到的第五届国际公共艺术奖相关的其他案例比，在创作的层面，非洲地区的案例有什么更特别的点吗？

解答部分（四）

辛迪·利·麦克布莱德：这是一个颇具挑战性的问题，因为我的观点难免受到自身背景和所研究非洲内容的影响。然而，我认为《瓦尔卡·沃特水塔》是一个非常典型的例子，有助于人们理解非洲公共艺术的内涵。它汇聚了人们多样化的需求，包括社会平等、环境平等和性别平等。通过一个项目，它解决了许多不同的问题，这正是许多艺术家和以社区为导向的公共艺术领域所关注的重要方面。我猜想，其他地区可能也有类似的关注焦点。

然而，在非洲大陆，我们面临着许多发展困难，这使得艺术的作用显得尤为重要。因此，通过公共艺术，人们能够观察到更多内涵。在非洲，我们的公共艺术往往会反映更多与非洲相关的问题。

陈志刚：谢谢辛迪，通过公共艺术我们看到了全球各个地区在发展过程、生存过程当中以及整个生活过程当中的一些差异，这些差异包含了很多的全球性的议题。国际公共艺术这样的协会、这样的平台其实也提供了全新的、比较公平的视角，让这些议题体现出来，从而增进不同族群、不同地区、不同国家之间的理解包容和认同，我觉得今天的讨论也更多地呼吁了我们国际公共艺术发挥的作用以及意义。

三、获奖案例

《跷跷板墙》

作者：罗纳德 · 雷尔、弗吉尼亚 · 圣 · 弗雷泰洛
时间：2017 年
地点：德克萨斯州埃尔帕索附近的美墨边境
地区：北美地区
媒介 / 类型：装置
项目尺寸：约 60 平方米
提名者：珍 · 克拉瓦

艺术作品 / 艺术项目描述

《跷跷板墙》是 2009 年由雷尔 · 圣 · 弗雷泰洛工作室发起的项目，该工作室由罗纳德 · 雷尔和弗吉尼亚 · 圣 · 弗雷泰洛共同创办，该项目包括一系列的草稿、图纸和模型。2017 年，他们想知道这个概念有没有可能变成现实。他们在 2008 年首次考察了现场，之后多年内又多次对这里进行了考察，与当地社区成员建立了紧密的联系和长久的关系。

2018 年冬季，在鲁宾斯中心举行的一个展览会期间，罗纳德和弗吉尼亚将一条机械手臂带到埃尔帕索。他们在校园内一个可以俯瞰边境墙的台地上用泥巴进行打印。Colectivo Chopeke 经常过来查看他们的制作情况，从这时开始，他与这群艺术家、哲学家、诗人和思想家建立了长久的关系。Colectivo Chopeke 帮助他们与建造跷跷板的制作人员牵线搭桥。当时，全国性的话题是儿童分离性焦虑症的日益严重以及建造更多边境墙的呼声。由于美墨边境附近的儿童被迫与父母分开，人们觉得是时候在边境两侧搭起一座桥梁，而不是进一步分离，而雷尔 · 圣 · 弗雷泰洛认为这是一项非常重要的任务，因此希望为此提供资助。他们已经为此做好了被监禁的心理准备，因为虽然这里属于公共空间，但这个项目有可能被认为是非法的。

Teeter Totter Wall

Artist/Group：Ronald Rael, Virginia San Fratello

Artwork/Project Start and End Date: 2017
Works/Project Location: US Mexico border near El Paso, TX
Region: Northern America
Artwork media/type: Installation
Artwork/Project Size: About 60 ㎡
Nominator name: Jen Krava

Artwork/Project Descriptions

Teeter-Totter Wall was Initiated by the practice of Ronald Rael and Virginia San Fratello - Rael San Fratello - in 2009 as a series of sketches, drawings, and models. In 2017, they wondered if it would be possible to construct this. They had visited the area in 2008 and had been going back to the site for years, developing deep connections and long-standing relationship with community members.

In the winter of 2018, Ronald and Virginia brought a robot arm to El Paso as part of an exhibition at Rubins Center. They were printing with mud on the mesa at campus, which overlooked the wall. Colectivo Chopeke came to see what they were making, and that started a long-term connection with this group of artists, philosophers, poets, and thinkers. Colectivo connected them to fabricators that could help build the teeter totter. This was a time when the national conversation was around increased child separation and the call for more walls. As children were being taken away from their parents at the border between the US and Mexico, it felt like time to create a bridge across the border rather than further separation, and Rael San Fratello felt this work was important enough to do that they wanted to fund it. They were prepared to go to jail for this, as even though it is public space, the project could have been perceived as illegal.

《北上朝圣》

作者：蒂塔·萨利娜、伊万·艾哈迈特
时间：2018 年 2 月 14 日 —24 日，2019 年 3 月 21 日—4 月 5 日
地点：印度尼西亚雅加达海岸线
地区：大洋洲地区
媒介 / 类型：持续、社会参与式行走项目
项目尺寸：沿雅加达海岸线，42 公里
提名者：凯利·卡迈克尔

艺术作品 / 艺术项目描述

《Ziarah Utara》及其路线设计为深入探访雅加达北部海岸线，目标是记录海岸线及沿线生活，直面未来，引发对话：一方面，开发商尽情畅想，期待通过开发建设，迎合印度尼西亚的繁荣、国际化愿景；另一方面，普通民众的归属感和生计均依赖于海岸线。作品沿海岸线延伸，总长 42 公里，艺术家们潜心设计方法，以调查、更深入地理解历史，确定和描述不同层面的问题，他们敏锐地发现了严重的社会不平等、土地商业化带来的快速发展机遇以及负面影响、宗派运动的增加。该社会参与式作品记录、强调了海岸线面临的各种严重威胁：地面沉降，过度开发海岸盆地导致环境退化和对社区的影响。

该作品由艺术家发起，初期资金由艺术家自筹，采用最简单的方法和形式：行走。在作品中，行走被用作美学方法，实现了情境化认知，体现了关注日常生活政治的世界观。基于这种简单、高效的研究方法，作品已开展两次（2018 年和 2019 年），输出内容包括公共论坛、讲座、展览、视频和装置。计划在全球新冠疫情最严重阶段过后，开展更多行走活动。作为创作过程的一部分，艺术家们记录、收集了发生在边缘社区中的故事，包括被驱逐的传统渔民和村民的故事。行走始于达达村（位于雅加达行政边界西部），终于马敦达住宅区（位于行政边界最东部），途经烂尾地区和街区、以及投机与高投资风险并存的新开发区。通过行走，艺术家们可以洞察和介入正在发生的、巨大的空间、社会和生态变化。

ZIARAH UTARA

Artist/Group： Tita Salina，Irwan Ahmett

Artwork/Project Start and End Date： February 14-24, 2018 and March 21 - April 5, 2019

Works/Project Location： Along the coastline of Jakarta, Indonesia

Region： Latin America

Artwork media/type： Durational, socially engaged walking project

Artwork/Project Size： 42-kilometers along the Jakarta coastline

Nominator name： Kelly Carmichael

Artwork/Project Descriptions

Ziarah Utara and its route was designed as an in-depth examination of a single stretch of coastline. The goal was to document the coastline and the lives along it but also to open up questions and conversations about the future of this coastal stretch: how it is imagined by the developers who seek to re-make it as a place to reflect Indonesia's aspirations of a prosperous globalised future and those whose daily existence relies on the coastline for a sense of belonging and way to make a living. The route stretches along the northern coast of Jakarta for 42 km, carefully designed as methodology to investigate and more deeply understand the history of this coast and to identify and map layers of current issues. The artists identified that the coastline experiences deep social inequality, land commercialisation that is bringing rapid and negative chance to the area, and an increase of sectarian movement. Jakarta's Northern coast also faces serious threats due to land subsidence and rising of sea levels. In essence, Jakarta is sinking and as a socially engaged artwork , Ziarah Utara seeks to both record and highlight the environmental degradation caused by the heavy exploitation of the natural environment of the coastal basin as well as the treatment of its communities.

The walk moved from kampung Dadap, a small fishing community just west of the administrative boundaries of Jakarta, to the housing estates of Marunda, on the easternmost border of the administrative boundaries. It crossed areas and neighbourhoods of prolonged urban disinvestment and new areas of speculative and risky hyper-investment. The walk was the first step in an ongoing endeavour for the artists to come to terms with and intervene in the massive spatial, social, and ecological changes currently taking place in North Jakarta.

The artists collected documentation material such as photographs, video, audio, and drawings. They created website to accommodate the materials and share it online through social media so the art work could reach a broader audience. Ziarah Utara was designed as an open platform project so almost anyone from any kind of background can join the research. The artists welcome the possibility of collaboration with other sectors that intersect with coastal, water, and ocean issues. Ziarah Utara is an ongoing project intentionally designed to be flexible and without the limited structure of a final target or outcome. In 2020 the journey did not go ahead due to the pandemic, but the artists undertook it remotely, 'walking' (browsing) the coastal path via satellite while maintaining communication with local communities there. In 2021 the goal is to undertake the project again, with adjustments.

《水与土：国王十字池塘俱乐部》

作者： 马杰蒂卡 · 波特里奇、OOZE 国际设计事务所
时间： 2015 年 5 月—2016 年 10 月
地点： 英国伦敦国王十字街区
地区： 欧亚地区
媒介 / 类型： 城市参与系列
项目尺寸： 2200 平方米
提名者： 艾丽丝 · 斯密茨

艺术作品 / 艺术项目描述

《水与土：国王十字池塘俱乐部》为天然浴池式艺术装置，位于伦敦国王十字开发区的刘易斯 · 丘比特（Lewis Cubitt）公园，为柏林的斯洛文尼亚艺术家马杰蒂 · 卡港和荷兰 OOZE 事务所建筑师，伊娃 · 普芬内斯和西尔文 · 哈滕伯格 (Eva Pfannes and Sylvain Hartenberg)，合作设计（他们曾合作于多个大型合作项目）。卡港的跨学科实践包括现场项目、研究和建筑案例研究。其作品记录并诠释了当代建筑实践，特别是关涉能源基础设施、水源使用以及共同生活的方式。她的作品根植于视觉艺术、建筑和社会科学的交汇点。

《水与土》中，马杰蒂 · 卡港与 OOZE 事务所建筑师携手打造了一片微观生态环境，其中心是一个天然游泳池，位于伦敦大都市的繁忙地区——国王十字车站。那是一片 40 米长的池塘，可同时容纳 100 多人沐浴。人们在起重机和卡车工作着的热闹建筑工地中，尽情畅游于完全不含化学品的水塘。水源通过自然过程净化，利用植物、营养物质矿化和一套过滤器对自然过滤进行加强。净化后的水循环到池塘，完成水循环。每日沐浴人数受系统净化水量的限制。池塘的使用范围包括贫瘠的土壤和先锋植物区域，以及土壤肥沃、草木茂盛和野花盛开的草甸地区。繁茂生长的植物逐渐清洁并丰饶着这片城市建筑工地的土壤。该处封闭场地呈现出自然环境的缩影、动态的景观以及生态循环（水循环、植物循环和土壤循环）的生动剧场，是发生在人类、水、土和植物之间的动态场景。高架池塘成为融汇游泳的乐趣与环境的责任意识的舞台，游泳者则是都市中心与自然共存的平衡表演者，他们学习体验着人类的边界、自然的再生能力，并朝向自然与文化关系的新愿景迈进。

Of Soil and Water

Artist/Group：Marjetica Potrc, OOZE Architects & Urbanists
Artwork/Project Start and End Date：May 2015-October 2016
Works/Project Location：King's Cross, London, UK
Region：Eurasia
Artwork media/type：Urban intervention
Artwork/Project Size：2200 ㎡
Nominator name：Alice Smits

Artwork/Project Descriptions

Of Soil and Water: King's Cross Pond Club is an art installation in the form of a natural bathing pond, at Lewis Cubitt Park in the King's Cross development site, London and is designed as a collaboration between Berlin based Slovenian artist Marjetica Potrc and Dutch based architects OOZE (Eva Pfannes and Sylvain Hartenberg) (they have worked together on several large scale collaborations). Potrc's interdisciplinary practice includes on-site projects, research, and architectural case studies. Her work documents and interprets contemporary architectural practices, in particular with regard to energy infrastructure and water use and the ways people live together. Her work has developed at the intersection of visual art, architecture, and social science.

For Of Soil and Water, Marjetica Potrc together with OOZE architects built a micro ecological environment with a natural swimming pont in its centre, a 40 metre long pond on King's Cross, a busy area in the metropolitan city of London, which gave space to over 100 bathers at the same time. People swim in the midst of a lively construction site with cranes and trucks in a pond of water that is entirely chemical free. The water is purified by natural processes using plants, nutrient mineralisation and a set of filters to supplement natural filtration. Once cleaned the water loops back in the pond to complete the water cycle. The daily number of bathers is restricted by the amount of water the system is able to clean. The use of the pond ranges from an area of meagre soil and pioneer plants, to a meadow area of rich soil with lush grass and wild flowers. As they grow, the plants clean and enrich the soil of this urban construction site. The enclosed site presents the natural environment in miniature, a landscape in motion, a theatre of ecological cycles: the water cycle, plant cycle and soil cycle. It is a mise en scene of the processes that occur between humans, water, soil and plants. Here the joy of swimming combines with awareness of our responsibility towards the environment. The elevated pond becomes a stage where the swimmers perform the balancing act of co-existing with nature in the heart of a metropolitan city, learning to understand human boundaries, the regenerative power of nature and pointing to new visions of nature-cultural relations.

《波托西社区电影院》

作者：扩展建筑团队、安娜·洛佩斯·奥尔特加、哈罗德·圭亚克斯、菲利佩·冈萨雷斯和薇薇安·帕拉达

时间：2016 年 2 月—12 月

地点：哥伦比亚波哥大玻利瓦尔市 Sur#42 a 街 81 号

地区：拉丁美洲地区

媒介 / 类型：建筑

项目尺寸：144 平方米

提名者：阿德里安娜·里奥斯·蒙萨尔夫

艺术作品 / 艺术项目描述

波托西是基于社区的艺术家经营建筑项目，建于 2016 年，位于哥伦比亚波哥大的玻利瓦尔社区。关于项目的最初交流始于 2010 年，在组建团队之前，扩大建筑在当时只是一个年会。第二次年会期间，他们与 Ojo al Sancocho 电影节进行初步交流，共同拜访社区，并介绍当地的社会和文化活动（电影节、社区电影学校，重点聚焦波哥大周边地区（象征性和物质性））。两团队自 2010 年以来一直保持着联系。六年中，由于兴趣的重叠，他们不断交互于不同的空间，Ojo al sancocho 团队会参加扩大建筑的活动。两个团队从小项目开始逐渐展开合作，成为伙伴和朋友。电影院的想法频繁出现于两者之间的非正式谈话中。

直到 2016 年 2 月，才出现了实施的可能。《恐惧与爱：复杂世界的反应》的联合策展人冈萨洛·埃雷罗（Gonzalo Herrero）对团队发出邀请，该展览将作为伦敦设计博物馆 (Design Museum) 的新场馆揭幕展。尽管策展人知晓扩大建筑的工作主要涉及社区和自我建设，他依旧要求团队提供一件博物馆作品。最终博物馆同意资助电影院，团队同意为伦敦的展览提供一件作品。与波哥大玻利瓦尔市的 Ojo al Sancocho 合作似乎顺理成章，这不仅是严肃的社区节日和艺术学校，毕竟电影院的主意已经盘桓在脑海中许久了。

经过三个月（2016 年 6 月至 10 月）的自我建设，玻利瓦尔的首家电影院伴随着电影节的举行而顺利开业，吸引了多家机构的关注，如哥伦比亚文化部、法国大使馆（捐赠一台摄像机）、歌德学院（捐赠一台电影放映机）等。

Potocine

Artist/Group：Expanded Architecture Collective, Ana López Ortego,Harold Guyaux, Felipe González,Viviana Parada & Randy Orjuela

Artwork/Project Start and End Date：February-December, 2016

Works/Project Location：Calle 81 Sur #42 a 81, Ciudad Bolívar, Bogotá. Colombia

Region：Latin America

Artwork media/type：Architecture

Artwork/Project Size：144 ㎡

Nominator name：Adriana Rios Monsalve

Artwork/Project Descriptions

Potocine is a community-based artist-run architectural project, located in Ciudad Bolivar neighborhood in Bogota, Colombia and built in 2016. The initial conversations about this project started in 2010 when Expanded Architecture was just an annual meeting, before they became a collective. During the second annual meeting they had an initial interaction with Ojo al Sancocho, a film festival, together they paid a visit to the neighborhood and had an introduction about the social and cultural local initiatives (the festival, the community film school with a territorial focus in the peripheries (symbolic and physical) of Bogota. Since 2010 both collectives have stayed in touch. During the six years they overlapped in different spaces because they were interested in similar issues, Ojo al sancocho collective would go to Arquitectura Expandida's activities and all the way around. Both collectives started collaborating in small things and then became accomplices and friends. During informal conversations between them, the idea of a cinema would come up frequently.

Only until February 2016 a possibility to carry it out presented itself. The collective was invited by Gonzalo Herrero, co-curator of Fear and love: reactions of a complex world, the exhibition that will open the new venue for the Design Museum in London. They were asked to have a museum-piece even though the curator knew that Arquitectura Expandida works mainly with communities and self-construction. The museum agreed to find a way to finance the Cinema and the collective agreed to have a piece for the exhibition in London. Partnering up with Ojo al Sancocho in Ciudad Bolivar, Bogotá, seemed the most obvious thing to do. Not only were they a very serious community festival and art school, but also they had already been talking about this idea of a Cinema for so long.

After three months (June-October, 2016) of self-construction, the first Cinema of Ciudad Bolivar launched with the Film Festival and attracted a lot of attention from different institutions, the ministry of culture of Colombia, the French embassy (with the donation of a camera), the Goethe Institute (with the donation of a film projector), etc

《新游戏，新连接，新常态》

作者：Junk House、杰利 · 张、 塞尔 · 南 、朱慧英、宏贝利
时间：2021 年 3 月 25 日— 2021 年 6 月
地点：韩国首尔玉水洞
地区：东亚地区
媒介 / 类型：装置，视频和表演
项目尺寸：约 320 平方米
提名者：达埃帕克

艺术作品 / 艺术项目描述

“1000 艺术 1000 法案”计划在韩国首尔的 3 个不同的地区为公路桥下的死空间安排制作项目。每个项目都会邀请一个设计师小组、装置艺术家和表演艺术家参与其不同的背景。与科维德时代的新常态相对应，他们探索了一种新的社区形式和艺术的公共性。该项目于 2021 年在首尔的 Oksu、Hannam、Emun 区的 3 个基金会进行。作为一个开始，他们首先进行一个项目，建议在 Oksu 的社会距离内的公共空间中玩新的方式，那里的基础是一个小广场的形式。该项目包括线上 / 线下项目，包括有趣的安装集体艺术家 ' 垃圾屋 '。

New Play, New Connection, New Norma

Artist/Group：Junk House, Jelly Jang, Seulnam TE, Hai Ying Zhu, Baily Hong
Artwork/Project Start and End Date：March 25, 2021-June, 2021
Works/Project Location：Oksu district, Seoul, Korea
Region：East Asia

Artwork media/type: Installations, video, performance
Artwork/Project Size: About 320 m^2
Nominator name: Daae Park

Artwork/Project Descriptions

"1000 arts 1000 acts" plans place-making projects for dead spaces underneath highway bridges in 3 different districts of Seoul, South Korea. Each project invites a designer group, installation artists, and performance artists for its various contexts. Corresponding to the new normal of the Covid era, they explore a new form of community and the publicity in art. The project "New Play, New Connection, New Normal" takes place in 2021 in 3 foundations of Oksu, Hannam, Emun districts in Seoul. As a start-off, they firstly conduct a project to suggest new ways of playing in the public space within the social distancing in Oksu where the foundation is in a form of a small square. The project consists of on/offline projects including playful installations of collective artists "Junk House".

《洛伊》

作者：阿西姆·瓦奇夫
时间：2019 年 10 月
地点：印度加尔各答
地区：西中南亚地区
媒介 / 类型：装置艺术、雕塑
项目尺寸：约 35000 立方米
提名者：伊芙·莱米斯尔

艺术作品 / 艺术项目描述

杜尔伽女神节有约三四百年的历史，但在 20 世纪左右才开始盛行。大型礼拜通常由大地主和周围的整个乡村社区举办的，地主帮助制作以神像为中心的展棚。但在过去的 30 年里，在加尔各答，这样的展棚已经变得越来越程式化了。有时候甚至奇怪到没有女神像。展棚的主题甚至可以是与时代相关的社会问题，从而在展棚搭建时产生了有趣的抽象形式。

在位于德里的工作室中，山塔努（Shantanu）和阿西姆（Asim）开发了不同的方法，试图了解体积、密度以及他们想要实现的形式，并找到与之匹配的材料，加以利用。与此同时，阿西姆（Asim）还开始与电子工程师和音效设计师合作，就像他的其它项目一样，他也一直尝试在沉浸式空间中融入交互系统，通常情况下，他的音频场景更多的是基本频率和噪声。但是对于杜尔伽女神节这样一个公开和流行的节日，阿西姆（Asim）觉得音乐需要更悦耳。于是在音响设计师和工程师的帮助下，他们尝试如何使用电子元件产生悦耳的声音，最初是在普通的电路板上使用非常基础的手工焊料来完成的，后来开始采用更精密的迭代电路板。

Loy

Artist/Group：Asim Waqif

Artwork/Project Start and End Date: October 2019
Works/Project Location: Kolkata, India
Region: West, Central and South Asia
Artwork media/type: Installation, Sculpture
Artwork/Project Size: About 35,000m^3
Nominator name: Eve Lemesle

Artwork/Project Descriptions

Durga Puja has a history of about 300-400 years but has become prominent during the last century or so. The large Puja was usually done by big landlords, and the entire rural community around, based around that landlord helped to make the pavilion with the centrepiece of a constellation of idols. But in Kolkata in the last 30 years this has transformed into more and more stylized pavillions. Sometimes going really bizarre where there is no goddess. The theme can even be some socially relevant issue of that time, leading to interesting forms of abstraction in the way the pavilion was made.

In his studio in Delhi, Shantanu and Asim developed different kinds of methods trying to understand volumes, densities, what kind of form they wanted to achieve and find materials to scale and work with that. At the same time, Asim also started working with an electronics engineer and a sound designer. He has been embedding interactive systems in immersive spaces in other projects as well, and usually his audioscapes are more basic frequency and noise. But for the Puja, because it is such a public and popular festival, Asim felt that they need to be more musical. With the help of the sound designer and the engineer, they were trying to see how electronic components can make the sound musical. Initially working with very basic hand soldered stuff on general PCBs, they then moved to more and more well-defined iterations of the PCB.

《瓦尔卡 · 沃特水塔》

作者：阿图罗 · 维托里
时间： 自 2012 年开始
地点：埃塞俄比亚 , 海地 , 多哥
地区：非洲地区
媒介 / 类型：模块化的预制系统
项目尺寸：30 英尺高、13 英尺宽
提名者：辛迪 · 利 · 麦克布莱德

艺术作品 / 艺术项目描述

这个项目的名称源于瓦尔卡树。瓦尔卡树是一种埃塞俄比亚原生的巨型野生无花果树，也是当地社区的象征。这个项目从遗失的古老传统和自然中汲取灵感。动物和植物已经形成了从空气中收集和储存水分的能力，能够在恶劣的环境中生存。主要的例子包括纳米布甲虫壳、莲花叶、蜘蛛网以及仙人掌中的集雾蓄水系统。

瓦尔卡水塔将传统的工具和施工工艺融入项目中。虽然瓦尔卡水塔的每一种型式都与其他型式有着相同的设计理念，但每一种型式的几何形状和所采用的材料均有所区别，而且每种型式的施工时间和成本也不同。瓦尔卡水塔为难以获取饮用水的农村居民提供了替代水源。然而，它首先是一个建筑项目：一种可以从大气中收集饮用水（包括雨水、雾水和露水）的垂直结构，而我们的目标是每天提供 50 升至 100 升饮用水，并让妇女和儿童有更多时间进行照顾、教育及其他社会生产活动。水可以就地取用，因此不会在运输上浪费能源。

Warka Water Tower

Artist/Group：Arturo Vittori

Artwork/Project Start and End Date：2012–Ongoing
Works/Project Location：Ethiopia, Haiti and Togo
Region：Africa
Artwork media/type：A modular and prefabricated system
Artwork/Project Size：30 feet tall and 13 feet wide
Nominator name：Sindi–Leigh McBride

Artwork/Project Descriptions

The name of the project comes from the Warka Tree, which is a giant wild fig tree native to Ethiopia. The tree is a symbol for the local communities. The project finds inspiration from lost ancient traditions and nature. Animals and plants have developed the capability of collecting and storing water from the air to survive in hostile environments. Some key examples include the Namib beetle's shell, lotus flower leaves, spider web, and the fog collection and water storage system in cactus.

The tower integrates traditional tools and construction techniques into the project, and while every version of the Warka Tower shares the same design philosophy as the others, each is differentiated by geometry and materials adopted and for each version, the construction time and the costs vary. Warka Tower offers an alternative water source to the rural population that faces challenges in accessing drinkable water. It is however first and foremost an architectural project: a vertical structure designed to harvest potable water from the atmosphere (it collects rain, harvests fog, and dew). Our ambition is to provide from 50L to 100 L of drinking water every day and free up time for women and children to invest in care, education and other socially productive activities. Water can be taken locally, without wasting energy on transport.

四、提名案例

北美地区

《色彩理论》

作者：阿曼达 · 威廉姆斯
时间：2014 年—2016 年
地点：美国伊利诺伊州芝加哥市恩格尔伍德街区
提名者：费德里卡 · 布翁桑特

艺术作品 / 艺术项目描述

阿曼达 · 威廉姆斯的《色彩理论》创作时间段为 2014 年至 2016 年，将计划拆除的房屋改造成色彩饱和的雕塑作品，然后再进行销毁，探索色彩、种族和地域的重合。芝加哥南部恩格尔伍德街区的八栋已宣告报废的房屋被涂上了由威廉姆斯所创的色彩调色板中的一种单色色调，灵感来自向黑人社区销售的包装和产品的颜色。将她对色彩理论的学术兴趣与她在芝加哥长大的生活经历相结合，该项目促成了更多的问题并成为了热点，即街区和空间的重视情况，以及造就这座城市如今种族地图的悠久历史和政策。同时，《色彩理论》也展望了未来。在被拆除前，在《色彩理论》指导下创造的房屋作品，与周边的景色相比，格外惹人注意，这预示着在建筑空间中创造不同事物的可能性，并呼吁坚持这样做下去。

Color(ed) Theory

Artist/Group：Amanda Williams
Artwork/Project Start and End Date：2014-2016
Works/Project Location：Englewood neighborhood Chicago, Illinois, USA
Nominator name：Federica.a.buonsante

Artwork/Project Descriptions

Created between 2014-2016, Amanda Williams' Color(ed) Theory explored the overlap of color, race, and place through the transformation of homes slated for demolition into saturated sculptural works before their destruction. Eight condemned homes in Chicago's south side Englewood neighborhood were painted monochrome hues from a color palette developed by Williams inspired by the colors of packaging and products marketed to Black communities. Combining her academic interest in color theory with her lived experience growing up in Chicago, the project brought to the fore larger questions about how neighborhoods and spaces are valued and the extended histories and policies that led to the city's present-day racial map. Color(ed) Theory simultaneously looked to the future. Dramatically standing out from their landscapes before their demolition, the homes of Color(ed) Theory pointed to the possibility of creating something different within built space, and calling for the commitment to do so.

《合唱》

作者：安 · 汉密尔顿

时间：2018 年至今

地点：美国纽约格林威治大街 180 号世界贸易中心科特兰地铁站

提名者：杰西卡 · 菲亚拉

艺术作品 / 艺术项目描述

安 · 汉密尔顿的作品《合唱》由大理石材质的马赛克拼贴成文字，在纽约市世界贸易中心科特兰地铁站内部墙面展示。该地铁站旧址是 2001 年 9 月 11 日被炸毁的双子塔所在地。受纽约大都会运输署艺术与设计部门（MTA Arts and Design）委托创作了该作品，并于 2018 年 9 月向公众开放。这件仅有黑白色的永恒作品由大片白色大理石马赛克凸显上面的文本内容。这个设计横向展示了《联合国世界人权宣言》（1948）(the United Nations Universal Declaration of Human Rights) 的部分内容，中间垂直贯穿了《独立宣言》（1776）（the United States Declaration of Independence）的序言节选。该作品邀请公众与这些基本读物宣扬的抱负和理想之间建立个人的触觉关系，并提供机会来思考现今规模更大的文明社会将如何实现这些理想。通过重复呈现关键文字的方式组成了一段副歌、一次《合唱》，每个行人根据它的顺序在心中进行作曲与改写，并反复吟唱。

CHORUS

Artist/Group：Ann Hamilton

Artwork/Project Start and End Date：2018-Ongoing

Works/Project Location：WTC Cortlandt Station, 180 Greenwich Street, New York

Nominator name：Jessica Fiala

Artwork/Project Descriptions

Ann Hamilton's text-based mosaic CHORUS lines the walls of the World Trade Center (WTC) Cortlandt subway station in New York City, which serves the former site of the twin towers destroyed on September 11, 2001. Commissioned by MTA Arts and Design and opened to the public in September 2018, this permanent monochrome artwork features raised text in white marble within an expanse of white marble mosaic. Excerpts from the United Nations Declaration of Human Rights (1948) run horizontally, intersecting at the occurrence of shared words with excerpts from the preamble to the United States Declaration of Independence (1776), which form vertical spines within the design. The artwork invites a tactile, personal relationship with the aspirational ideals of these foundational documents and the opportunity to consider how the larger civil society might strive toward these ideals. The repetition of key words constitutes a refrain, a CHORUS, composed and recomposed in its order and repetition by each passerby.

《50 州倡议》

作者：“为了自由”（汉克·威利斯·托马斯和埃里克·戈特斯曼艺术家群体）
时间：2018 年 9 月—11 月
地点：所有 50 个州
提名者：李疏影

艺术作品 / 艺术项目描述

在美国政治和社会格外两极分化时期，《50 州倡议》是为不同观点而建立的平台。艺术家们避开了传播自己价值观的冲动，本质上承认存在分歧和异议，但相信可以通过公开对话解决彼此间的分歧。在这段美国分裂时期，对各方来说，这事关重大，信任行为和共享平台的慷慨可以被视为一种勇敢和象征性的姿态。该项目得到了许多学术机构的支持，有四十多所大学参与。2018 年春季，加州艺术学院 (CCA) 和马里兰艺术学院 (MICA) 与“为了自由”合作，建立了“为创意公民自由居住权”。共同居住被描述为“两所学院在各自校园和当地社区建立民主参与框架的艺术和组织战略，并将这项工作扩展到国家层面的其他学院、大学和艺术组织”。加州艺术学院教职员工和学生还推出了“创意公民行动”系列，以促进“社会和文化变革中的公民参与、话语和行动”为特色的活动和计划，旨在“深化对社会正义的承诺，增加公民话语的参与，并认识到对我们的社区作出回应和负责的重要性”。

50 State Initiative

Artist/Group：For Freedoms (Collective of Hank Willis Thomas and Eric Gottesman)

Artwork/Project Start and End Date：September-November, 2018

Works/Project Location：All 50 states

Nominator name：Su-Ying Lee

Artwork/Project Descriptions

The 50 State Initiative was created as a platform for varying viewpoints during an especially polarizing time in U.S. politics and society. By-passing the impulse to broadcast their own values, in essence the artists acknowledged that disagreement and dissent exist, but placed belief in open dialogue. During this divisive time in the U.S. much was at stake for all sides and acts of trust and the generosity of sharing platforms could be seen as a brave and symbolic gesture. The project was embraced by many academic institutions with over forty colleges and universities taking part. In spring 2018, the California College of Art (CCA), along with the Maryland Institute College of the Arts (MICA), worked with For Freedoms to establish the For Freedoms Residency in Creative Citizenship. The joint residency is described as "an artistic and organizational strategy for the two colleges to build frameworks for democratic participation on their respective campuses and in their local communities, and to extend this work to other colleges, universities, and arts organizations at a national level." CCA faculty, staff, and students also launched the Creative Citizens in Action series, featuring events and programming that promote "civic participation, discourse, and action for social and cultural change" with the aims to "deepen its commitment to social justice, increase participation in civic discourse, and recognize the importance of being responsive—and responsible—to our communities".

《奥基马阿 · 米卡那：收回 / 重命名》

作者：奥基马阿 · 米卡那艺术家团体
时间：2013 年—2021 年系列，杜邦城堡比亚街道标志 2016（永久）
地点：安大略省的不同地方
提名者：李疏影

艺术作品 / 艺术项目描述

奥基马阿 · 米卡那（Ogimaa Mikana）是艺术家苏珊 · 布莱特（Susan Blight）和海德 · 金（Hayden King）所属团体的名字。最初，它也作为他们一系列公共空间干预的标题，现在被称为收回 / 重命名。“游击队”风格项目的收回 / 重命名利用无处不在的交流空间——街道标志、历史教学牌匾和广告牌——作为以土著语言为基础的干预空间。将这些空间与建筑环境融为一体，超出艺术家们的想象，超越意识，揭示了“外国人”是如何与加拿大真正的本土语言相碰撞的。艺术家们将自己作品的置于公共空间中，并将奥杰布瓦文语言和地域联系起来。苏珊 · 布莱特（Susan Blight）和海德 · 金（Hayden King）自筹资金发起了一个参与土著“不再闲着”运动的项目，该项目充满激情和活力，同时他们通过这样的活动，引起人们的关注，从而让更多社区和城市的参与进来。制作游击式的公共艺术在塑造观众、机构和环境方面具有巨大的潜力。这件艺术品体现了加拿大和世界范围内土著居民争取土著权利的持续抗争过程中的一部分，因此引起了国际媒体、画廊、策展人以及土著和非土著公众的关注。

Ogimaa Mikana: Reclaiming/Renaming

Artist/Group: Ogimma Mikana collective

Artwork/Project Start and End Date: Series 2013-2021, Dupont by the Castle BIA street signs 2016 (permanent)

Works/Project Location: Various locations in the province of Ontario

Nominator name: Su-Ying Lee

Artwork/Project Descriptions

Ogimaa Mikana is the name of the collective that artists Susan Blight and Hayden King work under. Initially, it also served as a title for their series of public space interventions, now referred to as Reclaiming/Renaming. The "guerilla" style project Reclaiming/Renaming utilized ubiquitous spaces for communication—street signs, historic didactic plaques and billboards—as spaces for Indigenous language-based interventions. These spaces, expected to the point of blending into the built environment, allowed the artists' to disrupt expectations and puncture consciousness, revealing how "foreign" encountering Canada's true native tongues is. Basing their work in public space, the artists drew a connection between Anishinaabemowin language and territory. While Susan Blight and Hayden King self-initiated and self-funded the project on the energy and moment of their involvement in the Indigenous "Idle No More" movement, the attention they generated brought opportunities through neighbourhood and city involvement. The guerilla approach to making public art holds great potential for shaping audiences, institutions and environments.The artwork is part of an ongoing continuum in the fight for Indigenous rights in Canada and world-wide and as such, has drawn international attention from press, galleries, curators and Indigenous and non-Indigenous publics.

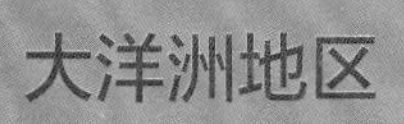
大洋洲地区

《金斯敦六时刻》

作者：塔尔 · 菲茨帕特里克 、拉丽莎 · 科斯洛夫 、谢恩 · 麦格拉思、斯皮罗斯 · 帕尼吉拉基斯 、史蒂文 · 罗尔、“场域理论”团体 、大卫 · 克罗斯 (策展人) 、卡梅伦 · 毕晓普 (策展人)

时间：2019 年 5 月 18 日—19 日和 5 月 25 日—26 日

地点：澳大利亚墨尔本金斯敦全市

提名者：凯莉 · 卡迈克尔

艺术作品 / 艺术项目描述

策展人 David Cross 和 Cameron Bishop 立足于“公共艺术委员会”研究计划，策划了金斯顿市有史以来规模最大的公共艺术项目《金斯敦六时刻》。项目横跨整个城市，从北部的 Clarinda 到海湾村庄 Mordialloc，涉及 6 个历史时刻，旨在介绍墨尔本南部金斯敦市的多元文化和历史。2019 年 5 月的两个周末，项目及艺术作品通过公共艺术巴士巡游展出。6 位顶尖的、擅用表演、音乐、工艺、装置和视频等艺术形式的澳大利亚当代艺术家受托创作公共艺术作品，以回顾以下历史事件：

◎ 1976 年，Moorabbin 当选为首位女议员。

◎备受热议的飞行员 Fred Valentich 失踪事件，他于 1978 年从穆拉宾机场起飞，至今仍是不明飞行物阴谋论的主人公之一。

◎享誉全球的本土摇滚明星 Rick Springfield，1982 年凭《杰西的女孩》荣获格莱美奖。

◎臭名昭著的、在穆拉宾椭圆运动场发生的维多利亚澳式足球联盟(VFL)球员 Phil Carman 撞头事件，他被停赛 20 周。

◎葛兰许庄园故事，庄园于 19 世纪末建在尼泊尔公路边的宅基地上，1983 年被拆除，取而代之的是穆拉宾警察局。

◎穆拉宾抗议活动，包括 2 个女孩发起的有关无家可归者的抗议、公平工资抗议和反核军备游行。

Six Moments in Kingston

Artist/Group: Tal Fitzpatrick, Laresa Kosloff, Shane McGrath, Spiros Panigirakis, Steven Rhal, Field Theory, David Cross, Cameron Bishop

Artwork/Project Start and End Date: 18-19 and 25-26 May 2019

Works/Project Location: Various locations in the province of Ontario

Nominator name: Kelly Carmichael

Artwork/Project Descriptions

Working under the banner of their research initiative "Public Art Commission" curators David Cross and Cameron Bishop curated the biggest public art project ever undertaken by the City of Kingston. Six Moments in Kingston spanned an entire municipality-from Clarinda in the north to the bayside village of Mordialloc-and responded to six unique moments in its history. The project sought to collectively speak to the diverse cultures and shared histories of the City of Kingston, south of Melbourne. Six Moments in Kingston and the individual art works that comprised it were presented via a public art bus tour across two weekends in May 2019. Six leading contemporary Australian artists working across performance, music, craft, installation and video, were commissioned to create public works that responded to:

◎ The election of Moorabbin's first female councillor in 1976.

◎ The much discussed disappearance of aviator Fred Valentich who flew out from Moorabbin airport in 1978 and is now the subject of UFO conspiracies.

◎ A celebration of globally successful locally-raised rock star Rick Springfield, who received a Grammy in 1982 for his song Jessie's Girl.

◎ Victorian Football League (VFL) player Phil Carman's notorious head-butting incident at Moorabbin Oval sports field, which resulted in a 20-week suspension.

◎ The story of The Grange, a homestead built on the Nepean Highway in the late 1800s, controversially demolished in 1983 and replaced with the Moorabbin Police Station.

◎ The protest movements that mobilised Moorabbin, including the tent protest against homelessness by two teenage girls, protests for fair wages and anti-nuclear armament marches.

《# 我们住在这里 2017》

作者：# 我们住在这里 2017 团体
时间：2018 年 9 月 17 日—2018 年 11 月
地点：澳大利亚新南威尔士滑铁卢 2017 菲利普大街 3 号
提名者：魏皓敌

艺术作品 / 艺术项目描述

2015 年末，新南威尔士政府宣布重新开发该 40 英亩房产的计划，将遣散住在那里的上千名老者、身体障碍者和低收入人群。滑铁卢社区就即将来临的改变表达了他们的一致抗议。住户借助彩色情绪灯光组织了一连串的社会行动。克莱尔 · 刘易斯、贝克兹、玛丽 · 安妮和劳谬尔提议，登记住在公寓综合体的两座最高楼 Matavai 和 Turanga 的住户，用 LED 条形灯框住窗户，并用代表他们心情的颜色来点亮窗户。项目开始时只有小部分人参与，没有预算，到后来变成上百个头条新闻报道的社区项目，引起全国关注。《# 我们住在这里 2017》成为了一种集体表达，通过表达住户意愿引发了关于重视经济适用房的大量讨论及新的行动。其核心部分是探讨城市规划和现代社会契约中关于使用权、公正以及包容性的问题。

#WeLiveHere2017

Artist/Group：#WeLiveHere2017 collective
Artwork/Project Start and End Date：September17-November 2018
Works/Project Location：3 Phillip St, Waterloo NSW 2017, Australia
Nominator name：Hutch Wilco

Artwork/Project Descriptions

Late 2015, the New South Wales government announced their intent to redevelop the 40-acre estate, by displacing thousands of elderly, disabled and low income people who lived there. The community of Waterloo have express their protest and solidarity regarding the upcoming change. Through coloured mood lights, the residents organised a series of social actions.Claire Lewis, Becz and Marryanne Laumua came up with the idea of enrolling residents of the two tallest towers in the apartment complex, the Matavai & Turanga towers, to frame their windows with LED strip lighting and to illuminate the windows according to what colour represented their mood. What is interesting about the project is that it began as a small community art project and grew as a response to evolving circumstances, starting with a few people and no budget, to a community project of hundreds garnering headlines on the national stage. #WeLiveHere2017 has become a collective statement of presence that opened discussion and new actions about the importance of affordable housing, by giving voice to their inhabitants. At the heart of the #WeLiveHere2017 social action are questions of access, equity, and inclusivity in urban planning and in the modern social contract.

《山》

作者：肖恩 · 科顿
时间：2020 年 12 月 5 日
地点：奥克兰港口布莱迪斯洛码头
提名者：魏皓敔

艺术作品 / 艺术项目描述

Maunga（毛利语，意思为山）是一幅位于布里托马特运输中心（奥克兰最大的城市火车站）的大型壁画。画中有 25 个通过喷漆而成的大型罐子，每个罐子象征奥特亚罗瓦的一座山峰或一处地方。罐子形式有多层次的象征意义：象征殖民早期带来欧洲移民的船只；象征毛利人雕刻及会议室的形象；象征拿走一个人的土地，让其流离失所，将土地都市化的意义，它将毛利人失去土地的故事带入被殖民的都市景象中。该作品展示了文化与杂糅在包容与整合过程中出现的冲突，这种冲突既有活力和创新，又充满痛苦。《山》（Maunga）的创作也跟这次展览的重大意义有关，Toi Tū Toi ora：当代毛利艺术展，是奥克兰美术馆举行过的最大展览，于 2020 年 12 月开放。

Maunga

Artist/Group：Shane Cotton
Artwork/Project Start and End Date：December 5, 2020
Works/Project Location：Bledisole Wharf, Ports of Auckland
Nominator name：Hutch Wilco

Artwork/Project Descriptions

Maunga (Māori for mountain) is a large wall work on the side of the Britomart Transport Center, Auckland's main city rail station. The work features a series of twenty-five large scale painted pots, each with a reference to a mountain or a place in Aotearoa. The pot form is a multilayered reference: to the vessels that European settlers brought with them in the early colonial period; the adoption of the image into Māori carving and meeting houses (wharenui); and the idea of carrying one's land, of displacement and urbanization, bringing Māori land loss narratives to the colonial urban cityscape. The work acknowledges the dynamically creative yet often painful collision of cultures and the hybridity that emerges from reception and integration. Maunga was also made in conjunction with the landmark exhibition, Toi Tū Toi ora: Contemporary Māori Art, the largest exhibition ever held at Auckland Art Gallery, which opened in December 2020.

《喘息》

作者：索拉维特 · 宋萨塔亚
时间：2020 年 12 月 10 日—2021 年 2 月 4 日
地点：奥克兰港口布莱迪斯洛码头
提名者：魏皓敞

艺术作品 / 艺术项目描述

索拉维特 · 宋萨塔亚的作品《喘息》研究了水域及其边缘的生态情况。艺术家将庞大而复杂的栖息地简化为图案和动态展示，描绘了港口自然生物和港口工业的协调过程。借用这两种规律性变化的同步性，《喘息》通过对比大规模经济系统的规模和日常食物采集的规模来思考生存的意义。

Come Up for Air

Artist/Group：Sorawit Songsataya
Artwork/Project Start and End Date：December 10, 2020–February 4, 2021
Works/Project Location：Bledisole Wharf, Ports of Auckland
Nominator name：Hutch Wilco

Artwork/Project Descriptions

Sorawit Songsataya's Come Up for Air studies the ecology of the water and its edge. Reducing these large and intricate habitats to patterns and movement, the artist maps processes of coordination in the harbour's natural life and the port's industry. Borrowing synchronicity from these two differing rhythms, Come Up for Air looks at the idea of sustenance through contrasting scales of mass economic systems and day-to-day gathering of food.

东亚地区

《植物纹样——中国台湾茶计划》

作者：藤枝守
时间：2017 年 10 月— 2018 年 10 月
地点：中国台湾省台北市大安区台湾大学
提名者：熊鹏翥、罗爱名

艺术作品 / 艺术项目描述

该项目是结合科技、生物、音乐．艺术等跨领域的创新公共艺术项目。为台湾大学全校性公共艺术计划“水流心田”项目之一，由帝门艺术教育基金会策划，以艺术家驻校的方式，让艺术家融入校园，并引导师生以艺术的眼光及思维重新解读校园环境。艺术家在台湾大学的实验林中检测茶树的潜在变化值，将搜集到的数据以《植物纹样》为题谱曲后，邀请当地演奏家演奏乐曲。此外，艺术家还将自身的创作、与环境的交流以及与师生的互动纳入作品中。在创作过程中，藤枝守先生受邀参加了热门通识课程《茶与茶业》，向三百多位选修学生介绍该项目，通过跨文化的交流及讨论机会，提升了作品的学术价值。项目也鼓励周边的小区居民的参与，通过观察日常生活中的植物，倾听大自然环境带来的真实音声，开放身心，利用视觉、听觉、触觉、嗅觉及味觉等进行五感体验。

Patterns of Plants—Chinese Taiwan Tea Project

Artist/Group: Mamoru FUJIEDA

Artwork/Project Start and End Date: October 2017-October 2018

Works/Project Location: Taiwan University, Daan District,Taipei, China

Media/Type: Music composition, performance, tea ceremony

Nominator name: Hisung Peng-chu, Luo Aiming

Artwork/Project Descriptions

Patterns of Plants-Chinese Taiwan Tea Project is an innovative public art program that integrates technology, biology, music, and art. Patterns of Plants-Chinese Taiwan Tea Project is an art program of the National Taiwan University, China's Public Art Project—Art to Heat. Devised by the Dimension Endowment of Art, this project adopts the Artists in Campus mode to make artists merge with the campus. Moreover, it guides teachers and students to reinterpret the campus environment with artistic vision and thinking. The artist detected the potential change in values of tea plants in experimental forest of the National Taiwan University of China.Then, he composed a piece of music themed on Patterns of Plants with collected data, and invited Taiwan performers to play the music. Moreover, artists include their own creations, exchanges with environments, and interactions with teachers and students into their artworks. During his creation, Mr. Mamoru Fujieda was invited to join NTU's popular general course Tea and Tea Industry, at which he briefed more than 300 elective course participants on his campus public art program. The project not only is open to the people who show interest in the workshop, but also affects people in surrounding communities and makes them know how to observe plants around them, hear voices from nature, and open their bodies and minds to experience five senses, such as sight, hearing, touch, smell, and taste.

《声波之路》

作者：祖尔·马赫莫德
时间：2017 年至今
地点：丰树商业城二期
提名者：林达·泰

艺术作品 / 艺术项目描述

《声波之路》（Sonic Pathway）这一装置以声为媒，展现变化中的城市。该作品由 500 多个螺线管组成，螺线管是一种能产生可控磁场的电磁铁，其与铜管碰撞，从而形成管弦乐般的音效。伴随着由艺术家录制和混音的鸟类与自然环境声音，所合成的构图与端到端行进的通道声效相互辉映。听觉建筑因此变得栩栩如生，回应着从一端穿越通道走道至另一端的每个人。某种匿名感回荡于空间中——这是专为声音体验而设的无边界领域，它引导着我们重新思考倾听环境的方式。沿着通道的身体和动作既是发射器也是传送器，促进了空间和物质之间的对话。

Sonic Pathway

Artist/Group：Zul Mahmod
Artwork/Project Start and End Date：2017- Ongoing
Works/Project Location：Mapletree Business City II
Nominator name：Lynda Tay

Artwork/Project Descriptions

The installation Sonic Pathway engages sound as a medium

for representing urban conditions in flux. The work comprises an orchestration of sound made by more than 500 pieces of solenoids—electromagnets that generate a controlled magnetic field—hitting on copper pipes. Accompanied by ambient sounds of birds and nature recorded and remixed by the artist, the resulting composition corresponds to the acoustic of the pathway, travelling from one end to the other. Aural architecture comes to life and responds to individuals traversing the walkway from one end to the other. Challenging us to rethink how we listen to our environment, a sense of anonymity reverberates through space as a borderless territory designed for sonic experiences. Bodies and movements along the pathway become both the transmitter and transmitted, facilitating dialogues between space and the corporeal.

《铁路三村公共艺术行动计划》

作者：曾令香
时间：2019 年 6 月至今
地点：中国重庆市九龙坡区黄桶坪街道新市场社区铁路三村
提名者：曾途

艺术作品 / 艺术项目描述

铁路三村公共艺术计划由四川美术学院主办，曾令香副教授发起，与十方艺术中心策展人邵丽桦、新市场社区前书记贺明凤、现任书记邓杰联合策展。自 2019 年 6 月开始在中国重庆黄桷坪新市场铁路三村地区持续以社群艺术的形式开展，参与艺术家 30 多位，产生作品 20 余件，作品形态主要有雕塑、装置、光艺术、绘画等。激活与重塑旧工业遗址社区。重庆地处西南腹地，建国以后三线建设的使命，让整个重庆走上了一条现代化之路，后续由于大量的工厂搬迁，让重庆遗留了大量的工业遗址社群空间，铁路三村就是其中之一，它紧靠黄桷坪网红涂鸦街，但是这里却无人问津，成渝铁路是新中国成立以来的第一条铁路，这个社群因铁路而兴衰，但是铁一代在这里留守，守着这片有着他们共同记忆的家园。

Public Art Action in Railway No.3 Village

Artist/Group：Zeng Lingxiang

Artwork/Project Start and End Date：June, 2019 - Ongoing

Works/Project Location：Railway No.3 Village, New Market Community, Huangjueping Street, Jiulongpo District, Chongqing, China

Nominator name：Zeng Tu

Artwork/Project Descriptions

The Railway No.3 village Public Art Project is hosted by Sichuan Academy of Fine Arts and initiated by Associate Professor Zeng Lingxiang. It is jointly curated with Shao Lihua, curator of Shifang Art Center, He Mingfeng, former secretary of the New Market Community, and Deng Jie, the current secretary. Since June 2019, it has continued to develop in the form of community art in Railway No.3 village of Huangyuping New Market in Chongqing, China. More than 30 artists have participated in it and produced more than 20 works.The main forms of the works are sculpture, installation, light art, painting, etc. Activate and reshape the old industrial heritage community. Chongqing is located in the hinterland of the southwest. After the founding of the People's Republic of China, the mission of third-line construction has put the whole Chongqing embarked on a road of modernization. Subsequently, due to the policy of retreating from two to three, alarge number of factories have been relocated, leaving a large number of industrial heritage community space in Chongqing. Railway No.3 village are one of them.

《未读之书图书馆》

作者：张奕满、勒内 · 斯塔尔

时间：2016 年至今

地点：未读之书图书馆曾于多个机构举办展览，包括新加坡南大当代艺术中心（2016-2017）；菲律宾马尼拉当代艺术与设计博物馆（2017）；荷兰乌得勒支荷兰卡斯科艺术机构：为大众工作（2017-2018）；意大利米兰美术馆（2018）；阿拉伯联合酋长国迪拜贾米尔艺术中心（2019-2020）；以及新加坡 ISLANDS（2020）

提名者：林达 · 泰

艺术作品 / 艺术项目描述

未读之书图书馆是一座由艺术家张奕满（Heman Chong）和制作人兼图书管理员勒内 · 斯塔尔（Renée Staal）共同创办的迭代图书馆。作为会员制的展览图书馆，它由前主人捐赠的未读之书组成，图书馆的终身会员费用是捐赠一本未读之书。通过接收和展示人们选择不读的书，未读之书图书馆以集体的形式解决了知识的分配、获取和剩余问题。图书馆接受未读的捐赠，不断壮大，并在每一次迭代中成长为个人和社区捐赠、阅读和参观的空间。自 2016 年而始的 10 年中，未读之书图书馆将出现在世界各地的不同机构，然后作为博物馆收藏的一部分落户。目前，图书馆拥有超过 2000 本不同类型、主题和语言的书籍。

The Library of Unread Books

Artist/Group：Heman Chong, Renée Staal

Artwork/Project Start and End Date：2016-Ongoing

Works/Project Location：The Library of Unread Books has

been hosted at institutions including NTU Centre for Contemporary Art Singapore (2016-2017); The Museum of Contemporary Art and Design, Manila, Philippine (2017)s; Casco Art Institute: Working for the Commons, Utrecht, Netherlands (2017-2018); Kunstverein Milano, Milan, Italy (2018); Jameel Arts Centre, Dubai, United Arab Emirates(2019-2020); and ISLANDS, Singapore (2020)

Nominator name: Lynda Tay

Artwork/Project Descriptions

The Library of Unread Books is an iterant library initiated by artist Heman Chong and producer and librarian Renée Staal. It is a members-only reference library made up of donated books that are unread by their previous owners. The cost of a lifetime membership to the library is the donation of one unread book. By receiving and revealing that which people choose not to read, the Library of Unread Books is a collective gesture that addresses the distribution, access and surplus of knowledge. The Library continues to grow through accepting unread donations, and in each iteration, it becomes a space for individuals and communities to donate, read and visit. Over 10 years, beginning from 2016, the Library of Unread Books will pop up in different institutions internationally before settling down as part of a collection in a museum. Currently, the Library has more than 2,000 books of various genres, subjects, languages.

非洲地区

《Don Sen Folo——实验室》

作者：Don Sen Folo 协会
时间：2020 年 1 月开始
地点：马里班库马纳
提名者：艾格尼丝 · 奎莱特

艺术作品 / 艺术项目描述

这个国家幅员辽阔，非巴马科当地的年轻人要么少有培训的机会，要么对当代舞蹈艺术只是感兴趣而已。巴马科的中心对于我们的活动和项目来说过于狭小。我们希望找到一个能让艺术家们在足够宽阔的空间中携手放飞想象力、纵情遐想的场所。之所以选择班库马纳，是因为它距离巴马科较近（约 50 公里），且靠近河边。班库马纳位于曼德中心，充满了历史和文化底蕴，是孕育我们的一个摇篮。我们将在此从事艺术与文化工作视为融入松迪亚塔丰厚历史的机会，我们强烈渴望着去往那里。

Don Sen Folo – LAB

Artist/Group：Don Sen Folo Association
Artwork/Project Start and End Date：January 2020-Ongoing
Works/Project Location：Bancoumana MALI
Nominator name：Agnès Quillet

Artwork/Project Descriptions

The country is huge, so there is little chance for a young person outside of Bamako to come and train or simply to be interested in the art of contemporary dance.The center we had in Bamako had become too small for our activities and projects. We wanted a place that would allow artists to work together in a space that would leave more room for imagination and reverie.We chose Bancoumana because it is not too far from Bamako (about 50 km) and it is near the river. Bancoumana is in the heart of the Mande, it is a place full of history and culture, it is part of our identity. To find ourselves working there, with Art and Culture, is a chance, all our history with Soundiata Keita, it is a dream to be there, a strong one.

《里奥塞科之壁画》

作者： Don Sen Folo 协会
时间： 2020 年 10 月 1 日—31 日
地点： 安哥拉罗安达市中心运河，奥古斯蒂诺 · 内托博士纪念馆附近
提名者： 艾格尼丝 · 奎莱特

艺术作品 / 艺术项目描述

里奥塞科（Rio Seco）项目于 2016 / 2017 年启动，该项目旨在修复穿过城市的运河，并在运河上方提供公共空间。这是由于罗安达可用和可进入的公共空间有限。项目开始于建筑协会的建筑师为一本杂志撰写的一篇关于罗安达公共空间的文章，该项目很快发展成为一个写作和研究项目。建筑协会受邀参加 2019 年首尔建筑双年展，和 2020 年里约建筑双年展，但是由于受新冠疫情的影响，团队开始思考用其他方式使继续开展项目。

里奥塞科（Rio Seco）的重要部分之一是提高社会意识，因此团队决定用艺术的形式来对运河两岸的房屋外墙进行修饰。艺术家们随后受邀参与了壁画的创作，创造性地将树的形象作为壁画主题。壁画以安哥拉的树木作为中心主题。里奥塞科（Rio Seco），或称“死亡之河”，是一条几乎被城市掩埋的河流，它流淌在城市建筑后面，就像一个露天下水道，最后流入大海。为了将“里奥塞科之壁画”项目置于情境中，谢尔盖 · 卡丁斯基认为用文字记录下这条城市河流是有意义的。

Mural no Rio Seco

Artist/Group：Don Sen Folo Association
Artwork/Project Start and End Date：October 1-31, 2020
Works/Project Location：Near Memorial Dr. Augustino Netto, the

mural traverses a canal in the city center of Luanda, Angola.

Nominator name：Agnès Quillet

Artwork/Project Descriptions

The Rio Seco project started in 2016/2017, a proposal to rehabilitate the canal running through the city with public space on top of canal. This is motivated by the limited available and accessible public space in Luanda. This began with architects at Building Society 4 Architecture writing for a magazine about public space in Luanda, and the project soon grew into a writing and research project. In 2019, Building Society 4 Architecture was invited to participate in Seoul Biennial Architecture, same for Rio 2020, but the COVID-19 situation prevented this from being explored, so the team started thinking about other ways to continue the project visually.

A large part of the Rio Seco project is to increase social awareness, so the team decided to artistically engage the façades of the houses that face the canal. Artists were then invited to participate in the construction of the mural and given the thematic tree image a brief for creative exploration. The mural consequently has the trees of Angola as its central theme. Rio Seco, or "dry river", is an urban stream that is barely visible, flowing behind buildings as an open sewer on its way to the ocean. To contextualize Mural no Rio Seco, Sergey Kadinsky believes writing on the urban stream is useful. He explains.

拉丁美洲地区

《开放球场》

作者：雷吉娜 · 何塞 · 加林多

时间：2014 年

地点：玻利维亚马莫尔河畔贝尼地区 El Rosario 社区

提名者：阿德里安娜 · 里奥斯 · 蒙萨尔维

艺术作品 / 艺术项目描述

热苏斯 · “布布” · 内格罗的作品“开放球场（Cancha Abierta）”直接反映了他去往玻利维亚前几个月，该国家发生的自然灾害情况。受洪水灾害影响的几个社区之中，El Rosario 社区距离玻利维亚亚马逊水域中贝尼地区的马莫尔河约 500 米。受灾最严重的区域之一是篮球场，三英尺厚的泥土将其全部掩埋。见此情况，这位艺术家组织了一场“考古”挖掘行动，将球场的一半挖出来。在社区居民和其他受邀到此的艺术家的帮助下，四天后，他们终于将大部分堆积的淤泥清走。在此过程中，社区民众和其他一些驻场艺术家参与其中，成为首批参与群体。

Cancha Abierta – Open court

Artist/Group：Regina José Galindo

Artwork/Project Start and End Date：2014

Works/Project Location：El Rosario Community, Beni Region, Bolivia. Marmoré Riverside.

Nominator name：Adriana Rios Monsalve

Artwork/Project Descriptions

The project "Cancha Abierta" (Open Court) developed by Jesus "bubu" Negron is a direct response to the natural disaster emergency that happened several months before his visit to Bolivia. One of the communities affected by the flooding was the community of El Rosario, located approximately 500 meters away from the Mamore River in the region of Beni, in the Bolivian Amazon. One of the most distressed areas was the basketball court, which was buried underneath three feet of mud. Considering this context, the artist organized an "archeological" excavation to dig out half of the court. After working for four days with the help of the community and other invited artists, they were able to remove most of the accumulated sludge. In this process people from the community and other resident artists participated and were the first ones to play.

《无界限》

作者：玛利亚 · 考 · 力维、加布里埃拉 · 福尔加斯（戈玛工作室）、亚历山大 · 埃里克松 · 弗恩斯

时间：2017 年 10 月 –12 月

地点：圣保罗 6 个地铁站（红线区）

提名者：加布里埃拉 · 里贝罗

艺术作品 / 艺术项目描述

作品《无界限》是专为参加第 11 届圣保罗建筑双年展而作的，创作团队包括多位移民人士、活动家、建筑师、社工和艺术家。团队在圣保罗移民支持中心经历为期十天的沉浸式创作之后完成该作品，作品最终在圣保罗市区内的 6 个地铁站点布景呈现。作品《无界限》在双年展展区隆重出展，随后在每天流量高达 470 万人次的大型公共长廊中呈现。

《无界限》引导人们重新思考建筑设计程序，包括艺术形式，与其他领域、其他参与人员之间的关联。它以方法论形式，鼓励个体与集体之间的认知交流。

Fronteira Livre / Free Border

Artist/Group：Maria Cau Levy, Gabriela Forjaz (Goma Oficina) , Alexander Eriksson Furunes

Artwork/Project Start and End Date：October to December 2017

Works/Project Location：Six metro stations (red line) in São Paulo

Nominator name：Gabriela Ribeiro

Artwork/Project Descriptions

Fronteira Livre was a process that generated interventions at six stations on the São Paulo Metro red line, for the 11th Architecture Biennial Carried out by immigrants, activists, architects, social workers and artists in collaboration, during a ten-day immersion workshop at the Center Support for Immigrants in São Paulo. Overflowing the Bienal's exhibition space, the project went to a public facility, intervening in the large corridors that receive 4.7 million users a day.

Fronteira Livre guides the need to rethink the processes of architectural design: its formats, the relationships with other fields of action and with the various actors involved. It understands the project as a methodology that feeds action from the exchange of individual and collective knowledge.

《炭火岛》

作者：奥维瓦拉
时间：2018 年 8 月 4 日—19 日、
2019 年 12 月 22 日—2020 年 3 月 1 日
地点：巴西圣保罗土豆广场
提名者：加布里埃拉 · 里贝罗

艺术作品 / 艺术项目描述

这件作品受公共艺术委托而制作，首次在圣保罗土豆广场展出，该公共广场位于圣保罗市中心。土豆广场位置重要，是居住在城郊的人们进入市中心的集散点之一。Mostra Urbe 邀请 OPAVIVARA! 艺术团体将其委托的作品放置在该广场。为此，他们设计了一款名为《炭火岛》（Brasa Ilha）的混合动力汽车。之所以如此命名，是因为它使用了一辆现在已经停产的大众汽车，该车最初是在巴西生产的，名为巴西利亚。“炭火岛”这个名字的两个部分在葡萄牙语中有着深刻的含义：Brasa 在葡萄牙语中是炭火（ember）的意思，也是巴西这个名字的来源；而 Ilha 翻译为岛屿。Brasa 和 Ilha 合并组成了该名字，英语翻译为“Ember Island”。OPAVIVARA! 艺术团体对于如何将巴西利亚这一个几乎被有意孤立的政治中心变成一个为人民服务的公共空间十分感兴趣。这赋予了这辆改装车辆另一种含义：在某种程度上，它是一座自给自足的提供庇护和食物供应的岛屿。

这辆大众巴西利亚汽车被改造成《炭火岛》，成为一个人人都可以使用的露天厨房。《炭火岛》这个作品中有汽车、烧烤架和披萨烤箱，观众可以共同分享烹饪和饮食的经验。没有厨师，OPAVIVARA! 艺术团体也不向观众分配食物。这是一种对社区聚集的公开呼吁，更根本的是作为解决巴西大量无家可归人口的基本需求的一种方式，通过社区关怀行动将这座城市团结起来。

Brasa Ilha

Artist/Group: OPAVIVARA

Artwork/Project Start and End Date: August 4 to 19, 2018 / December 22, 2019-March 1, 2020

Works/Project Location: Largo da Batata

Nominator name: Gabriela Ribeiro

Artwork/Project Descriptions

This work was produced for a public art commission first shown in São Paulo at the site of Largo da Batata, a public square in the center of Sao Paolo. This square was an important site because it is one of the main distribution points for people who live on the outskirts of the city to get into the city. Mostra Urbe invited OPAVIVARA! to install a commissioned work on site. In response to this they devised a hybrid vehicle they titled Brasa Ilha. So named because it used a now out of production VW vehicle first produced in Brazil called the Brasilia. The two parts of its name carry a depth of meaning in Portuguese: brasa, the Portuguese word for ember, is also the root of the name of Brazil. Ilha, which translates to island, completes the title, in English "Ember Island". OPAVIVARA! were interested in thinking about how to transform Brasilia, an almost intentionally isolated political center, into a space for the people. This took on an alternative meaning with the converted vehicle which was in a way a self-sustaining island of shelter, and food provision.

The VW Brasilia car was transformed in Brasa Ilha into an open-air kitchen for everyone to access. Comprising a car, a barbecue, and a pizza oven, Brasa Ilha invited everyone to join in the shared experience of cooking and eating communally. For this work there was no chef and no distribution of food from OPAVIVARA! to the public. This open call to community gathering and even more fundamentally serving as an address to the basic needs of Brazil's large homeless population united the city in a communal act of care.

欧亚地区

《罗伯特·沃尔瑟雕塑，公共空间的“存在与生产”项目》

作者：托马斯·赫史霍恩

时间：2019 年 6 月 15 日—9 月 8 日

地点：比尔 / 比尔火车站广场

提名者：爱丽丝·史密特

艺术作品 / 艺术项目描述

瑞士比尔市展出了托马斯·赫史霍恩（Thomas Hirschhorn）创作的临时“雕塑”，以纪念瑞士文坛中最杰出的小说家之一罗伯特·沃尔瑟（Robert Walser），展期三个月。这尊“雕塑”以非石头、钢铁或青铜的塑性材料重新定义了雕塑本身。同时，正是社会本身促成了这一艺术作品的诞生。托马斯·赫史霍恩的项目大大扩展了雕塑的概念，将艺术带入城市本身、城市街道，将整座城市化为思考和互动的空间，并邀请比尔市居民积极参与其中。2016 年，托马斯·赫史霍恩和策展人凯瑟琳·布勒（Kathleen B ü hler）在比尔（罗伯特·沃尔瑟出生的城市）开展实地调查，与居民、俱乐部、艺术家、文人和专家一起，展开多层面的议程。二人每天都会举办一些活动，如阅读、徒步旅行、讲座和儿童活动等，并由此最终构建出罗伯特·沃尔瑟雕塑。

Robert Walser-Sculpture, A "Presence and Production" Project in Public Space

Artist/Group：Thomas Hirschhorn

Artwork/Project Start and End Date：June 15-September 8，2019

Works/Project Location：Place de la Gare, Biel/Bienne

Nominator name：Alice Smits

Artwork/Project Descriptions

For three months, the Swiss city of Biel hosted a temporary "sculpture" by Thomas Hirschhorn, honoring one of the most prominent novelists in Swiss literature, Robert Walser. The "sculpture" was a redefinition of sculpture itself, because what takes on a plastic form here is not made of stone, steel, or bronze. It is society itself that helped to create this work of art. Thomas Hirschhorn's project substantially expanded former notions of what sculpture is. It brings art into the city itself, onto its streets, and transforms the whole city into a space of reflection and interaction, inviting Biel's inhabitants to actively participate. In 2016 Thomas Hirschhorn and the curator Kathleen B ü hler began conducting field research in Biel, the city of Robert Walser's birth, connecting with residents, clubs, artists, literati, and experts. This resulted in a multifaceted agenda. Every day the two offered events such as readings, walking tours, lectures, and children's activities. All of this ultimately comprised the Robert Walser-'Sculpture'.

《池塘电池：绿色能源的诗情画意》

作者：拉莎·斯麦特、赖蒂斯·斯米兹

时间：2014 年 9 月—2015 年 3 月

地点：里加拉脱维亚大学的植物园

提名者：居思·切可拉

艺术作品 / 艺术项目描述

这是由小物体组成的装置艺术，包括里加植物园里池塘上安装的感应器，一段剪切成 10 分钟的视频，展示了“从 2014 年 9 月至 2015 年 3 月共 7 个月的时间内，在室外环境中微生物燃料电池生产电力的过程”；还有一个合成声音的短视频，呈现了 7 个月观察期内从互联网摄像头监视燃料电池获取的图像与数据。这件作品是由艺术家、科学研究者、声化专家及数据可视化专家，还有拉脱维亚大学固体物理研究所一起合作创作的。《池塘电池》的后续版本由安装在欧洲其他国家的感应器装置制作而成，如立陶宛、丹麦、斯洛文尼亚、瑞典、比利时、德国和西班牙，构成了我们可以称之为“重要的能源地图”。某种程度上讲，这件作品让作为古代汉萨同盟主要中心的里加，恢复了 13 世纪到 15 世纪期间，其作为与中东欧地区交流与贸易之城的重要地位。

Pond Battery. A Poetics of Green Energy

Artist/Group：Rasa Smite, Raitis Smits

Artwork/Project Start and End Date：September, 2014 to March, 2015

Works/Project Location：Botanical Garden of the University of Latvia in Riga

Nominator name：Giusy Checola

Artwork/Project Descriptions

The installation of tiny objects-sensors on the surface of the botanical garden's pond in Riga, produced a 10-minute-time lapse video which "visualises the electrical energy generated by MFC (Microbial Fuel Cell) in outdoor conditions during a seven-month period from September 2014 to March 2015;" and a time lapse video, complemented by a sound composition which interprets recorded internet camera images and data from the fuel cell monitoring during the seven-month observation period, as described by the artists.

Produced in collaboration with artists, scientific researchers, experts in sonification and data visualization, as well as The Solid State Physics Institute of the Latvian University, the following versions of Pond Battery resulted by the installation of the sensors in other European countries such as Lithuania, Denmark, Slovenia, Sweden, Belgium, Germany and Spain, composing what we might call "a critical energy cartography". This recalls, in a way, Riga's important role of place for exchange and trade with Central and Eastern Europe between the XIII and the XV century, as a major centre of the ancient Hanseatic League.

《想起你》

作者：阿尔克塔 · 扎法 · 姆里帕
时间：2015 年 6 月 12 日起
地点：科索沃首都普里什蒂纳：科索沃国家足球场
提名者：居思 · 切可拉

艺术作品 / 艺术项目描述

2013 年，我看到了一个有关科索沃战争期间性暴力幸存者的电视采访：采访中“看到一个女人，为了不公开姓名，躲在幕帘后面分享她的伤痛经历。”，她说她受到的性暴力并没有随着战争的结束而停止，因为她所热爱并成长于斯的社会对她污名化，人们称她是“没有尊严的女人”。在作品《想起你》当中，5000 条由性暴力受害者捐赠的裙子悬挂在首都普里什蒂纳国家足球场的晾衣绳上，这些衣服在男人的天堂世界，而不是躲在幕帘后面释放女性内心的声音。这些衣服均来自战时受到强奸的女性。女性在足球场上“消除恐惧，表达情绪，见证社区和全社会如何给予她们帮助。”传统文化把晾衣服当成女人做的事情，而艺术家试图让不同年龄段的男性、女性都参与到场景的布置过程当中。参与搭建活动就意味着他们同意推翻一种认识：女性受害者受到的社会污辱和性暴力也是他们要面对的事情。

Thinking of You

Artist/Group：Alketa Xhafa Mripa
Artwork/Project Start and End Date: June 12, 2015 to Ongoing
Works/Project Location：Kosovo National Stadium, the main football stadium in Prishtina, Kosovo
Nominator name：Giusy Checola

Artwork/Project Descriptions

In 2013, coming across a TV interview about the survivors of sexual violence in Kosovo during the war, the artist "watched a woman, hiding behind a curtain, in the hope of remaining anonymous, sharing her traumatic experience", talking about her story of sexual brutality, which didn't stop with the end of the war because "she was then stigmatized by the society in which she grew up in and loved", being viewed "as a woman without honour". Thinking of You consists of approximately five thousand skirts and dresses donated by victims of the abuses, hung on washing lines across the National Stadium in Pristina, the space par excellence of the men's world, to free their voices and let them come out, facing the curtain. One of the dresses composing the installation was the one worn by the woman who was raped during the war. In the stadium field, women "were letting go of their fear, their emotion, and they were seeing how the community and the society were supporting them". In the traditional social imaginary clothes hanging outside are women's business, but the artist managed to involve men and people of all generations in the making of the installation. By doing so, they participated in overturning that meaning: the social stigma and abuses are their business as well.

《凯歌与挽歌》

作者：威廉姆 · 肯特里奇、永恒的台伯河—特伍若忒诺、
作曲家菲利普 · 米勒、图图卡 · 西比西

时间：2016 年 4 月 21 日—2020 年 4 月 21 日

地点：意大利台伯河广场，西斯托桥（Ponte Sisto）与马兹尼桥之间的台伯河河段

提名者：居思 · 切可拉

艺术作品 / 艺术项目描述

威廉姆 · 肯特里奇（William Kentridge）创作的《凯歌与挽歌》是一件长达 560 米的横图巨画，是他迄今为止最大型、最有表达欲的项目。这个项目的表现形式是使用特殊技术在台伯河广场上刻画出图像轮廓：凿开堤墙上面长年积累的细菌与脏污，再通过巧妙的水洗方式，露出 50 多个图像，其中有些高达 10 米。该横幅巨画在所谓的 muraglioni（意大利语：墙壁）上完成展示，是一面修建于 19 世纪末高高的堤墙，当台伯河里水高出河床时，用来防止河水倒灌进罗马城。克里斯汀 · 琼斯（Kristin Jones）是该项目的发起人及实施者，她体会到虽然罗马是全世界的灵感源泉，是重要的艺术舞台，但是罗马城市内就如这条河一样是一块废地，被政治和官僚机构抛弃，陷入瘫痪中。该横幅巨画作品吸引大众关注台伯河，向市民和当地政府展示了这个地区的潜力，它可能成为一个开放广场式论坛，一个创意实验室及公众平台。

Triumphs + Laments

Artist/Group：William Kentridge, in collaboration with EternalTiber-Tevereterno, Lila Elizabeth Yawn, Philip Miller and

Thuthuka Sibisi

Artwork/Project Start and End Date: April 21, 2016-April 21, 2020

Works/Project Location: Piazza Tevere, The Tiber River between Ponte Sisto and Ponte Mazzini, Rome, Italy

Nominator name: Giusy Checola

Artwork/Project Descriptions

Triumphs and Laments by William Kentridge is the most ambitious project to date, featuring a monumental 560-meter-long frieze. It depicts a silhouetted procession on Piazza Tevere through a unique technique: removing years of accumulated bacteria and pollution on the embankment walls, strategically power-washed to reveal more than 50 figures, some up to 10 meters high. The frieze has been realized on the surface of the so-called muraglioni, the high embankments built at the end of the XIX century to prevent the Tiber River from flooding Rome when it overflowed its bed. As experienced by Kristin Jones, who initiated and made the project possible, Rome is an inspiration to the world and a magnificent stage for art. However, within the city, its river had been neglected, abandoned, and paralyzed by politics and bureaucracy. The frieze brought great attention to the Tiber River, showing citizens and local administrators the potential of the site to become an open-air forum, a creative laboratory, and a commons.

西亚、中亚、南亚地区

《无畏》

作者：希洛 · 希夫 · 苏勒曼
时间：2015 年
地点：巴基斯坦拉合尔、拉瓦尔品第和卡拉奇
提名者：伊夫 · 莱米斯勒

艺术作品 / 艺术项目描述

巴基斯坦和印度自 1947 年分裂以来一直处于冲突之中。应两名居住在巴基斯坦居民的邀请，《无畏》项目团体设法从印度过境到巴基斯坦。穆什塔克 (Mushtaq)、法蒂玛 (Fatima) 和苏莱曼 (Sulaiman) 这三名女性共同创作了作品。作品的灵感来源于特定地点进行的对话和研讨会，通常是与正在忙于给建筑体刷漆的居民们合作或达成协议来共同完成。这些居民通常对作品的风格和内容有发言权，看到创作于公共空间上的画像，拥有感油然而生。

本项目对于发起并实现这一“跨界”倡议的妇女在巴基斯坦和印度之间形成的政治和社会关系非常重要。

The Fearless

Artist/Group：Shilo Shiv Suleman
Artwork/Project Start and End Date：2015
Works/Project Location：Lahore, Rawalpindi and Karachi, Pakistan
Nominator name：Eve Lemesle

Artwork/Project Descriptions

Pakistan and India have been in conflict since their division in

1947. The Fearless Collective managed to cross the border from India to Pakistan on the invitation of two individuals living in Pakistan. Collectively, the three women, Mushtaq, Fatima and Sulaiman, created work that stemmed from conversations and workshops conducted in specific localities, often in collaboration with or agreement from the various residents related to the structure that was being painted. Often, residents had a say in the style and content of the works, creating a sense of ownership over the public spaces where those images are on.

This project is significant for the political and social relationships that are forged between Pakistan and India through women who initiated and realised this "cross-boundary" initiative.

《文化重构三部曲：新式集体文化之旅和倡议》

作者：英德拉尼 · 巴鲁

时间：2014 年

地点：印度古瓦哈蒂加特乌赞巴扎的布拉马普特拉河河段

提名者：伊夫 · 莱米斯勒

艺术作品 / 艺术项目描述

起锚，坐上竹筏，与当地艺术家、工匠、作家、表演者、教师和环保人士组成的团队一起出发，开启文化之旅，旨在提出一系列想法和建设性的改变策略及全新的合作，并为进一步参与公共艺术实践创造环境。巴鲁（Baruah）担任起艺术家和中间人的角色，并在连续的三个区域中展示了她对该区域项目第三阶段所做出的贡献。竹筏对环境做出了积极的贡献，无声地讲述着随着社会的创造性参与而发展的故事——营造一种地方感。“竹筏化作故事讲述者，诉说着布拉马普特拉河两岸有趣的故事、这一地区的航海史、人们的日常生活，以及人们与布拉马普特拉河关系的改变。”

Cultural Re-imaginations Stage III: New Collective Cultural Journeys and Initiatives

Artist/Group：Indrani Baruah

Artwork/Project Start and End Date：2014

Works/Project Location：River Brahmaputra in Uzan Bazaar Ghat, Guwahati, India

Nominator name：Eve Lemesle

Artwork/Project Descriptions

Setting off the anchored bamboo raft - with a team of local artists, artisans, writers, performers, teachers and environmentalists to create cultural journeys that aim to trigger a network of ideas, positive transformations, and new collaborations, and create circumstances for further participatory public art practice. Baruah takes on the role of an artist and mediator and exhibits her dedication with the third edition of this project in this area in three consecutive areas. The raft contributes positively to the environment and becomes a storytelling vessel that evolves in response to creative engagement by the community-creating a sense of "place". "It personifies the storyteller of important narratives of the two banks of the river Brahmaputra, of the maritime history of this region, the everyday lives of the people and their transforming relationship with the river."

《塞西莉亚》

作者：因杜 · 安东尼
时间：2018 年至今
地点：印度班加罗尔数个地点
提名者：伊夫 · 莱米斯勒

艺术作品 / 艺术项目描述

塞西莉亚（Cecilia'ed）是一个公共艺术项目，旨在将人们认为对女性来说“不安全”的地方转变为受欢迎的地方，打破传统性别规范和大众观念。随着塞西莉亚（Cecilia，当地一位代表有着大胆解放精神的人物）在班加罗尔的正式展示，当地带有性别色彩的地方，例如沙龙、酒吧等重新开放。让社区的人们都参与进来，并把这些地方改造成人人都具有安全感的多用途场所，是这个项目尤为成功的原因所在。活动的平面海报、声波图和写真集都用来保存一种模拟视觉语言，并映射出这些重新开放的地方曾经的性别歧视状态和历史。

Cecilia'ed

Artist/Group：Indu Antony
Artwork/Project Start and End Date：2018-Ongoing
Works/Project Location：Various Locations, Bangalore, India
Nominator name：Eve Lemesle

Artwork/Project Descriptions

Cecilia'ed is a public art project that aims to transform areas that are deemed "unsafe" for women into welcoming spaces, breaking down traditional gender norms and herd mentality. Gender-specific spaces in Bangalore, such as salons and bars, are reopened with ceremonial shows by Cecilia, a local figure of emancipation and boldness. Involving people from the community and turning these spaces into multi-use venues where everybody feels safe is what makes this project particularly successful. Lithograph posters, sonic cartographs and photo albums of the events are used to preserve analogue visual language and map the gender-related predicaments and histories of the areas being re-opened.

《风之塔》

作者：雅德 · El · 库利
时间：2018 年 5 月 11 日—20 日
地点：黎巴嫩贝鲁特穆尔大厦
提名者：阿曼达 · 阿比 · 哈利勒

艺术作品 / 艺术项目描述

《风之塔》是贝鲁特穆尔大厦上的一件临时艺术品。穆尔大厦这一建筑本应该成为一座超级明星办公大楼，但却在黎巴嫩内战中沦为了酷刑监狱与狙击手的基地。战争结束以后至今，其仍作为苦难纪念之用，400 扇空洞洞、黑乎乎的窗户以及曾被用作军事基地的前四层楼见证着那段痛苦的历史。在给建筑的所有窗户装上贝鲁特窗帘后，吹来的风立马给这一毛坯水泥结构带来了生气，把这一苦难的载体变成了有人气的地方，欢快的颜色风一吹便奕奕生辉。穆尔大厦第一次给这座城市带来了希望和诗一般的色彩。这使不明真相的当地人与路人感到惊讶转而又给予赞赏。

Tower of the Wind

Artist/Group：Jad El Khoury
Artwork/Project Start and End Date：May 11-20, 2018
Works/Project Location：Murr Tower, Beirut, Lebanon
Nominator name：Amanda Abi Khalil

Artwork/Project Descriptions

The Tower of the Wind is a temporary installation on the Murr Tower in Beirut. A building that was supposed to be a superstar offices building but ended up as a torture prison and sniper base during the Lebanese civil war, and since the war, it has served as an accidental monument of sorrow, with its 400 empty black windows and an Army base occupying its first four floors. Once the Beirut balcony curtains were installed on all the windows, the wind started animating the raw cement structure, transforming this tower of sorrow into a choreographed installation, shimmering colors with every wind gust. For the first time, the Murr Tower brought hope and poetic waves of color to the city, took locals and passers-by from astonishment to admiration, all while going through incomprehension.

五、案例线索

北美地区

《色彩理论》

作者：阿曼达 · 威廉姆斯

时间：2014 年—2016 年

地点：美国伊利诺伊州芝加哥市恩格尔伍德街区

提名者：杰西卡 · 菲亚拉

Color(ed) Theory

Artist/Group：Amanda Williams

Artwork/Project Start and End Date：2014-2016

Works/Project Location：Englewood neighborhood Chicago, Illinois, USA

Nominator name：Jessica Fiala

《我们相遇的地方》

作者：珍妮特 · 埃切尔曼

时间：2016 年至今

地点：美国北卡罗来纳州格林斯伯勒北戴维街 208 号莱鲍尔城市公园，邮编：27401

提名者：杰西卡 · 菲亚拉

Where We Met

Artist/Group：Janet Echelman

Artwork/Project Start and End Date：2016-Ongoing

Works/Project Location：LeBauer City Park, 208 North Davie Street, Greensboro, North Carolina, 27401, USA

Nominator name：Jessica Fiala

《合唱》

作者：安·汉密尔顿

时间：2018 年至今

地点：美国纽约格林威治大街 180 号世界贸易中心科特兰地铁站，邮编：10007

提名者：杰西卡·菲亚拉

CHORUS

Artist/Group：Ann Hamilton

Artwork/Project Start and End Date：2018-Ongoing

Works/Project Location：WTC Cortlandt Station, 180 Greenwich Street, New York, NY 10007, USA

Nominator name：Jessica Fiala

《白色天空》

作者：埃尔温 · 雷德尔

时间：2017 年 11 月 16 日—2018 年 3 月 25 日

地点：麦迪逊广场公园（国际公共艺术奖提名设施）美国纽约州纽约市，俄克拉荷马城（2018 年 10 月 11 日 -2019 年 3 月 31 日）美国俄克拉荷马城俄克拉荷马当代艺术中心

提名者：杰西卡 · 菲亚拉

Whiteout

Artist/Group：Erwin Redl

Artwork/Project Start and End Date：November 16, 2017- March 25, 2018

Works/Project Location：Madison Square Park (installation nominated for IAPA) New York, NY, USA

Oklahoma City (October 11, 2018-March 31, 2019) Oklahoma Contemporary, Oklahoma City, USA

Nominator name：Jessica Fiala

《50州倡议》

作者：50州倡议

时间：2018年9月—11月

地点：所有50个州

提名者：李疏影

50 State Initiative

Artist/Group：50 State Initiative

Artwork/Project Start and End Date：September-November, 2018

Works/Project Location：All 50 states

Nominator name：Su-Ying Lee

《Ku'u One Hanau》

作者：柏妮丝·阿卡米娜

时间：2019 年 3 月 8 日—5 月 5 日（檀香山双年展日期）

地点：作为美国夏威夷 2019 年檀香山双年展的一部分：主教博物馆、福斯特植物园、夏威夷州艺术博物馆和 McC

提名者：李疏影

Ku'u One Hanau

Artist/Group：Bernice Akamine

Artwork/Project Start and End Date：March 8-May 5, 2019 (dates of the Honolulu Biennial)

Works/Project Location：Most recent iteration as part of the 2019 Honolulu Biennial, Hawai'i, U.S.A.:Bishop Museum, Foster Botanical Garden, Hawai'i State Art Museum and McC

Nominator name：Su-Ying Lee

《人类世的花园》

作者：塔米科 · 泰尔

时间：2016 年 6 月 25 日—9 月 30 日

地点：西雅图：西雅图艺术博物馆、奥林匹克雕塑公园

提名者：李疏影

Gardens of the Anthropocene

Artist/Group：Tamiko Thiel

Artwork/Project Start and End Date：June 25-September 30, 2016

Works/Project Location：Olympic Sculpture Park at Seattle Art Museum, in Seattle

Nominator name：Su-Ying Lee

《在当河上漂浮的国王爱德华七世骑马雕像》

作者：“废柴的生活”（艾米 · 林和乔恩 · 范 · 麦柯利）

时间：2017 年演出时间：10 月 29 日、11 月 5 日、12 日、19 日下午 1 时至 4 时

地点：位于加拿大安大略省多伦多市河谷公园和皇后街大桥之间的当河谷下游

提名者：李疏影

King Edward VII Equestrian Statue Floating Down the Don River (2017)

Artist/Group：Life of a Craphead (Amy Lam and Jon Pham McCurley)

Artwork/Project Start and End Date：Performances in 2017 on October 29, November 5, 12 and 19 from 1 to 4 pm

Works/Project Location：Lower section of the Don River Valley between Riverdale Park and the Queen Street bridge in Toronto, Ontario, Canada.

Nominator name：Su-Ying Lee

《奥基马阿 · 米卡那：收回 / 重命名》

作者：奥基马阿 · 米卡那（Ogimaa Mikana）艺术家团体

时间：2013 年—2021 年系列 杜邦城堡比亚街道标志 2016（永久）

地点：安大略省的不同地方。在多伦多：女王和麦考尔、斯帕迪娜和女王、印度路和布鲁尔、大学和布鲁尔、达文波特和斯帕迪娜（多个标志）、高速停车场（多个标志）、皇后公园、加德纳高速公路和达夫林、女王与考恩。多伦多以外：雷湾、尼皮辛大学、巴里、彼得伯勒（Peterborough）、渥太华

提名者：李疏影

Ogimaa Mikana

Artist/Group：Ogimma Mikana collective

Artwork/Project Start and End Date：Series 2013-2021 Dupont by the Castle BIA street signs 2016 (permanent)

Works/Project Location：Various locations in the province of Ontario. In Toronto: Queen and McCaul-Spadina and Queen-Indian Rd. and Bloor-College and Bloor-Davenport and Spadina(multiple signs)-High Park (multiple signs)-Queen's Park-Gardiner Expressway and Dufferin-Queen and Cowan. Outside of Toronto: Thunder Bay-Nipissing-Barrie-Peterborough-Ottawa

Nominator name：Su-Ying Lee

《弗吉尼亚古玩店》

作者：马克 · 迪昂

时间：2016 年—2017 年

地点：美国弗吉尼亚州夏洛茨维尔市埃米特大街 914 号，弗吉尼亚大学

提名者：埃德加 · 恩德雷斯

Virginia Curiosity Shop

Artist/Group：Mark Dion

Artwork/Project Start and End Date：2016- 2017

Works/Project Location：University of Virginia, 914 Emmet St. Charlottesville VA, USA.

Nominator name：Edgar Endress

《一鸟在手》

作者：帕特里克 · 多尔蒂

时间：2015 年 4 月—2017 年 10 月

地点：赖斯顿城市广场公园，美国弗吉尼亚州赖斯顿市市场街 11900 号

提名者：埃德加 · 恩德雷斯

A Bird in the Hand

Artist/Group：Patrick Dougherty

Artwork/Project Start and End Date：April, 2015-October, 2017

Works/Project Location：Reston Town Square Park.11900 Market St, Reston, VA, USA

Nominator name：Edgar Endress

《互动圆碗》

作者：西班牙艺术团体 mmmm

时间：2017 年 7 月 12 日—10 月 23 日

地点：美国弗吉尼亚州阿灵顿市北市政厅路 1310 号

提名者：埃德加 · 恩德雷斯

Meeting Bowls

Artist/Group：Spanish collaborative mmmm

Artwork/Project Start and End Date：July 12-October 23, 2017

Works/Project Location：1310 N Courthouse Road Arlington,VA, USA.

Nominator name：Edgar Endress

《魔镜魔镜》

作者：柔性实验室

时间：2019 年 3 月—11 月

地点：美国弗吉尼亚州亚历山大市国王街 1 号，滨水公园

提名者：埃德加 · 恩德雷斯

Mirror Mirror

Artist/Group：SOFTlab

Artwork/Project Start and End Date：March through November, 2019

Works/Project Location：Waterfront Park, 1 King Street, Alexandria VA, USA.

Nominator name：Edgar Endress

《人人都有权力》

作者：汉克 · 威利斯 · 托马斯

时间：2017 年

地点：美国费城托马斯 · 潘恩广场

提名者：珍 · 克拉瓦

All Power To All People

Artist/Group：Hank Willis Thomas and Eric Gottesman

Artwork/Project Start and End Date：2017

Works/Project Location：Thomas Paine Plaza, Philadelphia, USA

Nominator name：Jen Krava

《会议厅》

作者：马克 · 雷戈尔曼

时间：2017 年

地点：美国马萨诸塞州波士顿市罗斯 · 肯尼迪绿道公园草坪

提名者：珍 · 克拉瓦

Meeting House

Artist/Group：Mark Reigelman

Artwork/Project Start and End Date：2017

Works/Project Location：lawn of the Rose Kennedy Greenway. Boston MS, USA

Nominator name：Jen Krava

《跷跷板墙》

作者：罗纳德 · 雷尔、弗吉尼亚 · 圣 · 弗雷泰洛

时间：2017 年

地点：德克萨斯州埃尔帕索附近的美墨边境

提名者：珍 · 克拉瓦

Teeter Totter Wall

Artist/Group：Ronald Rael and Virginia San Fratello

Artwork/Project Start and End Date：2017

Works/Project Location：US-Mexico border near El Paso, TX

Nominator name：Jen Krava

《你在这里》

作者：伊冯哈迪·菲利普斯

时间：2017 年至今

地点：美国马里兰州巴尔的摩市伊格（Eager）街和格林蒙特（Greenmount）大街百老汇大道上以北大街为界的巴尔的摩东区中心城

提名者：珍·克拉瓦

You Are Here

Artist/Group：Yvonne Hardy-Phillips

Artwork/Project Start and End Date：2017-Ongoing

Works/Project Location：Central City East Baltimore Communities bounded by North Avenue, Broadway, Eager Street and Greenmount Avenue, Baltimore, MD, USA

Nominator name：Jen Krava

《“午睡部”》

作者：特里西娅 · 赫西
时间：2017 年至今
地点：美国佐治亚州亚特兰大市和伊利诺伊州芝加哥市
提名者：珍 · 克拉瓦

The Nap Ministry

Artist/Group：Tricia Hersey
Artwork/Project Start and End Date：2017-Ongoing
Works/Project Location：Atlanta, GA and Chicago, IL, USA
Nominator name：Jen Krava

西亚、中亚、南亚地区

《文化重构三部曲：新式集体文化之旅和倡议》

作者：英德拉尼 · 巴鲁

时间：2014 年

地点：位于印度古瓦哈蒂加特乌赞巴扎的布拉马普特拉河河段

提名者：伊夫 · 莱米斯勒

Cultural Re-imaginations Stage III: New Collective Cultural Journeys and Initiatives

Artist/Group：Indrani Baruah

Artwork/Project Start and End Date：2014

Works/Project Location：River Brahmaputra in Uzan Bazaar Ghat, Guwahati, India

Nominator name：Eve Lemesle

《“无畏”项目团体》

作者：希洛 · 希夫 · 苏勒曼

时间：2015 年

地点：巴基斯坦拉合尔、拉瓦尔品第和卡拉奇

提名者：伊夫 · 莱米斯勒

The Fearless Collective

Artist/Group：Shilo Shiv Suleman

Artwork/Project Start and End Date：2015

Works/Project Location：Lahore, Rawalpindi and Karachi, Pakistan

Nominator name：Eve Lemesle

《我们走在拉合尔 / 都市气质项目》

作者：霍尼 · 瑞安

时间：2016 年 10 月—12 月

地点：巴基斯坦拉合尔

提名者：伊夫 · 莱米斯勒

We Walk Lahore / URBANITIES Project

Artist/Group：Honi Ryan

Artwork/Project Start and End Date：October-December, 2016

Works/Project Location：Lahore, Pakistan

Nominator name：Eve Lemesle

《塞西莉亚》

作者：因杜 · 安东尼
时间：2018 年至今
地点：印度班加罗尔数个地点
提名者：伊夫 · 莱米斯勒

Cecilia'Ed

Artist/Group：Indu Antony
Artwork/Project Start and End Date：2018- Ongoing
Works/Project Location：Various locations, Bangalore, India
Nominator name：Eve Lemesle

《雕塑公园》

作者：多位艺术家

时间：首次展览：2017 年 12 月—2018 年 10 月；

第二次展览：2018 年 12 月 —2020 年 10 月

地点：印度拉贾斯坦邦斋普尔老虎堡

提名者：伊芙 · 莱米斯勒

The Sculpture Park

Artist/Group：Multiple Artists

Artwork/Project Start and End Date：First exhibition: December, 2017- October, 2018

Second exhibition: December, 2018-October, 2020

Works/Project Location：Nahargarh Fort, Jaipur, Rajasthan, India

Nominator name：Eve Lemesle

《我请海浪来》

作者：侯赛因 · 纳赛尔埃德迪内
时间：2017 年
地点：黎巴嫩南部，杰津河
提名者：伊芙 · 莱米斯勒

I Invite Waves to Come

Artist/Group：Hussein Nassereddine
Artwork/Project Start and End Date：2017
Works/Project Location：River Jezzine, South Lebanon
Nominator name：Eve Lemesle

《洛伊》

作者：阿西姆 · 瓦奇夫

时间：2019 年 10 月 1 日

地点：印度加尔各答

提名者：伊芙 · 莱米斯勒

Loy

Artist/Group：Asim Waqif

Artwork/Project Start and End Date：October 1, 2019

Works/Project Location：Kolkata, India

Nominator name：Eve Lemesle

《早期水源的恢复》

作者：赫拉 · 布依卡塔斯卡
时间：2014 年
地点：主教的水池，耶路撒冷
提名者：伊芙 · 莱米斯勒

The Recovery of an Early Water

Artist/Group：Hera B ü y ü kta yan
Artwork/Project Start and End Date：2014
Works/Project Location：The Patriarch's Pool, Jerusalem
Nominator name：Eve Lemesle

《国际公共艺术研讨会》

作者：坎塔 · 基肖尔 · 莫哈拉纳

时间：3 月 10 日至 5 月 15 日

地点：印度奥里萨邦（Odisha）贝汉布尔市（Berhampur）、加普市（Jajpur）和布巴内斯瓦尔市（Bhubaneswar）

提名者：帕丽莎 · 德拉尼扎特

INTERNATIONAL PUBLIC ART SYMPOSIUM

Artist/Group：Kanta Kishore Moharana

Artwork/Project Start and End Date：March 10-May 15，

Works/Project Location：Berhampur, Jajpur & Bhubaneswar, Odisha, India

Nominator name：Parisa Tehranizadeh

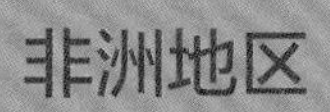
非洲地区

《Don Sen Folo ——实验室》

作者：Don Sen Folo 协会
时间：2020 年 1 月开始
地点：马里班库马纳
提名者：艾格尼丝 · 奎莱特

Don Sen Folo – LAB

Artist/Group：Don Sen Folo Association
Artwork/Project Start and End Date：Start in January 2020
Works/Project Location：Bancoumana, Mali
Nominator name：Agn è s Quillet

《里奥塞科之壁画》

作者：Don Sen Folo 建筑协会与 30 位艺术家

时间：2020 年 10 月 1 日—31 日

地点：壁画横贯安哥拉罗安达市中心运河，位于奥古斯蒂诺·内托博士纪念馆附近

提名者：辛迪·利·麦克布莱德

Mural no Rio Seco

Artist/Group：Don Sen Folo Association，Building Society 4 Architecture worked together with 30 artists

Artwork/Project Start and End Date: October 1-31, 2020

Works/Project Location：Near Memorial Dr. Augustino Netto, the mural traverses a canal in the city center of Luanda, Angola.

Nominator name：Sindi-Leigh McBride

《瓦尔卡·沃特水塔》

作者：阿图罗·维托里
时间：2012年—2015年
地点：埃塞俄比亚、海地、多哥
提名者：辛迪·利·麦克布莱德

Warka Water Tower

Artist/Group：Arturo Vittori
Artwork/Project Start and End Date：2012-2015
Works/Project Location：Ethiopia, Haiti, Togo
Nominator name：Sindi-Leigh McBride

欧亚地区

《罗伯特 · 沃尔瑟雕塑》

作者：托马斯 · 赫史霍恩

时间：2019 年 6 月 15 日—9 月 8 日

地点：比尔 / 比尔火车站广场（瑞士）

提名者：艾丽丝 · 斯密茨

Robert Walser-Sculpture

Artist/Group：Thomas Hirschhorn

Artwork/Project Start and End Date：June 15-September 8, 2019

Works/Project Location：Place de la Gare, Biel/Bienne (Switzerland)

Nominator name：Alice Smits

《水与土：国王十字池塘俱乐部》

作者：马杰蒂卡 · 波特里奇

时间：2015 年 5 月—2016 年 10 月

地点：英国伦敦国王十字街区

提名者：艾丽丝 · 斯密茨

Of Soil and Water

Artist/Group：Marjetica Potrc

Artwork/Project Start and End Date：May 2015- October 2016

Works/Project Location：King's Cross, London, UK

Nominator name：Alice Smits

《城市即信息》

作者：奥博迪克斯集团：劳斯特 · 奥博迪克斯、普仁

时间：项目于 2019 年 6 月第 14 届街头传递节期间创建，持续至 2020 年

地点：罗马尼亚布加勒斯特皮塔莫斯街 10-12 号

提名者：拉卢卡 - 埃琳娜 · 多罗夫泰

The City Is the Message

Artist/Group：Optics Group: Lost.Optics, Pren

Artwork/Project Start and End Date：Created in June 2019, during the 14th edition of Street Delivery Festival. Lasted till 2020.

Works/Project Location：10-12 Pitar Moș Street, Bucharest, Romania

Nominator name：Raluca-Elena Doroftei

《潘泰利蒙的巨人》

作者：维克托·艾什、艾拉和皮提尔、克里斯蒂安娜·科马内奇、罗伯特·奥伯特

时间：2016 年 —2017 年

地点：罗马尼亚，布加勒斯特，莫洛里罗路 1 号

提名者：拉卢卡 - 埃琳娜 · 多罗夫泰

Giants of Pantelimon

Artist/Group：Victor Ash, Ella & Pitr, Cristiana Comănici, Robert Obert

Artwork/Project Start and End Date：2016 - 2017

Works/Project Location：Morarilor Road, Bucharest, Romania

Nominator name：Raluca-Elena Doroftei

《红色帆船赛》

作者：梅丽莎 · 麦吉尔

时间：2019 年 5 月 8 日—2019 年 9 月

地点：意大利，威尼斯

提名者：费代里卡 · 安妮 · 波斯南特

Red Regatta

Artist/Group：Melissa McGill

Artwork/Project Start and End Date：May 8, 2019-September, 2019

Works/Project Location：Italy, Venice

Nominator name：Federica Anny Buosnante

《爱尔兰民谣 / 伦敦德里小调》

作者：大卫 · 贝斯特

时间：2015 年 3 月 16 日—21 日

地点：爱尔兰德里克劳迪路乡村公园

提名者：费代里卡 · 安妮 · 波斯南特

Derry/Londonderry Ireland

Artist/Group：David Best

Artwork/Project Start and End Date：March 16- March 21, 2015

Works/Project Location：Corrody Road Country Park, Derry, Ireland

Nominator name：Federica Anny Buosnante

《想起你》

作者：阿尔克塔 · 扎法 · 姆里帕

时间：2015 年 6 月 12 日起

地点：科索沃首都普里什蒂纳，科索沃国家足球场

提名者：费代里卡 · 安妮 · 波斯南特

Thinking of You

Artist/Group：Alketa Xhafa Mripa

Artwork/Project Start and End Date：From June 12, 2015

Works/Project Location：Kosovo National Stadium, the main football stadium in Prishtina, Kosovo

Nominator name：Federica Anny Buosnante

《池塘电池，绿色能源的诗情画意》

作者：拉莎 · 斯麦特、赖蒂斯 · 斯密茨

时间：2014 年 9 月—2015 年 3 月

地点：里加拉脱维亚大学的植物园

提名者：居思 · 切可拉

Pond Battery. A Poetics of Green Energy

Artist/Group：Rasa Smite，Raitis Smits

Artwork/Project Start and End Date：September 2014-March 2015

Works/Project Location：Botanical Garden of the University of Latvia，Riga

Nominator name：Giusy Checola

《永恒的台伯河：凯歌与挽歌》

作者：威廉姆 · 肯特里奇、作曲家菲利普 · 米勒和图图卡 · 西比西

时间：2016 年 4 月 21 日—2020 年 4 月 21 日

地点：意大利台伯河广场，西斯托桥与马兹尼桥之间的台伯河河段

提名者：居思 · 切可拉

Triumphs + Laments

Artist/Group：William Kentridge, Philip Miller, Thuthuka Sibisi

Artwork/Project Start and End Date：April 21, 2016-April 21, 2020

Works/Project Location：Piazza Tevere, The Tiber River between Ponte Sisto and Mazzini Bridge, Italy

Nominator name：Giusy Checola

《破屋联盟：幸存者综合症》

作者：赫德拉达策展团队

时间：2018 年 5 月 18 日

地点：乌克兰基辅圣迈克尔广场大街

提名者：莱西亚 · 普罗科彭科

Union of Hovels: the Survivor Syndrome

Artist/Group：Hudrada Curatorial Group

Artwork/Project Start and End Date: May 18, 2018

Works/Project Location：St Michael's Square, Kiev, Ukraine

Nominator name：Lesia Prokopenko

《编织桥》

作者：沃伍豪斯

时间：2016 年夏季至今

地点：俄罗斯卡卢加州尼古拉 · 莱尼韦茨村

提名者：莱西亚 · 普罗科彭科

The Knitted Bridge

Artist/Group：Wowhaus

Artwork/Project Start and End Date：Summer 2016-Ongoing

Works/Project Location：Nikola-Lenivets Village, Kaluga Oblast, Russia

Nominator name：Lesia Prokopenko

拉丁美洲地区

《如果没有房子，为什么要穿鞋？》

作者：亨利 · 帕拉西奥

时间：2016 年

地点：哥伦比亚麦德林卡巴莱 52 #48-45 号国家宫

提名者：阿德里安娜 · 里奥斯 · 蒙萨尔维

Why Shoes If There Is No House

Artist/Group：Henry Palacio

Artwork/Project Start and End Date：2016

Works/Project Location：National Palace. Cra 52 #48-45 Medell í n, Colombia

Nominator name：Adriana Rios Monsalve

《波托西社区电影院》

作者：扩大建筑、安娜·洛佩斯·奥尔特加、哈罗德·圭亚克斯、菲利佩·冈萨雷斯、薇薇安·帕拉达

时间：2016 年 2 月 -12 月

地点：哥伦比亚波哥大玻利瓦尔市 Sur#42 a 街 81 号

提名者：阿德里安娜·里奥斯·蒙萨尔维

Potocine. (self-built and self-managed cinema in Potosí, Ciudad Bolivar, Bogota, Colombia)

Artist/Group：Arquitectura Expandida (Expanded Architecture) Ana López Ortego, Harold Guyaux, Felipe González, Vivian Parada

Artwork/Project Start and End Date：February-December, 2016

Works/Project Location：Calle 81 Sur #42 a 81, Ciudad Bolívar, Bogotá. Colombia

Nominator name：Adriana Rios Monsalve

《（d）结构》

作者：埃尔普恩特实验室（胡安·埃斯特班·桑多瓦尔、亚历杭德罗·瓦斯凯兹·萨利纳斯）和玛丽安格拉·阿庞特·努涅斯

时间：2016 年

地点：古巴哈瓦那基督广场

提名者：阿德里安娜·里奥斯·蒙萨尔维

Destructura

Artist/Group：El Puente_Lab (Juan Esteban Sandoval, Alejandro Vásquez Salinas) Mariangela Aponte Núñez

Artwork/Project Start and End Date：2016

Works/Project Location：Plaza del Cristo, Havana, Cuba

Nominator name：Adriana Rios Monsalve

《无题（哈瓦比）》

作者：亨利·帕拉西奥

时间：2018 年

地点：哥伦比亚瓜希拉的朋多尔斯镇

提名者：阿德里安娜·里奥斯·蒙萨尔维

Untitled (Hawapi)

Artist/Group：Henry Palacio

Artwork/Project Start and End Date：2018

Works/Project Location：Town of Pondores in La Guajira, Colombia

Nominator name：Adriana Rios Monsalve

《9 号棚屋》

作者：罗曼 · 纳瓦斯、亨利 · 帕拉西奥
时间：2013 年—2015 年
地点：哥伦比亚波哥大
提名者：阿德里安娜 · 里奥斯 · 蒙萨尔维

Rancho #9

Artist/Group：Roman Navas and Henry Palacio
Artwork/Project Start and End Date：2013-2015
Works/Project Location：Bogot á , Colombia
Nominator name：Adriana Rios Monsalve

《开放球场》

作者：热苏斯·“布布”·内格罗

时间：2014 年

地点：玻利维亚马莫尔河畔贝尼地区 El Rosario 社区

提名者：阿德里安娜·里奥斯·蒙萨尔维

Cancha Abierta – Open Court

Artist/Group：Jesú s "Bubu" Negró n

Artwork/Project Start and End Date：2014

Works/Project Location：El Rosario Community, Beni Region, Marmoré Riverside, Bolivia

Nominator name：Adriana Rios Monsalve

《盲目（Cegos）》

作者：达尼洛 · 科雷阿莱

时间：2018 年

地点：巴西圣保罗州普雷图河畔圣若泽市中心

提名者：阿德里安娜 · 里奥斯 · 蒙萨尔维

Blind

Artist/Group：Danilo Correale

Artwork/Project Start and End Date：2018

Works/Project Location：City Center of Sao Jose do Rio Preto, São Paulo, Brazil

Nominator name：Adriana Rios Monsalve

《班德拉大道》

作者：达西克 · 费尔南德斯、胡安 · 卡洛斯 · 洛佩斯

时间：2017 年—2020 年

地点：智利大都会区圣地亚哥班德拉

提名者：阿德里安娜 · 里奥斯 · 蒙萨尔维

Paseo Bandera / Bandera Avenue

Artist/Group：Dasic Fernández and Juan Carlos López

Artwork/Project Start and End Date：2017-2020

Works/Project Location：Bandera, Santiago, Metropolitan Region, Chile

Nominator name：Adriana Rios Monsalve

《办公室》

作者：托埃 · 贝廷
时间：2017 年 3 月—5 月
地点：法属圭亚那
提名者：阿德里安娜 · 里奥斯 · 蒙萨尔维

The office

Artist/Group：Teo Betind
Artwork/Project Start and End Date：March-May, 2017
Works/Project Location：French Guyana
Nominator name：Adriana Rios Monsalve

《皮科索协会》

作者：城市艺术会

时间：2015 年—2019 年

地点：巴西纳塔尔潘塔内格拉马诺埃尔 · 科林加莱莫斯街 234 号

提名者：加布里埃拉 · 里贝罗

Associa o Pixo / Pixo Association

Artist/Group：INarteurbana

Artwork/Project Start and End Date：2015-2019

Works/Project Location：Vereador Manoel Coringa de Lemos st, 234 Ponta Negra, Natal RN, Brazil

Nominator name：Gabriela Ribeiro

《软周期》

作者：VJ Suave（伊戈尔 · 马洛塔、塞西 · 索洛加）

时间：该组合自 2011 年开始在全球展演，最近一次演出是在 2020 年初

地点：这种街头表演被带到全球多个国家，其中包括巴西、斯洛伐克、爱沙尼亚、哥伦比亚、墨西哥等

提名者：加布里埃拉 · 里贝罗

Suaveciclo

Artist/Group：VJ Suave (Ygor Marotta and Ceci Soloaga)

Artwork/Project Start and End Date：Since 2011 with the last performance at the beginning of 2020

Works/Project Location：This art traveled through several countries, such as: Brazil, Slovakia, Estonia, Colombia, Mexico, among others

Nominator name：Gabriela Ribeiro

《无界限》

作者：玛利亚 · 考 · 力维，加布里埃拉 · 福尔加斯（戈玛工作室）、亚历山大 · 埃里克松 · 弗恩斯

时间：2017 年 10 月—12 月

地点：巴西圣保罗 6 个地铁站（红线区）

提名者：加布里埃拉 · 里贝罗

Fronteira Livre / Free Border

Artist/Group：Maria Cau Levy, Gabriela Forjaz (Goma Oficina) and Alexander Eriksson Furunes

Artwork/Project Start and End Date：October-December, 2017

Works/Project Location：Six metro station (red line) in Săo Paulo, Brazil

Nominator name：Gabriela Ribeiro

《旗帜》

作者：二月三日阵线联盟

时间：自 2006 年开始，最近一次在 2018 年

地点：巴西足球体育馆、里约美术馆、大竹富江文化研究所和圣保罗美术馆

提名者：加布里埃拉 · 里贝罗

Bandeiras / Flags

Artist/Group：Frente 3 de Fevereiro

Artwork/Project Start and End Date：Since 2006 and the last one being exposed in 2018

Works/Project Location：Brazilian Football Stadium, Rio Art Museum, Tomie Ohtake and Sao Paulo Art Museum

Nominator name：Gabriela Ribeiro

《街头尖叫》

作者：尼切建筑师事务所

时间：无

地点：圣保罗市的几条街道

提名者：加布里埃拉 · 里贝罗

Grito da Rua / Street Scream

Artist/Group：Nitsche Architects

Artwork/Project Start and End Date：Not submitted

Works/Project Location：Several streets in the city of São Paulo

Nominator name：Gabriela Ribeiro

Processo construtivo da tipografia.

《活动碎片》

作者：瓜纳巴拉工作室

时间：2016 年 7 月 10 日—17 日

地点：巴西里约热内卢甘博亚码头工人广场

提名者：阿曼达 · 阿比 · 哈利勒

Active Piece

Artist/Group：Guanabara Studio

Artwork/Project Start and End Date：July 10-17, 2016

Works/Project Location：Praça dos Estivadores, Gamboa Rio de Janeiro, RJ, Brazil

Nominator name：Amanda Abi Khalil

《对话》

作者：席琳 · 科德勒莉

时间：2016 年

地点：巴西圣保罗保利斯塔大街 1578 号圣保罗艺术博物馆（MASP）

提名者：阿曼达 · 阿比 · 哈利勒

Conversation Pieces

Artist/Group：Celine Condorelli

Artwork/Project Start and End Date：2016

Works/Project Location：Museu de Arte Sao Paolo (MASP), AV Paulista, 1578 São Paulo, Brazil

Nominator name：Amanda Abi Khalil

《“自由时间”（避难时间）》

作者：丹尼洛 · 科雷尔

时间：2018 年 9 月起

地点：全球各地

提名者：阿曼达 · 阿比 · 哈利勒

Conversation Pieces

Artist/Group：Danilo Correale

Artwork/Project Start and End Date：From September 2018

Works/Project Location：Global

Nominator name：Amanda Abi Khalil

《会过去吗》

作者：马科斯 · 查维斯

时间：2019 年 4 月—2020 年 3 月

地点：巴西里约热内卢里约艺术博物馆

提名者：阿曼达 · 阿比 · 哈利勒

Khalil-Vai Passar

Artist/Group：Marcos Chaves

Artwork/Project Start and End Date：April, 2019-March, 2020

Works/Project Location：Museu de Arte do Rio, Rio de Janeiro (RJ), Brazil

Nominator name：Amanda Abi Khalil

《炭火岛》

作者：奥维瓦拉

时间：2018 年 8 月 4 日—19 日；2019 年 12 月 22 日—2020 年 3 月

地点：2018 年在巴西圣保罗土豆广场（又译“拉戈 · 达 · 巴塔塔”）进行展示，2019 年在 MAC Niteról 的 O Prazer é nosso! 个展上再次展示

提名者：阿曼达 · 阿比 · 哈利勒

Brasa Ilha

Artist/Group：OPAVIVARA!

Artwork/Project Start and End Date：August 4-19, 2018 / December 22, 2019-March, 2020

Works/Project Location：Commissioned by Mostra Urbe, took place at Largo da Batata, São Paulo, Brazil, 2018

Shown again in 2019 at O Prazer é nosso! solo show at MAC Niteról

Nominator name：Amanda Abi Khalil

《风之塔》

作者：雅德 · El · 库利
时间：2018 年 5 月 11 日—20 日
地点：黎巴嫩贝鲁特穆尔大厦
提名者：阿曼达 · 阿比 · 哈利勒

Tower of the Wind

Artist/Group：Jad El Khoury
Artwork/Project Start and End Date：May 11-20, 2018
Works/Project Location：Murr Tower, Beirut, Lebanon
Nominator name：Amanda Abi Khalil

大洋洲地区

《最后的胜地》

作者：安利 · 萨拉

时间：2017 年 10 月 13 日—11 月 5 日

地点：澳大利亚新南威尔士州悉尼天文台山圆形大厅

提名者：凯利 · 卡迈克尔

The Last Resort

Artist/Group：Anri Sala

Artwork/Project Start and End Date：October 13-November 5, 2017

Works/Project Location：Observatory Hill Rotunda, Observatory Hill, Sydney, New South Wales, Australia

Nominator name：Kelly Carmichael

《金斯敦的六个历史时刻》

作者：塔尔·菲茨帕特里克 、拉丽莎·科斯洛夫 、谢恩·麦格拉思、斯皮罗斯·帕尼吉拉基斯、史蒂文·罗尔 、“场域理论”团体 、大卫·克罗斯（策展人）、卡梅伦·毕晓普（策展人）

时间：2019 年 5 月 18 日—19 日和 2019 年 5 月 25 日—26 日

地点：澳大利亚墨尔本金斯敦全市

提名者：凯利·卡迈克尔

Six Moments in Kingston

Artist/Group：Tal Fitzpatrick , Laresa Kosloff , Shane McGrath , Spiros Panigirakis , Steven Rhall , Field Theory , David Cross(Curator) and Cameron Bishop(Curator)

Artwork/Project Start and End Date：May 18-19, 2019 and May 25-26, 2019

Works/Project Location：Across the city of Kingston, Melbourne, Australia

Nominator name：Kelly Carmichael

《北上朝圣》

作者：蒂塔 · 萨利娜、伊万 · 艾哈迈特

时间：2018 年 2 月 14 日—24 日和 2019 年 3 月 21 日—4 月 5 日

地点：印度尼西亚雅加达海岸线

提名者：凯利 · 卡迈克尔

Ziarah Utara/ Pilgrimage to the North

Artist/Group：Tita Salina, Irwan Ahmett

Artwork/Project Start and End Date：February 14-24, 2018 and March 21-April 5, 2019

Works/Project Location：Along the coastline of Jakarta, Indonesia

Nominator name：Kelly Carmichael

《Te Auaunga Awa Fāle》

作者：索波莱马拉马 · 菲利佩 · 托希

时间：2019 年

地点：新西兰奥克兰罗斯基尔山沃尔姆斯利公园

提名者：凯利 · 卡迈克尔

Te Auaunga Awa–Multicultural Fāle (2019)

Artist/Group：Sopolemalama Filipe Tohi

Artwork/Project Start and End Date：2019

Works/Project Location：Walmsley Park, Mount Roskill, Auckland, New Zealand

Nominator name：Kelly Carmichael

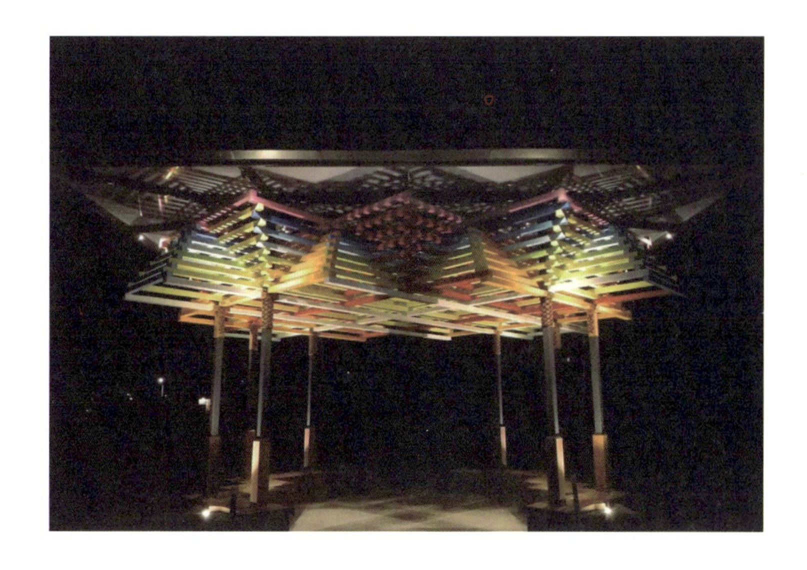

《喘息》

作者：索拉维特 · 宋萨塔亚

时间：2020 年 12 月 10 日—2021 年 2 月 4 日

地点：新西兰奥克兰港口布莱迪斯洛码头

提名者：魏皓敞

Come Up for Air

Artist/Group：Sorawit Songsataya

Artwork/Project Start and End Date：December 10, 2020-February 4, 2021

Works/Project Location：Bledisole Wharf, Ports of Auckland, New Zealand

Nominator name：Hutch Wilco

《来自大海的传说》

作者：费利克斯·布卢姆

时间：2018 年 11 月 2 日—2019 年 2 月 29 日

地点：泰国甲米区班克朗穆昂

提名者：魏皓敞

Rumors from the sea

Artist/Group：F é lix Blume

Artwork/Project Start and End Date：November 2, 2018-February 29, 2019

Works/Project Location：Ban Klong Muang, Krabi District, Thailand

Nominator name：Hutch Wilco

《山》

作者：肖恩 · 科顿

时间：2020 年 12 月 5 日

地点：新西兰奥克兰市奥克兰中央商务区（CBD）商务街 6 号精益求精之家西墙

提名者：魏皓啟

Maunga

Artist/Group：Shane Cotton

Artwork/Project Start and End Date：December 5, 2020

Works/Project Location：Western wall of Excelsior House, 6 Commerce Street, Auckland CBD, Auckland, New Zealand

Nominator name：Hutch Wilco

《# 我们住在这里 2017》

作者：滑铁卢社区，艺术项目集体名称：# 我们住在这里 2017

时间：2018 年 9 月 17 日—2018 年 11 月（在 2021 年 6 月有些灯还亮着，后续纪录片仍在全世界的一些电影节上播放展示。）

地点：澳大利亚新南威尔士滑铁卢 2017 菲利普大街 3 号

提名者：魏皓啟

WeLiveHere 2017

Artist/Group：Community of Waterloo, name of the collective for the art project: #WeLiveHere2017

Artwork/Project Start and End Date：September 17-November 2018 (Some lights are still illuminated as of June 2021, and the resulting documentary is still being shown in some film festivals around the world.)

Works/Project Location：3 Phillip St, Waterloo NSW 2017, Australia

Nominator name：Hutch Wilco

《慈善家之石》

作者：斯科特艾迪

时间：项目委托于 2013 年，工程结束于 2015 年

地点：新西兰奥特亚罗瓦惠灵顿特阿罗古巴街 6011 号

提名者：魏皓敔

The Philanthropist's Stone

Artist/Group：Scott Eady

Artwork/Project Start and End Date：Commissioned in 2013, installed in 2015

Works/Project Location：Cuba Street, Te Aro, Wellington 6011, Aotearoa, New Zealand

Nominator name：Hutch Wilco

东亚地区

《南方以南》

作者：山冶计划

时间：2018 年 5 月 26 日—9 月 1 日

地点：中国台湾台东县太麻里乡、金峰乡、大武乡、达仁乡

提名者：罗爱名

the Hidden South

Artist/Group：Mt. Project

Artwork/Project Start and End Date：May 26-September 1, 2018

Works/Project Location：Taimali, Jinfeng, Dawu, Daren Townships, Taitung, Taiwan, China

Nominator name：Luo Aiming

《时间斑马线》

作者：黄中宇、帝门艺术教育基金会

时间：1999 年，作品优化计划 2016 年—2017 年

地点：中国台湾台北市松山区敦化南路与市民大道交叉口

提名者：熊鹏翥、罗爱名

Time Zebra

Artist/Group：Huang Zhongyu, Dimension Endowment of Art

Artwork/Project Start and End Date：Created in 1999，Work Optimization Plan in 2016-2017

Works/Project Location：Intersection of Dunhua South Road and Citizen Avenue, Songshan District, Taipei City,Taiwan, China

Nominator name：Hisung Peng-chu, Luo Aiming

《植物纹样——台湾茶计划》

作者：藤枝守

时间：2017 年 10 月—2018 年 10 月

地点：中国台湾台北市大安区台湾大学

提名者：熊鹏翥、罗爱名

Patterns of Plants – Taiwan Tea Project

Artist/Group：Mamoru FUJIEDA

Artwork/Project Start and End Date：October, 2017-October, 2018

Works/Project Location：Taiwan University, Daan District, Taipei, Taiwan, China

Nominator name：Hisung Pengchu, Luo Aiming

《大地魔法师：2019 年重庆首届乡村美育 · 艺术研学行动》

作者：曾令香

时间：2019 年 1 月 20 日—4 月 30 日

地点：中国重庆市北碚区柳荫镇东升村

提名者：曾令香

Magician of the Rural

Artist/Group：Zeng Lingxiang

Artwork/Project Start and End Date：January 20-April 30, 2019

Works/Project Location：Dongsheng Village, Liuying Township, Beibei District, Chongqing, China

Nominator name：Zeng Lingxiang

《铁路三村公共艺术行动计划》

作者：曾令香

时间：2019 年 6 月至今

地点：中国重庆市九龙坡区黄桷坪街道新市场社区铁路三村

提名者：曾令香

CAO Train Art Festival “CAO”

Artist/Group：Zeng Lingxiang

Artwork/Project Start and End Date：June, 2019-Ongoing

Works/Project Location： Railway No.3 Village, New Market Community, Huangjueping Street, Jiulongpo District, Chongqing, China

Nominator name：Zeng Lingxiang

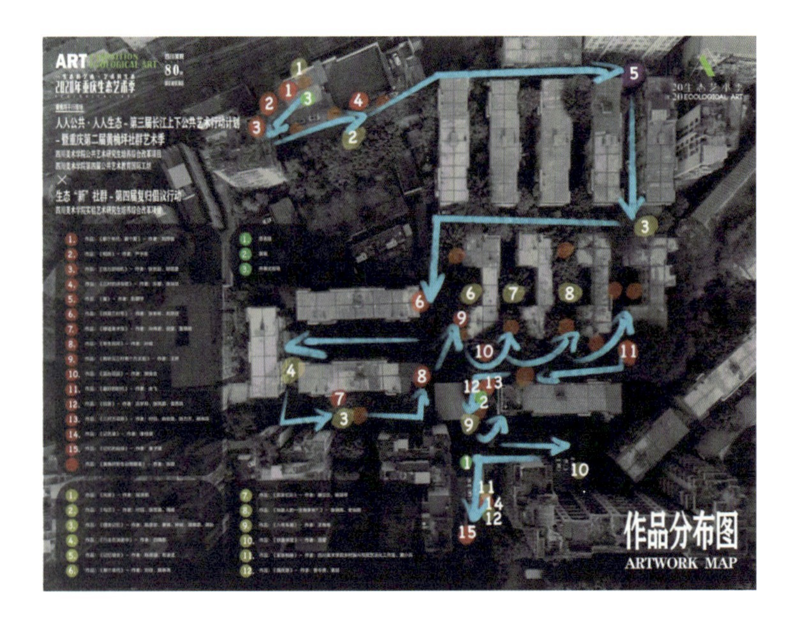

《乌镇公共艺术项目》

作者：约翰·考美林、安·汉密尔顿、朱利安·奥佩、西塞尔·图拉斯、妹岛和世、安尼施·卡普尔

时间：2016 年—2019 年

地点：中国浙江省桐乡市乌镇

提名者：冯莉

Wuzhen Public Art Project

Artist/Group：John Kormeling, Ann Hamilton, Julian Opie, Sissel Tolaas, Kazuyo Sejima, Anish Kapoor

Artwork/Project Start and End Date：2016-2019

Works/Project Location：Wuzhen Town, Tongxiang City, Zhejiang Province, China

Nominator name：Feng Li

《云冈梵玥·艺术再造》

作者：张焯

时间：2012 年起

地点：中国山西省大同市云冈旅游区

提名者：潘鲁生

A Legendary Indian Pearl of Yungang? An Artistic Reproduction

Artist/Group：Zhang Zhuo

Artwork/Project Start and End Date：Since 2012

Works/Project Location：Yungang Grottoes Scenic Area, Yungang District, Datong, Shanxi Province, China

Nominator name：Pan Lusheng

《流逝的瞬间，移动的场所》

作者：日本东京艺术大学、美国芝加哥艺术学院

时间：2019 年 8 月 19 日—11 月 4 日

地点：日本国香川县高松市屋岛中町 91，四国民家博物馆“四国村”

提名者：乐丽君

Place out of Time

Artist/Group：Tokyo University of the Arts, School of the Art Institute of Chicago

Artwork/Project Start and End Date：August 19, 2019-November 4, 2019

Works/Project Location：Shikokumura，Yashimanakamachi 91, Takamatsu, Kagawa, Japan

Nominator name：Le Lijun

《天空艺术节》

作者：保科丰巳、日本东京艺术大学师生

时间：2016 年 10 月开始，每年一届

地点：日本国长野县东御市八重原 3023-2

提名者：乐丽君

Tenku Art Festival

Artist/Group：Toyomi Hoshina ,Tokyo University of the Arts

Artwork/Project Start and End Date：From October 2016, once a year

Works/Project Location：3023-2，Yaehara, Tomi, Nagano-ken, Japan

Nominator name：Le Lijun

《赞同 / 反对 / 无法确定》

作者：欧文 · 艾哈迈特 和蒂塔 · 萨利纳

时间：2015 年

地点：真人表演对话在中国台北国际艺术村举行

提名者：琳达 · 泰

Agree/Disagree/Unsure

Artist/Group：Irwan Ahmett, Tita Salina

Artwork/Project Start and End Date：2015

Works/Project Location：Real-life performance dialogue held at Taipei Artist Village, China

Nominator name：Lynda Tay

《许可 2 绘画》

作者：阮陈乌达

时间：2014 年至今

地点：曾在新加坡艺术博物馆、越南胡志明市工厂当代艺术中心、澳大利亚布里斯班亚太三年展和日本横滨黄金町艺术集市展出

提名者：琳达 · 泰

License 2 Draw

Artist/Group：UuDam Tran Nguyen

Artwork/Project Start and End Date：2014-Ongoing

Works/Project Location：Previous presentations include Singapore Art Museum (2017), The FACTORY Contemporary ART CENTER, Ho Chi Minh City, Vietnam (2016), Asia Pacific Triennale (APT Kids), Brisbane, Australia (2015) and Koganecho Bazaar, Yokohama, Japan (2014).

Nominator name：Lynda Tay

《声波之路》

作者：祖尔 · 马赫莫德

时间：2017 年至今

地点：丰树商业城二期

提名者：琳达 · 泰

Sonic Pathway

Artist/Group：Zul Mahmod

Artwork/Project Start and End Date：2017-Ongoing

Works/Project Location：Mapletree Business City II

Nominator name：Lynda Tay

《未读之书图书馆》

作者：张奕满、勒内·斯塔尔

时间：2016 年至今

地点：未读之书图书馆曾于多个机构举办展览，包括新加坡南大当代艺术中心（2016—2017）；菲律宾马尼拉当代艺术与设计博物馆（2017）；荷兰乌得勒支荷兰卡斯科艺术机构：为大众工作（2017—2018）；意大利米兰美术馆（2018）；阿拉伯联合酋长国迪拜贾米尔艺术中心（2019—2020）；以及新加坡 ISLANDS（2020）

提名者：琳达·泰

The Library of Unread Books

Artist/Group：Heman Chong、Renée Staal

Artwork/Project Start and End Date：2016-Ongoing

Works/Project Location：The Library of Unread Books has been hosted at institutions including NTU Centre for Contemporary Art Singapore (2016-2017); The Museum of Contemporary Art and Design, Manila, Philippine (2017); Casco Art Institute: Working for the Commons, Utrecht, Netherlands (2017-2018); Kunstverein Milano, Milan, Italy (2018); Jameel Arts Centre, Dubai, United Arab Emirates(2019-2020); and ISLANDS, Singapore (2020)

Nominator name：Lynda Tay

《空间转型驱动社会组织更新——“公众参与”影响下的广州泮塘五约村微改造》

作者：李芃　广州美术学院建筑艺术设计学院讲师，广州象城建筑设计咨询有限公司资深建筑师

时间：2013 年—2019 年

地点：中国广东省广州市荔湾区泮塘路

提名者：沈康

Spatial Transformation Drives the Social Organization Renewal—Puntoon Village's Micro Renovation Under "Public Paicipation" in Guangzhou

Artist/Group：Peng Li Lecturer, Guangzhou Academy of Fine Arts, School of Architecture & Applied Arts. Senior architect, Guangzhou Urban Elephant Architectural Design Consulting Co.Ltd

Artwork/Project Start and End Date：2013—2019

Works/Project Location：Pantang Road, Liwan District, Guangzhou City, Guangdong Province, China

Nominator name：Shen Kang

《珠海市现代有轨电车站设计——“多彩云”计划》

作者：王铬

时间：2014 年 8 月—2018 年 1 月

地点：中国广东省珠海市梅华路

提名者：沈康

Design of Modern Tram Station in Zhuhai—"Colorful Cloud" Project

Artist/Group：Ge Wang

Artwork/Project Start and End Date：August, 2014-January, 2018

Works/Project Location：Meihua Road, Zhuhai City, Guangdong Province, China

Nominator name：Shen Kang

《紫泥十二门无界社区》

作者：米笑、扉建筑

时间：2016 年 1 月至 2018 年 1 月设计，2018 年 9 月竣工

地点：中国广东省广州市番禺区沙湾镇西安路 7 号紫泥堂创意园 130 栋

提名者：沈康

Borderless Community of Zi Ni Twelve Gates

Artist/Group：Michelle Yip, FEI Architects

Artwork/Project Start and End Date：Design Period: January, 2016-January, 2018 Time of completion: September, 2018

Works/Project Location：Building No. 130, Zinitang Creative Park, No.7 Xi'an Road, Shawan Town, Panyu District, Guangzhou, Guangdong Province, China

Nominator name：Shen Kang

《缤纷社区》

作者：规划管理中心缤纷社区建设工作组

时间：2018 年 1 月 1 日至今

地点：中国上海市全区 36 个街镇，陆家嘴街道、潍坊新村街道、塘桥街道、洋泾街道、花木街道、金杨新村街道、沪东新村街道、浦兴路街道、上钢新村街道、南码头路街道、周家渡街道、东明路街道、川沙新镇、祝桥镇、南汇新城镇、金桥镇、曹路镇、张江镇、合庆镇、唐镇、高桥镇、高东镇、高行镇、三林镇、北蔡镇、康桥镇、周浦镇、航头镇、新场镇、宣桥镇、惠南镇、老港镇、万祥镇、大团镇、泥城镇、书院镇

提名者：孙婷

Colorful Community

Artist/Group: Binfen Community Construction Working Group of the Planning Management Center

Artwork/Project Start and End Date: January 1, 2018-Ongoing

Works/Project Location: 36 streets and townships in Lujiazui Sub-district, Weifang New Village Sub-district, Tangqiao Sub-district, Yangjing Sub-district, Huamu Sub-district, Jinyang New Village Sub-district, Hudong New Village Sub-district, Puxing Road Sub-district, Shanggang New Village Sub-district, Nanmatou Road Sub-district, Zhoujiadu Sub-district, Dongming Road Sub-district, Chuansha New Township, Zhuqiao Township, Nanhui New Township, Jinqiao Township, Caolu Township, Zhangjiang Township, Heqing Township, Tangzhen Township, Gaoqiao Township, Gaodong Township, Gaohang Township, Sanlin Township, Beicai Township, Kangqiao Township, Zhoupu Township, Hangtou Township, Xinchang Township, Xuanqiao Township, Huinan Township, Laogang Township, Wanxiang Township, Datuan Township, Nicheng Township, and Shuyuan Township, Shanghai, China

Nominator name: Sun Ting

《云环》

作者：青山周平、明日大师

时间：2019 年 10 月—2020 年 7 月

地点：中国南通中创区万科方圆

提名者：孙婷

Cloud Ring

Artist/Group：Shuhei Aoyama and ToMASTER

Artwork/Project Start and End Date：October 2019-July 2020

Works/Project Location：Vanke Fangyuan, Central Innovation District, Nantong, China

Nominator name：Sun Ting

《新游戏，新连接，新常态》

作者：《闲适的玉水》　垃圾屋

《多一点运动》　杰利张、塞尔南

《桥下的海市蜃楼》　尹海周、百利红

时间：2021 年 3 月 25 日—6 月

地点：韩国首尔玉水区

提名者：达埃帕克

New Play, New Connection, New Normal

Artist/Group：Oksu Comfort by Junk House；Move More by Jelly Jang & Tassel Nam; Mirage underneath the Bridge by Hae Young Joo and Baily Hong

Artwork/Project Start and End Date：March 25-June, 2021

Works/Project Location：Oksu District, Seoul, Korea

Nominator name：Daae Park

六、案例展览

设计说明

本次展览的主题为“第五届国际公共艺术获奖作品大展”。展品多以图文的形式进行展出，为增加展品空间感，为每个展品都独立搭建了观众可进入的木质展框，并将展品内容拆分成多个图文素材依附于展框内外，使得观众可站在展架外或是进入展架内观展。展览将场地横向划分为多个部分，每个部分以国际公共艺术节 logo 造型为基础，用木质展框组合搭建，形成整个展览群，俯瞰整个展览，形成多个旋转的风车形，当观众行走在其中时，正如让风车旋转的和风，为整个展览带来无穷生机，预示公共艺术的魅力将在国际公共艺术节的不断举办中不断传承、生生不息。

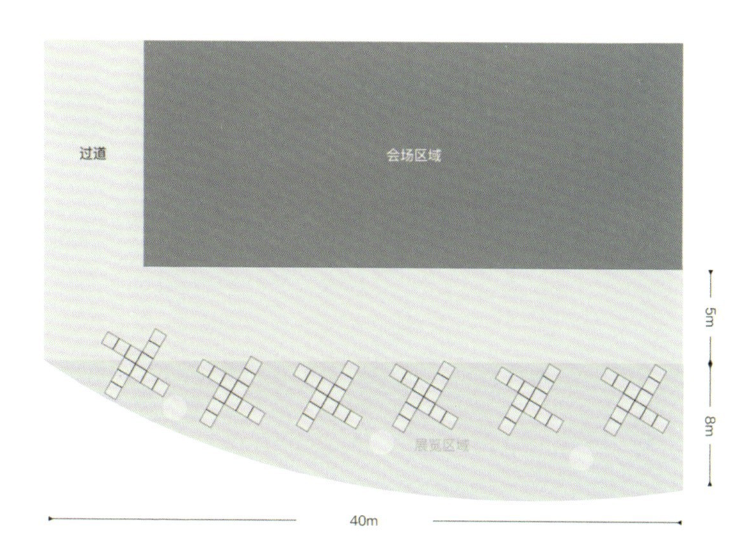

展览现场

第五届
国际公共艺术奖入围作品
大洋洲区域
《山》
Maunga (Mountain)
IAPA
肖恩·科顿

大洋洲区域
《山》
Maunga (Mountain)

《#我们住在这里2017》
#WeLiveHere2017

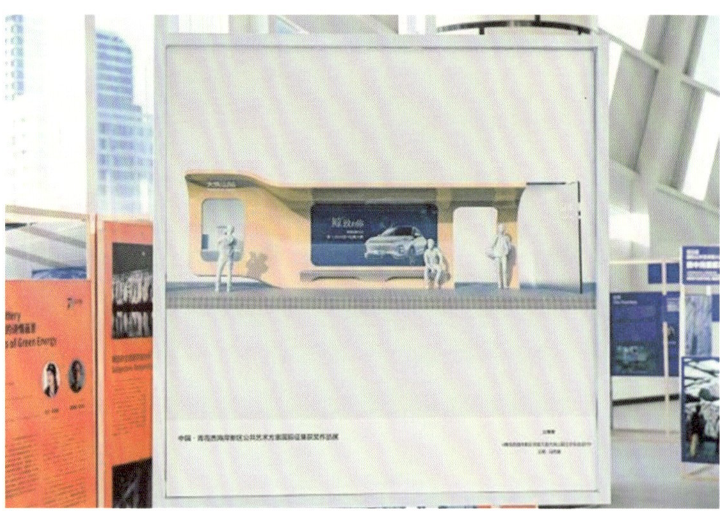
中国·青岛西海岸新区公共艺术方案国际征集获奖作品展

北美区域
50 State Initiative
World Trade Center

色彩理论
Color(ed) Theory
IAPA
阿曼达·威廉姆斯

Thinking of You
IAPA

Patterns of Plants -
Taiwan Tea Project

拉丁美洲
无界限
Free Border
(Fronteira Livre)
ESTAMOS
NOS ESCUTEM!

第五届国家公共艺术颁奖典礼

暨国际公共艺术论坛

第五届国际公共艺术奖颁奖典礼
中国·青岛西海岸新区公共艺术方案
国际征集活动颁奖典礼
暨国际公共艺术论坛
IAPA
第五届国际公共艺术奖颁奖典礼

第五届国际公共艺术奖颁奖典礼
中国·青岛西海岸新区公共艺术方案
国际征集活动颁奖典礼
暨国际公共艺术论坛
IAPA

representative of the
第五届国际公共艺术奖颁奖典礼
中国·青岛西海岸新区公共艺术方案
国际征集活动颁奖典礼
暨国际公共艺术论坛

第五届国际公共艺术奖颁奖典礼
中国·青岛西海岸新区公共艺术方案
国际征集活动颁奖典礼
暨国际公共艺术论坛
IAPA
第五届国际公共艺术奖颁奖典礼暨国际公共艺术论
INTERNATIO
ARD FOR PUBLIC ART CEREMONY

IAPA 2022
第五届国际公共艺术奖获奖案例
大洋洲地区OCEANIA
北上朝圣
ZIARAH UTARA
艺术家：蒂塔·萨利娜和伊万·艾哈迈特
ARTIST：TITA SALINA、IRWAN AHMETT、HANNAH EKIN & JORGEN DOYLE
时间：2018年2月14-24日和2019年3月21-4月5日
DATE：FEBRUARY 14-24, 2018 AND MARCH 21-A
研究员：凯利·卡迈克尔
RESEARCH：KELLY CARMICHAEL
IAPA

布展花絮

暨国际公共艺术论坛

七、研究员会议

会议对话 1

关于北美洲获奖案例《跷跷板墙》的研讨

主持人：汪大伟
嘉　宾：杰克·贝克、弗吉尼亚·圣·弗拉泰洛、罗纳德·雷尔、
马克·范德斯恰夫、珍·克拉瓦

北美获奖案例《跷跷板墙》

杰克·贝克：我非常荣幸能够在十年前受邀来到上海大学，成为了这个国际公共艺术协会的创始人员之一，在这个项目进行到第五年的时候，非常荣幸能够受邀参加本次的论坛，我也是前瞻杂志的前主编，一年前退休了，从那之后就一直参与公共艺术协会的活动，非常荣幸能够参与这个过程。请大家介绍一下自己。

珍·克拉瓦：我在一个非盈利机构担任经理组织工作，是《跷跷板》项目研究者。

马克·范德斯恰夫：我之前也在圣保罗区担任美国规划和区域和政府间规划部门的主管，在这期间对于创造性的场所营造与城市规划的结合都非常感兴趣，在退休时我担任区域规划局的主管。我也十分荣幸能够担任公共艺术奖的评委之一，从区域规划者的角度与大家进行讨论。

弗吉尼亚·圣·弗拉泰洛：我们共同创办了奥特蓝的创作工作室，我也是硅谷圣何塞州立大学设计系的主任。

罗纳德·雷尔：我也是此工作室的创伙人，同时是加州大学的荣誉教授。

杰克·贝克：恭喜两位被提名，我们还有许多艺术家参与了这个项目并

得到了提名，我们在工作过程中发挥了非常重要的作用，尤其是在促进论坛的举办上。

罗纳德·雷尔：在美国和墨西哥边境，有一个社区叫新迈墨西哥，墙是新诞生的产物，在这里，原本有一座巨大的钢筋混凝土墙隔离了这个国家长达三年之久。在它周围有许多社区，从2008年开始，我们与当地社区展开了合作。当时我们有一个想法，希望举办一个用跷跷板来当做媒介的活动。这个活动让大家都非常开心，尤其是孩子们，女性和孩子们参与度较高。我们的想法主要来源于一本书，这本书是我和 Viginga 合著的，书中描述了应对 2008 年墨西哥边境建设的故事。这个故事始于 2006 年，而最早的插图绘制于 2009 年。边境是有比喻义的，美国和墨西哥的边境插图反映了双边贸易和劳动力市场的不平衡，我们做了非常多的模型讲述这些故事，跷跷板是其中的一个。

2019 年的时候，我们认为把墙做出来是非常重要的，那时美国总统仍然在强迫边境的父母和孩子分离。这些事情对于边境周边生活的人来说，他们每天面对这个基础设施所承受的恐惧，我认为需要讲述。从早期的画图当中可以看到，这个跷跷板很长，墙也很高。如果我们用一个很长的跷跷板，人们在玩的时候就会被抬得非常高，我们不希望它变得危险，所以最后将其设计为升空时最高离地四英尺左右，而且需要从一侧把跷跷板插到另外一侧，椅子从另外一侧安装，在设计的时候我们考虑到了快速安装的问题。起初，这个活动预计举办五六分钟左右，很快就会有边境警察前来，我们也不知道这个活动会持续多久。我们在一个可以看到他们测试这些跷跷板情况的地方，并安装座位，看到钢铁，确保跷跷板是可以正常运作的。

与此同时，我们把跷跷板偷偷带到边境墙，确保其可以穿过四英寸的墙与墙的空隙，而且还要确保它能够被快速正确地安装在地上。跷跷板上的座椅是自行车座椅，还有许多颜色和装饰，希望能够让它表现得俏皮一点，让它成为有趣又严肃的活动。

这个项目的本质是让大家通过游戏的乐趣凝聚在一起，但也是一个很严肃的活动，跷跷板的材质和边境墙的材质是一样的，同样的材质可以用来分割人们，也可以用来团结和凝聚人们。

我们也在考虑，到底要用什么颜色来做跷跷板。我们看到了它和墙使用的材质是一样的，但所用的颜色不一样，因为它能带来快乐。我们认为这里是一个充满暴力的场所，所以粉色就有非常重要的意义。我们可以看到粉色通常用于女性，使用粉色也是为了纪念女性在暴力之中受到的伤害。所以我和 Viginag 开始这份工作，并告诉社区我们要做这样的活动。有一天我们把跷跷板带来这里，边境两边都有家庭和社区参与其中，我们拍了简短的视频，把跷跷板放到里面，然后孩子们开始玩。在那之后，墨西哥巡逻的人来，我们便向他们说明这是我们和家庭做的活动，他们站在旁边看，在我看来他们也认为这是一件很有趣的事情。在这个过程中，我们从中学到了很多，其中有关于“在公共区域举办活动是什么意思？公共区域指的是什么？”等问题，而这面边境墙实际上就是一个公共区域。

我们也可以考虑这堵墙是否能够让家庭、社区以及美墨两边的人们聚集在一起。从这个项目的记录中，我们可以看到这实际上是一个非常小规模的活动，只涉及到边境两边的一些社区。我们邀请了一位拍摄美国博物馆纪录片的摄影师以及美联社的摄影师参与其中。当时，我们没有预料到这个项目会对全世界产生影响，我们只是将其分享到了 Instagram 上，让大家了解到有这样一个项目的存在。我们注意到两边都有摄影师进行拍摄，我自己也参与了摄影，还有无人机进行航拍。

实际上，这是一个非常小的项目，只持续了 40 分钟的时间。没有人告诉我们不能进行这个项目，我们结束的原因是在公园里的孩子们已经感到疲倦，所以我们停止了活动。虽然我们的时间不长，只有几张照片，但我们对美墨边境两边的人都产生了影响。

马克 · 范德斯恰夫：这个项目给我留下了深刻的印象，因为实际上它是由孩子们来玩的。我们知道孩子们有不同的玩耍方式，有时会以竞争的形式进行。但是，跷跷板是一种最没有竞争性的玩耍方式，参与者必须保持平衡，双方都要快乐地参与其中，有的人在上面，有的人在下面，这并不意味着一方占主导，另一方被支配。这其中存在一个矛盾，那就是墙是不平衡和不平等的。通过这种娱乐形式，我们消解了这种不平等。作为城市和地区的规划者，我认为这样的项目对社区建设做出了贡献，无论是墙的两边的社区，还是其他地方的社区，都可以从中获得借鉴。

罗纳德 · 雷尔：让我们来探讨一下跷跷板是如何消解墙的影响的。我们的设计师并没有真正拆除这堵墙，但这个项目让人们开始关注这个问题，让墙在概念上消失了。这是一个团聚的时刻，一个慷慨的时刻，每个人都希望让对方也能开心地参与其中。这与不平等是完全不同的，不平等意味着一个人要超越另一个人，而这里存在的是一种慷慨的精神，大家可以共同快乐地参与其中。另外，还存在一个重要问题，全球范围内有许多墙壁被建立起来。我并不是说我们要在全球范围内都建造跷跷板，但我们需要思考如何弥合被墙壁或其他障碍所分隔的社区。我们的建筑师、设计师和规划师都需要思考这个问题。

杰克 · 贝克：我也觉得这个项目非常好，首先，它是一个临时性的公共艺术项目，我们并不追求更长时期的项目，对于参与者来说，这种体验非常重要。虽然有许多临时性项目可能会在未来成为长期甚至永久性的项目，但在这个项目中似乎并不是这样的情况。我们可以看到这是一个公共区域的项目。在你们做研究时，是如何看待墙和跷跷板的关系的？我想知道的是，针对这面在特殊区域之中的墙，你们在设计的时候有怎样的考量？

弗吉尼亚 · 圣 · 弗拉泰洛：实际上，在这堵墙的建筑中，我们有几种不同的想法。我们将其视为社会基础设施，希望通过社会设施将人们聚集在一起。例如，在游客观赏的野生动物观察区，一些野生动物可以穿过这堵墙。此外，我们也考虑是否可以用秋千，让人们从美国荡向墨西哥，在这两个不同的国家之间快速穿梭。还有，我们也曾想过是否可以设计一张桌子，让人们在两边共享美食。我们有各种不同的构想，我们认为这个社区的重要性在于能够团结人们，并为该地区增加价值。因为人们希望拥有一个优质的公园，一个出色的用餐场所，通过基础设施建设为这个地区增添价值。

罗纳德·雷尔：实际上，我们的目的是想让人们看到这堵墙的可怕之处。我们并不是想要装饰墙面或在其上添加一些东西，我们想让人们意识到这堵墙隔绝了野生动物，隔绝了社区之间的交流，这才是我们想传达的信息。我们设计的跷跷板一方面讲述墙的故事，另一方面也希望人们看到这个问题的严重性。我们为什么选择在战后时期进行这样的行动，是因为这堵墙长达650英里，将美国和墨西哥分隔开来，将我们置于一个分裂的世界中。但是，我们可以利用钢铁来做些什么呢？原本它可能是用来隔绝我们的，但它也可以让我们团结起来。我们是否可以建造一个团结的房子，让人们能够团结在一起，例如美国难民委员会可以为他们建造一个住所，这是我们考虑过的想法。

弗吉尼亚·圣·弗拉泰洛：我们使用当地的材料来制作这个跷跷板，让人们能够团结在一起，这实际上是更有价值和意义的。

杰克·贝克：我非常喜欢你的想法，即为这个地区增加价值，这是创造创意空间的一种方式。

珍·克拉瓦：我想问你一个问题，我此前采访过你，因为我正在进行这个案例研究。我们看到你们的作品使用建筑的形式来传递你们的政治思想，其中提到了社会建设，此外，你们的跷跷板对两边的社区和人们有何影响呢？

弗吉尼亚·圣·弗拉泰洛：起初，我其实没有考虑要进行这样的项目，因为我们的参与者主要是女性和孩子。但当我看到附近的孩子和他们的母亲在美墨边境附近感到非常高兴时，我意识到这样的项目具有巨大的力量。实际上，它好像拆除了政府建立的墙。通常情况下，女性和孩子没有这种力量，但突然间有那样一个时刻，我们拥有了如此强大的力量，可以将这堵墙消解。巡逻人员都站在一旁观看，他们实际上帮助我们保护了这个地方，这是非常宝贵和令人兴奋的。在社区中发生这样的事情，对我们的项目来说，是非常有意义的结果。

罗纳德·雷尔：我们也看到这个项目产生了许多其他影响，不仅仅局限于社区，而是在全球范围内。这也是我们与世界分享的机会，我们有一个与美墨边境完全不同的故事叙述。在媒体上，我们经常看到这个区域被描述为没有人居住的地方，充满了坏人和坏事，当时的美国前任政府认为这是一个非常不好的边境区域。然而，我们通过这个项目让大家看到了不同的画面，看到了女性和孩子在这里体验生活。尽管这个区域有很多负面印象，我们也看到许多团体使用这个跷跷板作为自己的logo，去代表团结人们的力量。我们知道还有美国的难民委员会，他们也有一些类似的做法，美墨边境项目实际上成为了一个象征，类似于诗歌、歌曲和儿童插图书的效果。

此外，我们可能在电影和电视中也看到类似的事情。所以对于这样一个低调的边境活动来说，它的影响力让我们感到非常惊讶。很重要的是，我们必须将这个重要的故事传播出去，让大家了解边境地区人们的悲剧和快乐。

马克·范德斯恰夫：我有一个关于今年论坛主题的问题，即"地方重塑"。对于规划者而言，地方重塑意味着什么？我们经常讨论背景和地方，从你的演讲中，我注意到你对这两个概念有一些很有趣的想法。我想请您进一步与我们分享并分析一下，你认为这对于地方重塑有何重要意义？

罗纳德·雷尔：我认为你所描述的实际上是我们网站上所写的内容，并不囊括地方背景，这对于我们到底意味着什么？这意味着对于规划者、建筑师和设计师来说，提及背景和环境时通常涉及数据的使用，我们应如何去收集这些数据？而数据本身其实具有一定的枯燥性，因为解读过程可能非常主观，这会带来非常多的问题，用这些数据干什么？可以指导我们做什么？而地方则与之不同，它意味着你必须亲自去感受、嗅闻、触摸这些不同的地方，让多个感官参与其中。通过对地方的感触，我们可能会更好地理解这些地方究竟发生了什么，而不仅仅依赖于外部的数据。我并不想要磨灭数据的重要意义，而是想更强调人们需要理解这些地方的复杂性，而不能仅凭一系列数字就可以说明。

杰克·贝克：情感也会提供很多的背景信息，对吗？还有就是感官上的信息，有时候再一次回去调查，也会发现不同的时候感触不一样，所以数据是有局限性的，这是很重要的观点，当然你也要搜集一些很重要的数据，比如说跷跷板的长度、宽度，等等，不然你就没有办法让这个活动成型，你要学会如何快速地完成这些跷跷板的安装并快速开启这个活动。

珍·克拉瓦：实际上，这个项目有非常多的层次，你们从很久之前开始进行，刚才提到了跷跷板使用的钢铁材质以及它的作用。能否再分享一下，在进行这个项目的过程中，是否有一些让您感到意外的事情，以及这些意外对于你们的意义是什么？

弗吉尼亚·圣·弗拉泰洛：我们经历了很多让我们意想不到的结果。有一个人给我们拍了一张照片，是在意大利的一个公园，他们自己建了一面墙，插入了像我们的粉色跷跷板一样的物件，这是一个有趣但也有些奇怪的活动。此外，还有很多人为此写了诗、画了海报、拍了照片、制作了电影等。雷尔，你是否愿意和大家多谈谈这部电影的结局？你好像看过这部电影，首先讲讲跷跷板出现在了哪部电影中。

罗纳德·雷尔：这部电影叫《无证律师》，最后的结局是家人们聚集在跷跷板周围，可能会涉及剧透，不好意思。虽然这部电影本身与跷跷板并没有直接关系，但导演却认为你们所做的项目非常出色，给他带来了很多启发。我认为这些跷跷板成为了团结的象征，或许它一直都是如此。我们很难准确进行描述，可能它是一个玩具或者游乐设施，这是大家对于跷跷板的定义，但我对跷跷板的理解可能不太一样。实际上，我在我的书中引用了阿基米德的一句话，他说：给我一个杠杆和一个支点，我就可以撬动整个地球。我非常喜欢他们用这句话来形容跷跷板，这让我感到非常自豪。他们用这样的话来形容跷跷板的作用，这样的工具和设备能够将人们联系在一起，让整个世界理解团结的重要意义。

弗吉尼亚·圣·弗拉泰洛：除此之外，跷跷板本身所使用的钢材与我们边境墙的材质相同。我们使用了一些原本用于建墙的钢材来制造这个跷跷板。

政府后来有一些剩余的钢材未被使用。我们改变了这些钢材的用途，我们将它们用于建造房屋、设施和家具等将人们连接在一起的东西。通过赋予材料新的目的，我们做出了很多努力，通过这样的项目，希望政府能够更多地支持我们。

杰克·贝克：非常好，你是不是在葡萄牙也计划举办一个展览？

罗纳德·雷尔：是的，我们已经在里斯本的艺术技术博物馆完成了一个展览。然而，这个展览给我们带来了很多的争议和冲突。在展览筹备的过程中，我们曾经思考到底要不要做跷跷板。最终，我们确定了一些条件，必须在博物馆内建造一个巨大的墙壁，这样参观者才能真实感受到当时边境墙的高度和长度，从而产生一种强烈的压迫感。我们选择将跷跷板完整地嵌入墙壁的缝隙中，以完全复制边境墙的形象。但是在近期展览结束之后，我们才有机遇考虑如何将用于建造墙壁的材料用于其他用途，而不仅仅是用于建墙。现在，我们有了一个新的想法，通过新的公共艺术表达形式来想象如何将这些钢材用于建造房屋或其他可以团结人们的事物。这是一个非常高层面的研究项目，为我们提供了非常多的可能性。它是一个长期的艺术项目，我们需要思考如何向后疫情时代进发，以及艺术和设计在其中所扮演的角色如何。

杰克·贝克：这真是让人兴奋的事，非常感谢您，我非常喜欢您刚才讲述的比喻，就是支点和杠杆撬动地球的话。

我认为这也是公共艺术可以做到的事情，你可以搭建这样一个杠杆，就像两位刚才所提到的，它可以赋能女性、赋能社区。在理想的情况下，公共艺术其实充满了力量和声音。一个非常小的举动就可以产生巨大的影响。因此，这个杠杆效应越来越强大，正如您刚才提到的阿基米德的话，讲到了场所的重塑。我们有很多的研发项目，实际上，这的确是场所开发和场所营造的重塑研发项目。

我还想请教您一些关于如何呼吁听众参与活动的想法，比如如何做到呼吁他们做一些具体的活动而不是听完就回归到日常生活中去。面对未来的一系列行动，无论这些活动规模是大是小，您认为什么样的事可以让大家参与和挑战？

弗吉尼亚·圣·弗拉泰洛：我还是希望我们的参与者和听众能够更多地玩耍，比如跷跷板本身就是一种游戏。我希望大家能够将这个游戏作为一个媒介，重新思考种族主义和分割等问题。通过在人与人之间展开的游戏，我们可以结识一些平时不会接触到的人，共同创造快乐和平等的体验，我觉得这是第一步，这样才能搭起一座桥梁。

罗纳德·雷尔：也许我的观点也很相似。在这个日益分化、分崩离析的世界中，我们的项目探讨的是有形的墙，但实际上还有很多无形的墙，比如在性别、语言、政策等方面隔离人们的“墙”。我想知道我们的艺术家是否可以尝试想出一些方法来拆除这些墙。

珍·克拉瓦：刚才提到了我们面对很多质疑和争议才最终实现了这个项目，比如我们讨论了基础设施的问题，彼此之间的联系，以及它的实施和所在的地理空间等。我们应该提出更多的问题，询问我们周边的人，看看他们是否能让你们更好地理解身边的世界。

马克·范德斯恰夫：我的行动倡议是要区分背景信息和场所地点，作为一个城市规划者，我非常喜欢地点和其蕴含的美学艺术。虽然我们所使用的语言通常都很奇怪，但我认为个人应该更多地与他人分享自己的想法，获得他人的回应，无论你做的是什么，哪怕只是在窗上贴一则信息启示。

会议对话 2

关于大洋洲获奖案例《北上朝圣》的研讨

主持人： 方晓风

嘉　宾： 蒂姆·格鲁奇、凯莉·卡迈克尔、蒂塔·萨莱纳、
欧文·艾梅特、马可·库苏马维加亚

大洋洲获奖案例《北上朝圣》

蒂姆·格鲁奇： 一个庞大的项目涵盖了许多不同的元素和表现形式，采用了非常现代化的手法。《北上朝圣》的研究部分包括社会、历史、城市的角色，以及所在地方历史上的一些仪式，还有相应的干预活动，当时是在里斯本的亚太三年展上，让我对这个项目的广度有了一定的了解。其中一句话让人印象深刻，即 " 徒步的美学关系 "，因为我经常在水域边徒步，在这个背景下，我对艺术家们的探索非常感兴趣。

蒂塔·萨莱纳： 这个项目是关于雅加达海岸的一个鸟瞰图，覆盖了大约 40 公里的东西纵深区域。该地区人口密度极高，存在许多问题，尤其是作为印尼首都的雅加达，由于集中发展导致了许多问题。

每年我们进行北上徒步活动，路线会分为红色和黄色两种。红色路线主要是高风险的路线，因为在这个过程中会遇到许多不确定的事件，而黄色路线则被认为相对安全。因此，我们可以看到不同的划分。同时，我们也要简要介绍一下这个项目。从历史和地理位置来看，北部海岸线对雅加达来说是一个非常重要的地区。我们划定了一个漫长的时间线，从欧洲人到达这里开始，他们控制了这个区域；随后是明朝的拜访，他们带来了印度教和其他许多宗教，当然还有当地社区，他们对现代印尼产生了巨大影响。

我们在调查雅加达海岸地区时，发现这个地方的路都不好走，因为印尼

是世界上最大的群岛国家，徒步非常困难，没有便捷的道路直达岛屿，尤其是在海岛上。我们对此感到非常好奇，我们希望近距离观察海岸地区，因为雅加达的居民面临着越来越多的困境和挑战，我们真实地感受到了气候危机带来的影响。

欧文·艾梅特：关于研究方法，由于这个项目本身存在危险性，尤其是在像雅加达这样的城市中，城市居民已经不再徒步了，因为在雅加达步行很容易发生交通事故，过马路也很困难。另外，雅加达北部面临着人口密度过大和水资源不良利用的问题，我想任何一个海岸城市可能都面临类似的问题，他们也都需要应对海平面上升的挑战。我们听说过亚特兰蒂斯沉没的城市问题，这是现实存在的。每年我们都在不断更新我们的认识。有时候很难接受这些现实，比如我们已经发现雅加达湾区有 5 个被淹没的城市，还有一些社会现象浮出水面，它们反映了水资源危机和封闭社区的问题。我们的研究是白天进行的，就像阴阳之分一样，我们看到了现实之类的美，艺术可能是未来的策略。

蒂塔·萨莱纳：在徒步旅行中，我们受到一些普通小事的启发，进行了多项艺术干预活动。例如，迁岛项目是群岛中最可持续的一个小岛。这个小岛是由我从海岸边拾来的垃圾制成的浮岛，我们用鱼网将其包裹起来，让它漂浮在海上。我们在海底种下了一棵树，就像自然雕塑一样，使用竹筏和竹子的结构完成，整个过程耗时 7 个月。尽管我们在陆地上，尤其是城市中，已经没有绿植了，但在水下，我们仍然能够看到 " 绿色 " 存在，虽然不是来自真正的树木，而是来自由污染所产生的藻类。

欧文·艾梅特：我们邀请了雅加达的市民参与这个项目，使用它来纪念已经沉默的一个岛屿，我们在水下放了很多的水泵和当地的居民合作，做了这样的暂时性的浮岛，邀请市民做见证，让他们跟我们一起铭记那些之前存在过，但是现在消失的事物，这个是很有意思的一点，因为对于我们生活在陆地上的人来讲，我们和渔民是很不一样的，对于渔民来说，海就是他们的父亲，岛是他们的母亲，有暴风出现的时候，这些渔民遇到了危险，他们会说我们的父亲生气了，我们必须要到母亲那里去寻求庇护，这就是为什么他们需要有岛屿给他们做一个休憩的地方，等到天气平静下来了再进行航行，母亲不在的时候会怎么样呢？这是我们在讨论未来的时候没有考虑到的地方。

欧文·艾梅特：我们发现岛屿一个一个消失了，这都是因为人类的活动造成的，在 2019 年的时候，印尼宣布要迁都，我们不知道发生了什么事情，也不知道具体会发生什么样的问题，对于印尼的未来，最重要的干预就是要种树。我们管它叫做“铁中心”，这可能就是我们下一步的工作，也让我们有记忆存在，要记住我们很多不同的东西，我们不仅是一个个人，我们不能低估艺术在这样的一个危机之中能够扮演的角色！

蒂姆·格鲁奇：你们是想要包含很多的内容在这个项目之中，等一下我们会继续进行研讨，可能还会问你们一些问题，就是你们的这样的一个项目之中会有什么样的合作工作。这个项目从 2018 年开始，我看到那个视频之中好像那个活动有一个小时还是两个小时，是你们展览的一部分，对于我来说这是个参与性非常强的活动，我还是想要听到更多的关于这些的内容，因为在你们的项目当中涉及的问题非常多，这个项目也是在持续之中，你们做得非常好，当然在很简短的讲述当中很难全部地包容进去。现在请凯莉做一个介绍，你是从 IAPA 建立之时就参与其中是吗？

凯莉·卡迈克尔：是的

蒂姆·格鲁奇：当然不光是这个作品，而是这个作品在 IAPA 的整体的作品当中是什么样的地位？我的确也是像您一样，虽然没有您参与的时间那么久，我也是很早参与了 IAPA 的工作，IAPA 有很重要的一点，我认为是非常值得赞赏的，就是像您这样人的参与，会做研究会给我们提名，获奖名单。您对公共艺术也有很多的研究，所以说能不能给我们介绍一下这个项目呢？我想让您谈的就是这样的一个项目和我们通常所认为公共区域中应该有一个物品这样的一个概念之间有什么关系？能不能先给我们介绍一下呢？

凯莉·卡迈克尔：好的，IAPA 实际上是由有很多不同的机构代表不同的观点而建立起来的，实际上是一个包容性非常强的组织，有很多不同的艺术项目受到了提名，还有不同的研究者对此进行研究，我想大概有 30 个研究者，有的人是从始至终参与的，有的人是一段时间参与，有的人参与了一两年，我们所提名的这些项目可能是一些有名的设计师设计的，实际的一些物品，当然它还有一些很小的，很临时的作品，有可能这个艺术家不是很有名。我们作为研究人员，通常还会去给他们进行提名也会去进行项目的研究。

之后我们会跟提名的人说这个项目很好，或者是说我们自己进行提项，会跟这些设计师艺术家进行沟通，我想研究人员也是非常支持某些项目的，对于我来说我就非常支持这个项目，我觉得这个项目在我看来是非常有趣的，我会用批判式的视觉来看待它，对于社会有什么样的意义。作为一个公共艺术如何跟空间和地点进行互动的？这样一个非常好的项目，我觉得很值得研究。

蒂姆·格鲁奇：从这样的总体介绍来看，您也谈到了您的提名，也对这个艺术作品进行了研究，它是如何吸引您的注意呢？您看到了这样的一个项目之中有什么样的一些元素吸引了您的注意呢？

凯莉·卡迈克尔：我先开始了解这个项目的时候，当时我是邀请了皮特来讲他之前做的工作，包括还有来自大洋洲的其他的设计师，他们也讲了他们的作品，对于我来说，这两位艺术家他们是合作者，他们这样的社会实践实际上有一种移动性，这种移动性是这个作品的一个整个承载体，这是我非常喜欢的，也是一个非常有审美性的实践。

这个项目多数发生的地点是雅加达还有在印尼其他地点，有的地方是在陆地上，有的地方是在水上、海上。我是主要研究大洋洲的，这是一个很庞大的项目，不是说它在陆地上有很多的工作，有很多海也是大洋洲非常重要的特点。

大洋洲有很多的文化，他们认为大洋不是把这个岛屿分割开来而是连接起来，我们认为大洋洲里大洋是连接我们的元素，这两个艺术家他们在这个方面做得也很不错，而且这个艺术项目是持续进行的，已经有三年之久了，实际上能够维持一段时间的项目，我们可以在不同的时段去看看有什么样的变化，什么样的东西是一样的。这实际上是在雅加达北部的 40 公里的海岸线上做的一个艺术作品。你可以想象，如果你要是在上面走过去要花很长的时间，可能要花 10 年的时间才能走过 40 公里，而且他们所走过的地方是非常不同的，有的是渔村、社区还有历史遗迹门廊，印尼是群岛，这样的海岸线是非常重要的，这个项目强调了人与海洋之间的关系。

而且，作为一个岛屿的国家非常关键的是它的海岸线，而且是特别具有当地特色的，这两位艺术家他们就选择了这样的独特文化来做这件事情，是对于很多人都有普遍意义的一件事情。

这样的一个海岸线实际上是受到了威胁，不光是说有海平面上升的问题，在经济上也面临很多的挑战，对于很多的艺术家，还有对于我们来说，都会关注这样的问题，两位艺术家就是选中了这一点，然后选择了一个有当地特色并且具有普遍意义的主题。还有很有趣的一点，策展人也是谈到了要不停地移动，从而有不同的文化接触，这是对公共艺术很重要的一点。我们有的时候会想，这些公共艺术可能是一个物品，可以放在某一个空间之中，但是我认为那是效果不明显的公共艺术。

我们需要这样的一种公共艺术，就是去响应，跟它产生连接，而且也要有不停的文化的相遇，这两位艺术家做的事情就是如此。他们不光是参与到活动当中，而且是在实践当中走过了 40 公里，我们可以看到在这样四十公里当中有非常不同的社会经济、文化的差别，我们可以看到很多人住在不同的地方，其中有渔民，他们也有人融入了自己的环境当中，也有人可能是在城市当中工作，我觉得这样的一个项目是帮助我们找到了一个办法来向我这样的人展示这样的一个区域。我对印尼很感兴趣，但是多数人对于印尼的印象是去那里旅游、冲浪等。但是雅加达是一个非常大的城市，刚才也说了他们还要迁都，这样的一个项目能够帮助我们对于地球有更好的理解。

蒂姆·格鲁奇：好的，凯莉分享了许多真知灼见。关于如何看这个项目，有两点是我想到的，不光是上述提到的内容，包括其他人说到了土地和海洋，以及海洋的边界，同时谈到了风险，现实就是我们的边界是有一条线的，我们知道地球在长久的历史演进之中它的海岸线有改变。我们现在已经看到这种改变似乎正在加速，我们也看到了这个地球的海洋边界的改变是非常迅速的，对我们也产生了影响。特别是我们看到了海平面在上升，印度尼西亚的海平面上升的速度甚至比树成长的速度还要快，刚才艺术家说到了这一点，这个是这些边界在不停改变的问题，同时这些也存在着风险。我们做这样项目有时也是有风险的，我觉得这是非常吸引我的一点。

这种不断的变化也是我脑子里面在想的事情，我完全理解你为什么要提名这个项目，在这里感谢您刚刚的洞见，这是非常有广度和深度的洞见，让我们能够理解到包括您在内的，我们工作的参与性。

我知道这个项目是合作型的项目，它的本质是要求你们在徒步的过程当中和大家互动，包括人和地点，主要是人的互动，我知道你有一些其他的合作方，主要是汉娜，因为我有听到他们在别的地方也参与了您的项目，一会儿我也会采访一下马可，主要是想采访两位关于这个项目合作的两个方面，一是科学家、研究人员和艺术家这些你们的合作对象，另外一方面还有社会的参与度，我之前看过非常棒的视频记录，他们有很多的仪式要庆祝。您也有提到很多的类似的内容，所以希望您可以分享一下，他们当地人对于您的项目做了怎样的反映。

欧文·艾梅特：可能在这个问题上，我们两个人的意见是不一样的，我个人比较自私，我不太喜欢跟人合作。我总是很痛苦，我为什么要做这个项目。因为合作很是耗费时间的，但是要做这样的合作式的项目，最终的结果总是让人非常满意的。尽管我并不是很喜欢这个过程，我还是很努力地想要理解这种社会互动背后的意义。

尤其是考虑到北方人的性格特点，或者是说群岛国家的个性，他们的性格比居住在内陆地区的人可能要开放一些，这让我稍微有点自信，在跟他们交往的过程当中，可能会问他们一些问题，最后我们彼此熟悉起来，互相分享故事，慢慢有了灵感，开始开发这个灵感，可以观察到我们之间的关系，作为艺术家我并不是很喜欢这个过程，可能我的搭档会讲得很好。

蒂塔·萨莱纳：是的，我们最开始做这个《北上朝圣》的时候会有四个艺术家共同在参与思考我们对于城市和城市生活有什么共同看法，还有对于海岸的生活有什么不同看法，最后我们共同策划了《北上朝圣》这个四人徒步的项目。

我们其实并不是一个严格意义上的团队，我们仍然希望能够保留各自的独立性和个性，作为独立的艺术家来参与这个项目。我们希望每个人都有各自关注的点，比如说如何看待人、如何看待环境、如何跟环境互动等，一些不一样的主题，我们这个项目四个人一期，做了两年，2018 年、2019 年两年，我们是有过争吵的，有很多的不一致的意见。还有很多戏剧化的事情出现。他们两位是澳大利亚人，通过外表可以看到他们是白人，这又是我们这个项目中面临的另外一个问题，但他们的印尼语说得非常好，所以我们在合作的过程当中是没有任何隔阂的，包括我和我们的受众之间都没有任何的隔阂，没有障碍。很多人会问我们许多的问题，比如说你们是艺术家还是游客？你们在街上这是做什么呢？为什么我们要徒步，为什么我们要背着这么多的东西，等等。这是我们觉得很有趣也充满挑战的一些内容。

欧文·艾梅特：还有很多的人问我们，我们能不能加入你们的徒步，我可以给你建议，我会跟他们说你需要自担风险，你有买保险吗？

蒂塔·萨莱纳：尽管作为艺术家，我们有自私的一面，从雅加达城市来说，这不是我们的城市，不是我们能够占据的地方。我们希望把这个徒步的项目向其他人开放，无论是他们想要加入，想合作，我们倾向的是用“加入”这个词，而不是“合作”，因为它并不是一个开放式的徒步项目，也不是一个让大家感到开心的旅游、休闲项目。如果你想加入我们的徒步，你会面临很多挑战，比如要自己带好物资，面临很多的风险，你做你的事情，我做我的事情，我们一起走路，到了某些地方我们可以分开，然后在后面继续会合，等等。很不幸因为 2020 年疫情的出现，他们两位就没有办法再回来了，我们本来是有计划在 2020 年继续进行这个徒步项目的，因为疫情没有成行，2021 年还有今年他们还是不能回来，我们还是会把我们的所见、所得、所想去跟他们分享！比如说我们上周也在当地的某个社区再次徒步了，很多人会觉得我们是不是相爱了，因为在这么美的地方还经常徒步。这其实是大家的美好愿望，大家是这样看待我们的，也反映了我们和他们的关系。

另外还有一点关于这个徒步的方法，除了没有任何的障碍之外，我觉得徒步还有一个好处就是可以很容易地跟街上的陌生人展开对话，因为这背后并没有什么秘密的日程，本身就是人和人之间的一个交往技巧，所以人们对于在走路的过程当中，人们对于我们的戒备心可能比我们开车或者是说骑车的时候要小一些，这是对于这个项目我特别上瘾的地方。也许下次我们可以开一辆非常豪华昂贵的车来做这个实验，看看人们对此有什么反映。

蒂姆·格鲁奇：的确，我们可以试试。这样对于您的合作有一些新的元素，看看生活得比较好的人他们有什么样不同的反响。我还没有考虑过在徒步的过程当中有两个白人出现会如何改变大家的动态平衡，这个项目是一直持续的吗？

欧文·艾梅特：是的，《北上朝圣》可能是一个载体，我们在这个过程当中会录很多的视频、录音、录像、照片搜集很多的艺术品、物品等等，可能在 APA 展览当中您会看到我们很多的搜集的东西。

这个载体让我们获得灵感，我们第一次徒步是在 2018 年的时候，当时真的深受震撼，作为当地土生土长的人，我们面对雅加达海岸线的情况仍然感到镇静，我们徒步结束的时候心情非常糟糕。

蒂姆·格鲁奇：完全理解，因为看到你们当时的视频，了解到当地状况的时候，确实让大家感觉到难过，您分享得很好，我下面想要问一下马可，您也参与了这个项目，同时您还有更广泛的经历。比如说您的网站上就写到过要向生态时代过渡。您所提出的理念和我们目前所生活的时代是非常相关的，能不能请您谈谈对这个项目的看法？尤其是把它放在雅加达城市这个背景当中，因为你们有很多的活动是在雅加达办的。

马可·库苏马维加亚：我很高兴能够看到欧文和皮特他们的项目受到了这么多的褒奖，我可能先从我所在的城市研究中心讲起，我们主要关注的是社会不平等的现象，在海岸地区，大家其实是最大程度上受到了海平面上升和疫情影响的群体，而且在面对这两种影响的时候，大家手中可以用来应对它的资源并不是很多，因此我们真的非常欣赏凯塔和欧文的研究方式，从城市研究的角度出发，做了很多我们叫做技术城市主义的研究。首先大部分的城市研究在研究城市本身的时候，它采用的记录方式往往是纵向的，就是一块儿一块儿分割去看，而这两位艺术家改变了这种方法，他们是通过去观察海岸线地区横向地去看，是沿着纬度线在同一个经度线上，大部分的城市研究不会采用这样的方法，但因为他们采用了这样的方法，他们可以看到不同地区之间的关系。整个纬度上有不同经线层次的区别，大家都知道海岸有不同的片断，不光是空间的，我们有渔民的聚集地，有海港、有工厂、有工业，还有我们的历史老城区，就是雅加达最开始建设的时候是从海岸开始的，有非常不同的生活方式、不同的文化、不同的社会经济能力，我们大部分人虽然都知道这些区别，但是蒂塔和欧文，他们帮助我们理解了这几点之间的区别。

我们现在也知道在某些方面，某些区域这些不同的层面之间可能是没有关系的，很多的不同层面都有不同的问题，疫情、海平面上升，等等，很多的问题是相互连接的，我们城市研究中心实际上也是在研究这样的一个海岸线的区域，两位所做的工作对于我们城市研究的人是非常重要的，他们是用自下而上的方式，而不是俯瞰的方式，我们现在是从一个仰视的视角来看。当然他们现在会使用无人机等等，从所谓的虫子角度来看，就像仰视地去看这些问题，去看整个城市不同的侧面，有一些地方互相之间是有关系的，也有可能互相之间有壁垒。这是我想要从这样的一个项目当中学到的东西。刚才我们都知道疫情席卷了全球，在我们的城市研究中心，我们也有相关的一些相关的展览，之前也邀请过印度尼西亚的旅游部长来谈过这个问题，他们给我们展示的是这样的情况，同时还给我们很多的驻角，我们看到这是一个海岸线的区域，同时也了解到海岸线区域，不同的区域里面有一些内在的联系。有一些政府的人员会来帮助这些人。有一些人他们会向村民喊说是“警察来了”等等。我们看到现实是非常悲凉的，但海岸线上也有非常让人高兴的事情，有高兴的地方就有不高兴的地方，所以我们要去理解这一点，同时要理解气候变化还有疫情所带来的影响，希望我回答你的问题。

蒂姆·格鲁奇：如果未来你可以向政府的高级官员建议就更好，可以有很多不同的改变发声，我们尽可能在这个方面做出贡献，如果艺术项目和你们中心进行互动的话，我们可以看到我们会产生很好的影响，说到整个项目的话，你说到了不光是从俯瞰的视角，而且是来到街上然后一直走过这个路径参与其中，我觉得这是非常重要的。有很多的社会侧面是我们看不到的，这个项目对于艺术家而言是非常有勇气的，非常高兴这个项目仍然在持续之中。我只是看到了这个项目很小的一部分，我知道你们在很多不同的层面都有让大家参与其中，你们刚才谈到了这是一个让人参与的项目，这是非常棒的，我感谢并祝贺两位艺术家，我非常期望能够看到这个项目一直继续！

会议对话 3

关于欧洲获奖案例《水与土》的研讨

主持人：朱茜 · 乔克拉
嘉　宾：艾丽丝 · 斯密茨、马尔杰蒂卡 · 波蒂奇、
西尔文 · 哈滕伯格、伊娃 · 普芬内斯和黛安 · 德弗

欧洲获奖案例《水与土》

朱茜 · 乔克拉：我们发现技术的应用可以深刻地改变人类和城市的发展。与此同时，我们也需要思考更广泛的生态系统和问题。相较于社会情感和其他方面，我们需要考虑一些主体机制以及交互的对象。公共艺术项目的目标是通过技术和生态学的方法，为我们共同的知识增长做出重要贡献，包括促进生物多样性和启示我们如何在保护生态的同时创造新的生态项目。通过深入理解我们的堤岸和水土等方面，我们可以拓展这个项目的讨论，推动对公共艺术领域的研究和讨论，从而更好地理解以公共艺术为主导的城市主体正义，立足于当地社区。更好地理解公共艺术如何引领未来城市的发展，并创造文化和经济效益，是我们的目标。最后，我们应该讨论和详细探讨欧洲的获奖案例，以便让我们的公共艺术变得更具可操作性，并将更细致的探索方法传递给我们的艺术家。

马尔杰蒂卡 · 波蒂奇：这是一项公司委托给我们的长期项目，为期 10 年至 15 年。在这个期间，我们进行了很多临时性的项目，因为车站周围有一处很大的建设建筑地，我们的项目工厂就设在这个地方的一部分空间上。由于建筑工地没有特定的位置提供给我们开展公共艺术项目，我们希望通过创作新的故事来展示这个地方的潜力。我们从中获得了一些启发，这里有一个美丽的自然公园，而在 15 年前，这里的环境并不像如今这么好。这里的水域和水稻连

接了整个伦敦城市，而土地也滋养着我们。此外，工作地上有大片空地也成为我们走向城市未来的窗口。

在这个项目中，我们插入了一个小型设计，作为我们可以探索的场所。现在，我们将把这个项目移到正处建设中的公园项目中，一步一步诠释水和土之间的美学关系。我们把水、土和人融为一体。为大家打开了一个新的想像空间，即在工地游泳，他们可以享受到完全清洁的水，这是由大自然的再生能力提供的，而不是化学物质清洁的水。我们很快将这个项目发布到了互联网上，在 4 月上市时，很多人对这个项目的可行性表现表示怀疑，有些人认为这是一个愚人节的笑话，但事实上并非如此。

关于此概念是如何实现《水与土》这个艺术作品呢？我们首先着手处理土壤部分。一开始这里的土壤非常贫瘠，但后来植物变得丰富多样，在这个过程中，自然环境经历了连续的变化。首先，我们从其他地方获取土壤，将其运到这个地方，其中包括碎石、沙粒等材料。然后我们种植了草和植物，选择了 80 种不同的野生植物。通常情况下，这些植物在城市中是不常见的，因为它们会选择适合自己生存的栖息地，在建筑工地中更是不合时宜的。它们实际上以一种不太常规的形式出现，我们并不知道它们是否会在这里正常生长。随后，我们和学生们一起进行种植。最初这个地方只有贫瘠的土壤，没有任何植物。我们希望这个地方有所变化，也希望这个项目能够拥有自己的生命周期，所以我们采取了这样的行动。附近的负责人认为这是一个非常好的项目，我们不需要等到他们的景观全部完成后才开始，经过 4 个月的时间，这里成功地长出了许多植物。

我们在附近的建筑也开始开展工作。从水的角度来看，我们划分了三个不同的区域，包括过滤区、再生区和游泳区。游泳区长达 25 米，这些区域的水量每天可以容纳 163 人游泳。此外，我们通过设置过滤系统，过滤掉水中的污染物。

总的来说，在探索土壤和水的过程中，我们实现了这样的艺术作品。我们选择了适宜的植物，并创造了一个供人游泳的区域，同时也对水体进行过滤和净化。我们进行了相关的宣传，并设置了告示牌，告知人们有关限制和规定。

大家可以看出，我们实际上与自然达成了一种契约。这与普通的游泳场有所不同，普通的游泳场所可能没有每天限制游泳人数的要求，但我们不能无限制地让人们游泳，因为那会污染水体。在这里，你可以闻到水的气味，品尝水的味道。这里有一种保护区的感觉，我们在建筑工地中看到了一种诗意的景象。我们也可以看到很多人来游泳，这里的水很冷，因为没有加热设施，无论天气如何，总会有人来。越来越多的人会来游泳，甚至有一些游泳俱乐部和个人来这里举办他们的周年纪念活动。有些人从苏格兰远道而来，当然还有附近社区的居民也会来游泳。我们可以看到这是一个自然的舞台。在你走过之后，你可能看不到水域的具体信息，因为池塘位于地面以上。但是一旦来到这里，你会看到水非常清澈，旁边还有很多植物。我们可以看到植物有着丰富的层次感，正如我们所想象的那样。秋天时，一些植物会枯死，我们会将其清除。但这里仍然有很多动物和昆虫。我们的客户，也就是“国王十字”，非常赞赏这个项目。这个地方非常受人喜欢，因为这里打破常规，许多人会被吸引过来，并且他们会不断地再回来。在 15 个月后，我们发现来自不同背景的人们聚集在这里，形成了一个紧密的社区。这里有医生、调解者、律师、盲人以及一些心理障碍的人，他们都会来这里。我们为他们提供了一个共同交流的空间，这里的环境也非常健康。出乎意料的是，冷水对治疗抑郁症也会有效。在项目快要结束时，总共有 5000 人签署了请愿书，将请愿书交给了开发商，并到市政厅请愿，他们希望这个地方能够继续保持下去。

因为这个池塘实际上是在一片私人土地上建立的，市政厅无法干预。在之前的规划中，由于这个地方也有其他客户的计划，所以无法继续推进这个项目。但是我们收到了很多人的反馈，他们非常喜欢这个项目，也被它所感染。在请愿书中，人们写道："我们会在这里大笑"。这个项目有许多不同的层面，我希望能够为大家提供一些值得讨论的内容。谢谢大家的倾听。

朱茜·乔克拉：非常感谢你的讲解，让我们能够更好地了解这个场所的转变，以及人们是如何参与其中的。刚才听到你的讲解时，我也产生了去游泳的念头。我首先要问的问题是关于时间的。当你们第一次去这个场地参观时，那里是一个建筑工地，大约在 2015 年至 2016 年期间，附近创造了一个全新的社区。这个社区的成员包括人们和植物，他们一起构成了一个具有独特审美特色的社会功能区域。随后，一个微型生态环境被建立起来，其中包括一个天然的游泳池。通常情况下，我们认为永久性的艺术项目能够更好地实现社会转变的效果，但是在你们的项目中，这是一个临时性的项目，并且每天只允许 163 人游泳。这样做可以确保水体的清洁。此外，人们希望这个地方能够继续运营下去，因为他们意识到了生物多样性的重要性，而这种生物多样性不应该仅仅是一时的。我的问题是，你们是如何创造积极条件，使人们认识到人与自然之间的重要关系的？

西尔文·哈滕伯格：《水与土》项目中的水塘是非常美丽的，尽管最后停止了运营。在开始开放时，实际上有一段时间是可以供社区使用的，当我们开始设计这个项目时，这个区域还没有社区。那时这里是一个巨大的建设工地，可能也是当时英国最大的地产开发项目。我们当时有一个非常重要的愿景，那就是我们不认为这片土地的价值仅仅在于作为一个地产开发项目，因为它位于伦敦市中心。

我们认为这片土地的价值在于两种自然资源，即水和土地。我们每天都会看到水和土地，所以我们认为这是理所当然的事情。在项目实施过程中形成的社区也印证了这一点，即我们的项目实际上是关注自然资源水和土地的。我们限制了使用者的数量，并考虑到植物的净化能力，这里每天只能容纳 163 个前来游泳的人。所有这些都与人们达成了一种协议。

这个协议是自然与人之间的一种协议。刚才提到的请愿书是人们签署的，当时人们也知道这个项目即将结束，所以有 5000 人签署了请愿书。这是通过一个名为 " 国王十字，食堂俱乐部 " 的运动发起的。我很高兴地发现，这些社区向开发商和市政厅提出了请愿，他们希望这个项目成为一个永久性的项目，但最终没有实现，原因有以下几点。

他们曾提出过在其他地方为原本要使用该地方的人寻找替代场所的建议，但实际上并未付诸实践。他们还要求将池塘所创造的生物多样性迁移到其他地方。此外，他们的要求实际上源自于这些公共艺术项目已经成为伦敦绿色地带的一部分，因此这些项目已成为公众的共同利益。这是我想分享的。这些公共项目创造的共享产品使我们的市民参与到城市塑造的过程中，他们也支持这背后的价值观和理念。而这些理念则是我们在设计这个项目时构思的，我认为这非常重要。因为，当我们看到一个项目时，需要时间和漫长的等待才能完成。在这种情况下，临时性的项目也可能成立。我想补充一点，是关于该项目临时性的内容，我认为，如果该项目本身不是临时的，可能根本就不会出现，因为很多人，尤其是我们的政府审批机构，会感到非常恐慌，他们会担心公共项目带来的风险，比如针对一个天然的公共游泳池项目，没有相关的法规作为指导，这对他们来说是没有先例的。尽管德国和澳大利亚存在类似的规定，我们也是从这些地方入手向我们的政府解释，这样的项目在其他地方已经有实践经验。然而，他们仍然会非常担心，比如如果有人在这里游泳时发生溺水，他们会设想出各种奇怪的场景。我们需要逐个解决这些问题，我们告诉他们将用 15 个月的时间来验证该项目的可行性，如果发现无法实施，我们将会停止。最后，实践证明该项目的运作非常出色，我们最初设想的许多危险情况都没有发生，只有一次提前半天关闭了游泳池，那是因为无法及时完成水的更新。然而，在整个项目的寿命期间，人们对为何终止该项目感到困惑。我们从 106 条款中获得了资金支持，将大量资金从开发商口袋中转移到了公共项目中，这部分是公众无法理解的，作为社区中心项目的一部分，为什么要夺走一个运作良好的池塘。

朱茜 · 乔克拉：的确，这是一个充满挑战的过程，同时也让我们意识到在城市更新项目中采用大规模野生植物种植并不常见。我们考虑到了包含生物多样性在内的综合性因素，不仅要关注自身，还要考虑到不同的生物和生命体。我们不仅仅将植物视为一种常规的景观布置，而且赋予其强大的影响力。

艾丽丝提名了这个项目，选择提名该项目的原因，正如您所说，它能够让人们意识到自身的局限性，这在某些情况下可能具有积极的效应。在我们之前的讨论，你提出了一个观点，您问道，我们有时候会将场地视为完全的虚空，然后艺术家和设计师等进入其中，通过人类的活动为其增添元素并展开对话。这些植物的自行消亡，净化土壤和水源之间存在着矛盾。一方面，我们的艺术可以在一定程度上推动发展，同时它也具有自身的局限性。另一方面，它让我们想到了自然的再生能力，比如水的再生能力。这种思考引发了我之前提到的视觉转变，就像有人告诉你，你来自水中，你也将回到水中，不管你的理念是什么。我想询问您关于艺术过程中出现的自我局限性的详细信息，作为一位研究员，我特别希望听听您的回答。

艾丽丝 · 斯密茨：非常感谢您的提问。我非常高兴我们的项目获得了提名，并且我要恭喜我们的艺术家。作为一位策展人和研究员，我主要关注固定地点结构的研究，这个项目是一个很好的例证。它清楚地解释了人类和自然之间关系的纠葛，并提供了非常直观的体验。通过一个公共的艺术活动，人们可以在区域中感受到技术的存在，并通过在水池中游泳，来感受到自然的再生和速度。这样的方式让我们意识到了资源的使用方式和资源本身的趣味性。人们来到这里嬉戏和社区互动，从而意识到人类对自然的依赖程度。

现代社会的艺术家们凭借“有色”眼镜工作，将公共空地变成了多姿多彩的空间。现在，我们面临一个理念上的改变，我们的空地从来都不是空无一物的。我们拥有清新的空气、土地等，即使这个地方一无所有，它仍然充满了生命，而不单单是供人书写历史的空白背景。

实际上，这个地方本身就有生命存在。对我个人来说，这个项目非常重要，因为它进入了城市的区域公共空间，引出了一个问题，不仅涉及城市和自然的关系，我们有时候需要去寻找自然，而自然就在城市中。城市中也有各种不同的生物居住和栖息，对我们来说，这是一个非常重要的媒介和核心维度，帮助我们意识到在这种情况下，我们不仅仅依赖空气和食物，我们也依赖这里的植物。我们需要拥有一种共生健康的环境，这个项目真的是非常出色。

这个项目让居住在这里的人们建立起对话，帮助我们理解生态与植物之间的关系。现在有很多人希望在这片昂贵的土地上保留这个项目，因为它真的是太棒了。这种情况也让人们意识到，人们对空间的价值有不同的维度来衡量。有时候，我们对自然的价值评估并不高，而对地产的价值评估却很高。但自然的价值是一个非常重要的维度，周围人们对该项目的活跃性也真实地反映了该项目的成功。

朱茜·乔克拉：这个项目通过展现植物清洁水源的能力，为大家提供了一种感官体验。这种局限性有助于人们理解项目背后的理念，并认识到在任何情况下都存在这种限制，这是我们以前没有意识到的，也没有看到这种局限性。非常感谢大家对此的关注和理解。

还有一个问题是关于黛安的。这个项目本身创建了一个南北岸之间的互动区域，南边一般是富人区，而北边一般是贫困地区。在选择项目位置时，你们是否考虑到伦敦市中心的城市发展，并更多地关注房地产行业？艺术家的想法是要建立这样一个项目，他们关注的不是土地的价值，而是水和土地这些自然元素的价值，这些自然元素是我们深深依赖的。这些项目也为人们创造了参与自然的机会，正如刚才提到的，它形成了一个连续而紧密的社区。在项目结束后，人们感到非常难过。根据你作为艺术主导的团体的经验和观念，您认为这些地方和社区以及城市乡村景观的艺术再造如何改变了这些地方的历史和社会功能？此外，你认为在当今环境中，捐赠者、赞助方、公共组织和地产商扮演了什么样的角色？

黛安·德弗：我想祝贺大家这个项目取得了成功，并且很荣幸能够在这里与大家分享我的想法。我特别喜欢刚才提到的关于合约的概念，即人与地点之间的契约关系。这让我开始反思发生在民众层面的一些事情。回想起 15 年前我们还在谈论艺术再生，而现在我们已经将其扩展为文化再生，因为文化这个词更为广泛。从未来的角度来看，有两个非常重要的考虑因素：首先，我们如何思考我们的未来以及未来可能具备哪些潜力？要对一个地点展开未来规划，需要考虑整体的情况。我们谈到了开发商和政府当局，但如果我们希望做一些与众不同的事情，我们还需要询问人们在这个地方将如何开展他们的活动。要实现这样的整体规划成功，我们需要许多元素的支持。比如说，公交车站可以成为一个空白的画布，在南北和东西两侧存在差距的情况下，东边相对较贫困，而西边相对较富裕。尽管我在这里使用的词汇可能不够准确，但公共区域需要优质的房产和教育以及强大的经济基础。如果在城市再生过程中有意识地考虑到艺术和文化在地点发展中的作用，我们将会听到许多不同的声音和思路。这些都是我们日常生活中可以提供的，并且它们本身也是我们日常生活的一部分。这个地方的故事展开本身就会带来很多情绪和影响。你的项目涉及到了所有这些方面，并且还使用了 106 条规定的资金，这在其他开发项目中可能并不常见，因为 106 条里规定提供的资金可能无法满足如此长时间的支持，对于很多艺术家来说也是如此。因此，让我们回到合约的问题上。

人们之间存在这样一种协议，即艺术是日常生活的一部分。我们在这片土地上进行的项目正是将社区团结在一起，让人们展示我们对生态环境能够做出何种贡献。就像艾丽丝刚才提到的，我们面临着未来的挑战是什么？我们所说的这种合约要让我们通过三种方式体验到，所有参与其中的人都应该知道我们每天真正追求的是什么。

朱西·乔克拉：这是非常重要的一点，特别是我们谈到了文化再生。这需要我们拥有一个大局观，我非常同意你的观点。谈到这一点，我希望马尔杰能够再回答一个问题。除了在这样的池塘中游泳，我想知道这样的项目如何能够吸引人们来观赏这个地方？比如说，有时候我喜欢看图片，我希望能够有一种视觉的感受，这样的项目对我来说确实有强烈的视觉冲击力。我想其他人可能也会有同样的感受，因为人们对感官有一种独特的体验，特别是当这个项目与他们对城市视觉空间的想象不同的时候。马尔杰先生，您既是一位艺术家，也是一位市民，同时也在创造可能成为人们未来生活的城市。你所从事的领域实际上就是一个实验室，而当地的居民为我们的城市愿景提供了一定的想象。尤其是我们还看到这个项目的制订者包括公共管理者和政府，他们都参与到了其中。在我们的公共艺术发展变化的过程中，我们也在影响公共领域的变化。

马尔杰蒂卡·波蒂奇：这个问题非常好，让我们首先讨论一些基本问题。作为公共艺术项目的艺术家，我们认为如果仅仅将艺术视为物品或装饰品，那就太陈旧了。在过去的十年里，我们与建筑师和其他人合作，发现人们希望有不同层面的参与。他们不只是想欣赏一个艺术作品，我们也要强调策展人的角色。艺术家、委托人和策展人在这个过程中都起着重要的作用。特别是像您这样的策展人，实际上也是公共艺术形成过程中的中介者。作为策展人，尤其是作为水与土项目的策展人，我们认为这是一个以过程为导向的项目，艺术家认为这是一个接力的项目。在策展过程中，我们不仅帮助制作这些作品，还非常关注流程和过程，这一点非常重要。

我也很高兴听到黛安刚才的讲述。制作这样的项目的过程成为了艺术作品的利益相关者。伊娃和我认为，这些公共艺术项目实际上是我们测试想法的实验室，用于知识交流和创造新的价值观。市民们参与其中，要求成为项目的一部分，这样他们所居住的城市可以进行再次想象。例如，在我们的项目中，这些人支持生物多样性的价值观，他们要求将生物多样性项目扩展到伦敦的其他地方。我认为在欧洲，政府应该进一步让市民参与项目，我们可以看到在过去 40 年当中，出现了很多去政治化的现象，资本主义高速发展，我们需要减少管制，让政府在气候变化过程中减少政治干预。应该让自上而下和自下而上的力量相互配合，以创造实际的体验，让人们能够构想出一个新的社区，一个人人都喜欢居住的未来城市。

最后，我想说的是自上而下和自下而上的方式应该相互配合。因为我们有共同的目标，在全球范围内都是如此，我们希望在未来建立有韧性的城市！

西尔文·哈滕伯格：有一个方面还没有提到，那就是关于照料的概念。我们考虑到地球，我们只有一个地球，而且它已经不再生长了。如果我们将它视为一个个体，我们就能够从一个让人愉悦的角度去欣赏地球的边界，即可持续发展的角度。在这个层面上，人们希望去照料地球。我们需要保护自然环境，使其能够持续发展。在这样的项目中，我们向人们展示了如何去照料我们的星球。

朱茜·齐克拉：正如西尔文所说，我们需要在更多实践流程中进行投资和干涉。我们希望公共管理者和政府能够参与其中，这是非常重要的。此外，还有一个层面需要考虑。在项目结束后，我们将保存数据和影像，这一点非常重要，因为并不是说项目结束了，我们的工作也就结束了。对于公共艺术的讨论可以一直持续下去。

会议对话 4

关于拉丁美洲获奖案例《波托西社区电影院》的研讨

主持人：赵健
嘉　宾：伊丽莎白·沃勒特、阿德里亚娜·里奥斯·蒙萨尔夫、
扩展建筑艺术团体、德拉加尔萨·木兰

拉丁美洲获奖案例《波托西社区电影院》

赵健：各位好！今天我们进行第五届国际公共艺术奖艺术论坛的第四个环节，关于拉丁美洲获奖案例的研讨，参加本轮研讨的嘉宾有以下几位，分别是伊丽莎白·沃勒特、阿德里亚娜·里奥斯·蒙萨尔夫、扩展建筑艺术团体和德拉加尔萨·木兰。

孙婷：请允许我代表主办方介绍参与本次论坛的与会嘉宾。首先是哥伦比亚策展人、社会活动家和文化制作人伊丽莎白·沃勒特，她是当代艺术平台的联合创始人，也是 2013 年奥特拉双年展的艺术总监。接下来是拉丁美洲的代表案例，《波托西社区电影院》的作者，扩展建筑团队。该团队由建筑师、艺术家和城市活动家构成，总部设在哥伦比亚的波哥大使馆。该团队成员包括安娜洛佩斯·奥尔特加，哈罗德·圭亚克斯等。第三位嘉宾是波托西电影院的研究员阿德里亚娜·里奥斯·蒙萨尔夫，她是皮索尔托策展实践的总监，哥伦比亚安蒂奥基亚博物馆的助理策展人。此外，我们还邀请了来自墨西哥城的策展人德拉加尔萨·木兰作为本场的特邀专家，她是 2016 年迪拜摄影展墨西哥馆的策展人，以及 2014 年第十六届墨西哥城影像中心摄影双年展的策展人之一。下面有请伊丽莎白·沃勒特主持今天的对话。

伊丽莎白·沃勒特：我们今天要讨论的是拉丁美洲获奖案例的研讨，首先邀请项目的研究员阿德里亚娜为我们讲述一下她对波托西社区电影院的印象。

阿德里亚娜·里奥斯·蒙萨尔夫：各位中国的朋友好，我是这个项目的提名人也是策展人。就像伊丽莎白刚才说的，我想要介绍一下波托西社区电影院。全球对于公共艺术的定义有不同的认识，有的人认为它是公共的雕塑、表演以及节庆等其他的内容。在我们这里，波托西社区电影院实际上是一个以社区为基础的建筑项目，它位于波哥大的社区之中，在波哥大的城乡结合部，是一个民众建立并且自主管理的电影院。扩展建筑这个团体负责了这个项目，他们之中有艺术家、设计师、活动家，他们负责这个区域的实体和社会建设，主要是在城乡结合部。公共的区域有不同的代理人，包括政府的官员、机构、私有公司、社区还有文化机构、学术机构等，他们之间通过对话和共同合作来实现共同的目标。

他们的工作，考虑到公民的权利，并且挑战了都市生活的等级制度，这样的运营模式实际上来自于整个社区的社会文化的代理人。我们社区的建设多少都存在挑战，我们要制定一个合理的目标，并且能够做一些可看的东西。我们要减少使用技术上的设备，而且尽可能动员更多的人。扩展建筑团队在这个社区附近建立了项目中心，并且负责对城乡结合部，通常是一个边缘化的区域，进行社会和文化的管理。

伊丽莎白·沃勒特：阿德里亚娜给大家介绍了项目的背景和项目的过程。接下来阿德里亚娜也会为我们介绍这一建筑、项目的地点，以及项目的创意过程和电影院的建设过程。

阿德里亚娜·里奥斯·蒙萨尔夫：谢谢伊丽莎白，谢谢大家。首先为大家介绍一下整个项目的背景。哥伦比亚有很多典型的问题，跟其他的拉美国家相同：严重的社会不平衡，贫困，城市过于巨大。另外欧洲裔流离失所，以及种族问题，犯罪问题等。同时这个国家当中在 50 年的时间内都有武装冲突，我们看到有很多人流离失所，成为了像波哥大这样的大城市主要的问题，在波哥大我们有 1000 万居民，在过去的 10 年之中，有很多人们是因为武装冲突流离失所的，因为在这 10 年的时间里，这个地方是被国家所遗忘的。这里唯一的公共区域主要是一些运动场所，而且是由当地的社区自我管理的，实际上这些社区的做法是要应对政府的不作为，利用这些共同的区域来解决政府对他们的忽视的问题。他们非常积极地参与到社会和实体建筑的建设之中，从而进行文化和公众的教育。

有几个当地的社团，他们在这个社区之中建立起社区大学，还有社区电影学院，并且建立了公园。还有很多当地的组织，他们主要致力于推动社会的平等，这就是波哥大的整体状况。我们可以看到这个电影院实际上是大家自己建立的。我们可以看到在这样的区域中，很多的房子实际上是摇摇欲坠的，我们建立了一个非常美的电影院。我们用了一些非常简单的材质来进行建设，而且做出了一种概念性的建筑，它有一点像灯塔，这使得这个建筑有象征性的意味，这是非常重要的，因为我们都有权利让这座城市更加美丽，我们应该受到作为市民的一个重视！这是我们一个社会的原形，我们也用不同的方式来管理自身的空间。为什么我们能够花 8 个月的时间去共同完成一个目标呢？我们如何让不同的人组织起来去参与到这个过程当中？其中包括儿童、年轻人、还有外部的合作者等。我们如何进行组织，共同去维护这个电影院？目前已经有 5 年的时间，这样的电影院又如何和人们进行对话？总体而言，我们的电影院实际上是要平衡城市中政策的权利关系，我们要争取到在城市中的权利，谢谢！

伊丽莎白 · 沃勒特：谢谢阿德里亚娜，那德拉加尔萨 · 木兰作为一个公共艺术的资深专家，您有什么看法呢？

德拉加尔萨 · 木兰：非常感谢扩展建筑团体实施的这个出色项目。当我第一次了解到这个项目时，我就被它的创新性和对社区的深远影响所吸引。这样的项目在拉美国家的社会环境中，尤其在那些饱受暴力困扰的社区，如哥伦比亚和墨西哥，是极其重要的。由于这些社区往往缺乏必要的基础设施，因此，它们需要自我建设，自我决策。扩展建筑团体通过这个项目向我们展示了在这样的区域中建立文化空间的可行性。通常，我们认为这样的项目主要依赖于非政府组织或政府来实施，就像水、电、学校、医院等基础设施一样。但我们往往忽视了我们需要这样的空间，一个可以让人们聚集在一起，享受美好时光的空间。

我们常常将文化视为一种奢侈品，但实际上，它并不是。文化是每个民族固有的特性，因为我们是人。项目向我们展示了这个社区需要这样的文化空间，而不仅仅是说来到这个电影院去看电影。这个项目很有趣的一点就是，它是一个电影院，会放映电影，同时放映的电影就是这个社区自己做的电影。很重要的一点是，这个社区他们意识到自己需要这样的空间。他们想要和其他的人分享自己的创意，在社区外部的人们不会告诉你们要如何去做这件事，而是他们自主来决定的，他们不是播放好莱坞的电影或其他电影。这个项目是代表他们自己的，是一个自我建设、自我管理的项目。

他们在展示的是他们想要展示的东西，他们想要通过这个项目代表自己，这是非常重要的一点。这个项目的成功，并没有外部的驱动力，也不是说政府让他们做或者是非政府组织告诉他们要做什么，什么能够代表他们自己，或者是说他们需要什么？实际上这是他们在自己内心的一种需求，在拉美的环境中，他们这样的社区就需要这样的空间。看电影就是我们生活中非常重要的一部分，我想这就是我要说的，谢谢！

伊丽莎白 · 沃勒特：您刚才讲了非常有趣的几点：独立、自我建设，要去进一步地理解如何使用这个社区的空间，特别是使用这样的一个电影院，下面想问问薇薇安 · 帕拉达（扩展团体的一员），您作为公众，与社区与市民是如何分享这样的空间的，使用这个空间有什么样的影响呢？

薇薇安 · 帕拉达：正如阿德里亚娜所说，我们一方面在和社区当地的一个学校合作，做了很多科普教育来帮助大家理解学校的重要性，以及共同发展当地社区的重要性。同时我们也和当地的电影学校一起合作，我跟这个影视学校有十几年的合作背景，阿德里亚娜刚刚讲到当这个电影院像灯塔或者是说里程碑式的建筑一样出现的时候，我们和邻里之间的关系早就形成了，这是一个有机的过程，我们花了 8 个月的时间在周末的时候共同从事建筑建造，这不是我们雇人来做什么东西，而是大家一起来参与建筑的过程。

我们共同合作，共同决策，决定每周见面从事这个项目的建造，然后从此以后这个项目就成了扩展文化空间的媒介，2010 年 10 月份开放的时候，电影院所有的座位都卖出去了，大家都非常喜欢这个活动。同时它也给我们提供了一种可能性，向我们展示了我们想要看到的东西，大家想要被看到的样子。

伊丽莎白・沃勒特：谢谢薇薇安，这个项目带来的影响是很重要的，不仅影响了整个城市的背景和城市的空间，同时也在社区内部产生了影响，激发了人们的创作过程，用非常独立的方式产生了这种影响和激荡。我们刚刚讲到了自我借用和社区借用的概念，现在提供了一个空间，这不仅仅成为了一个常识式的空间，也成为了一个参考性的空间，我现在希望我们的对话能够更开放一些，谈谈以艺术为主导的城市主义，就像艺术在公共空间里面的一个演化，如今的公共艺术还有像这样的项目，如何为其他的项目在世界各地打造出一个案例和模式，尤其是把它放到像拉美这样的环境背景下，本身具有非常大的公众影响力？我希望我们的扩展建筑师团队来跟大家分享一下这个观点。

德拉加尔萨・木兰：我想要补充一下这个问题，您刚才讲到了共建的这个理念，我认为公共艺术领域的演化其实和这个概念密切相关，我们可以去到这个社区，在那里竖这个纪念碑、雕塑并进行表演，但如果我们不能跟他们建立起联系，取得共鸣的话，如果他们一开始就不是其中的一部分的话，就不能称之为共建，这个是文化的一部分，类似的项目不仅在墨西哥、波哥大，甚至是在阿根廷的某些地方都是同样的一个过程。

我近期正好听到了我们有一个当地的传统，说是如果有人要结婚的话，整个社区就会在周末聚在一起，喝酒庆祝，然后共同帮新婚的夫妇建造他们的新家，这是我们所谓的结婚仪式，这也让我想到了《波托西社区电影院》的概念，这是我们去思考的很重要的一个方面。因为我曾经参与了墨西哥西北部的公共公园的项目，这是政府建的项目，但是是为私人领域建造的项目，然而该地在过去几年里面一直充满了暴力的事情，我们做了非常多的事情去造就这些非常棒的公共艺术项目。

大家可能不太清楚一件事，那就是社区是如何改变空间的。我觉得在考虑公共空间中的艺术时，首先需要一个艺术家或文化团体提出项目设想。在墨西哥这样的背景下，引入此类项目到社区就像异乡人、外星人一样。我们在这里建一个公园或博物馆，但如果社区不参与其中，就不会有好的效果。下一届政府换届时，他们可能会放弃，不在乎这是谁做的，可能是政府或非政府组织。我们需要考虑艺术给社区带来的影响，因为艺术可以改变生活。这个项目展示了除了暴力之外，这些地方还有其他元素。在墨西哥和哥伦比亚，这种趋势正在出现。在拉美很多地方，犯罪和暴力频发，孩子们辍学且没有机会。此类项目提供了与这种生活相关的其他选择，例如建设学校，帮助孩子们远离街头流浪，为他们提供其他项目或建议，让他们的空闲时间更有意义。思考这一点非常重要。我们不仅要展示项目是什么或为社区做了什么，还要思考如何通过空间和艺术改变人们的生活。否则，这些项目将毫无意义。你设计一个表演是很美的，但从长期、中期来看，并没有给人们带来实际的影响。在街上建一个剧院，的确是好的，但如果社区不参与进来的话，这样的剧院就是暂时性的，就像过客一样，这就是为什么《波托西社区电影院》这样的项目非常重要，因为它也为未来的项目设立起了目标。

伊丽莎白·沃勒特：谢谢，我同意您的观点，我想进一步探讨艺术引导式城市主义对城市和公共艺术概念的影响。此外，我想强调，对于艺术家和艺术组合来说，一个重要的趋势是在不同地方与社区进行合作。许多社区已经开始关注扩展建筑团体所做的工作，并积极与艺术家团体合作，甚至主动联系他们，邀请他们前往社区实现一直想要实现的目标。这种趋势似乎预示着一种新的文化现象，它像一颗种子，等待着在未来的基础设施中生根发芽。这颗种子将不断挑战以社区为基础的城市主义概念。我认为这是一个非常有趣的现象。

扩展建筑艺术团体：的确，我们非常重视项目的起点，谁邀请谁参与是非常重要的。这个项目是由社区进行自我诊断，由学校发起的，并邀请我们与他们合作。这是非常重要的第一点。另外，我们还将艺术视为另外一种选择，特别是在这个特殊的背景下，它是非常重要的。我们不仅是艺术的消费者，也是艺术的创造者。在这些学校、制片人和社区中，他们向我们展示了自身所在地区的另一面，而电影院则是展示该领域其他方面的重要途径。因此，我个人认为起点有两个非常重要的事情。随后，我们将邀请其他人参与到这个网络的建设中。以波托西为例，它与伦敦美术馆的联系非常重要，因为波托西是在该博物馆的支持下建立起来的，并作为他们展示复杂世界博览会的一部分。作为合作者，他们理解要找到一个间接的方式来出资支持修建这座建筑，虽然他们帮助我们购买物资，但我想说的是这种合作的模式，商业的模式其实是强调合作的。例如，我们与博物馆的联系本身就是一种合作，也是我们这个影视学校项目的起点。

伊丽莎白·沃勒特：的确起点是很重要，感谢您的对整个艺术项目的解读，因为这个项目的完成需要很长的过程，各个维度的合作也使我们的项目更加具价值。

扩展建筑艺术团体：在拉美的背景下，我们很久都没有做过城市规划一类的东西了。的确是有一些城市研究的学院，但它们有点像是乌托邦，不是很实际。很多大城市，比如圣保罗和波哥大，都是没有规划就进行建设的，非常庞大。这导致农村出现贫困和暴力现象。因此，我们所看到的城市权利与欧洲、美国和中国的城市权利是不同的。在中国也有一个未来的 5 年或 10 年的规划，但在哥伦比亚没有。城市权利实际上是我们自己每天建立的。比如这个社区已经有 40–50 年的历史了，他们会建立基本的东西，比如自己的家居住的地方。他们还意识到自己需要其他的地方，比如需要水、电和一些基础的服务，需要所有的场所包括学校，孩子们可以去上学和学习。这些学校可以帮助母亲们解决孩子的问题，所以这就是城市的权利。

实际上，城市权利并不是政府为他们做的事情。我很喜欢刚刚薇薇安说的，我们邀请谁来参与是重要的，不仅是共建的问题还有不同的参与者建立的问题，而且这些参与者是不一样的，他们要建立信任的关系。城市的权利、公共区域的权利以及文化基础设施都是大家共同建立的。不是来自象牙塔的人告诉我们要做什么事，而是社区的人们共同来决定的。他们要求做出这些空间，重要的是要听取大家的意见，支持社区的人们做他们的事情。这不是一个学术问题，而是要转化为现实。我们生活在这个城市之中，我们有什么样的城市权利？是我们正居住于其中，还是我们要共同建立这样的城市关系？

阿德里亚娜·里奥斯·蒙萨尔夫：我们也认为城市权利存在两个不同的层面。就如同我们这个电影院项目一样，在这里我们互相照顾、互相照料，同时也是一个行动主义的空间，这里也积聚了政治和经济权利，这一点极为重要。这两个层面的连结也十分关键。在日常生活中，这里充满着爱、合作与个人关系的建立。从行动主义的观点来看，我们强调城市权利的重要性，在此我们看到这个区域是一个边缘化的地区，国家实际上对此并未付出多少努力。因此当地的日常生活变得复杂且经常充满暴力。我非常认同文化是人们的基本需求，因为日常生活太过复杂，所以文化空间和社交空间变得十分重要。这也是我们建立这个项目的初衷。

这个空间是我们进行自我建设和决策的地方，社区的人们共同创建了这样一个电影院。比如我们的电影院，当地的人们创造了自己在城市中的可能性，并建立了社交网络。这并不是一个从象牙塔中产生的想法，而是告诉我们要做什么。当然，这个项目也需要不同的资源支持和专业人士的参与。这个过程不仅是自上而下的建设，也有自下而上的机构支持。我们利用了不同人士的专业技能。

关于文化权利和城市权利，很重要的一点是，所有这些文化机构都以社区为基础。他们非常了解社区里人们的需求，知道应该用什么样的方式来争取城市的权利。我想知道，社区的人们是否自己动手做所有的事情，还是等待别人来帮助他们？另外，这个社区是如何投资这个项目的？因为我知道他们的居住区域可能充满了冲突和暴力，我不知道当地的人们对这个项目有什么样的认识？

伊丽莎白·沃勒特：好的，谢谢，在这个社区当中人们可能的确会有这样的一些观点，您想问艺术团队的这些人到底是积极地参与还是消极地参与，是主动还是被动地去做这些事情是吗？薇薇安·帕拉达能不能进一步解释一下这个问题呢？

薇薇安·帕拉达：当地的人们非常有自信，这个社区并不是一个完全一致的社区。我们可以在社区中找到对这个项目感兴趣的人。我们可以看到，在这样的社区中，具有非常典型的拉美社区文化，也就是说，这些人可以自我组织起来，这是他们共同生活的方式。实际上，我们拥有的资源很少，但这个社区的人们非常聪明，他们不使用手机等工具来相互联系，而是能够自我组织。

尽管我们社区中的人各不相同，但我们仍然有自己的组织方式。这种集体性非常重要，我们有一个共同的目标。尽管大家非常不同，但我们可以团结起来从事一定的社会经济活动。我认为重要的一点是找到一个共同的目标。在我们的项目中，目标是建立一个电影院。因为大家的意见各有不同，所以在所有议题上达成一致是不可能的。但我们仍然有一种集体主义精神，这可以帮助我们完成这个项目。

实际上，我们在这样的一个社区中也有基层组织，这是我们整体响应流程的重要组成部分。基层组织在这个区域中已经存在了 15 年，因此这个空间的可持续运营是有保障的。有了这样的基层组织方式，这个区域就能够更好地组织起来。好的，谢谢！

伊丽莎白·沃勒特：刚才谈到了地点，我们想知道在这里居住的是什么人呢？因为这个对于权利是非常的重要的，这个项目实际上是在 2016 年建设的，已经运营了几年的时间，能不能告诉我们一下，这样的一个项目现在的运营的状况对于当地的社区有什么影响呢？

扩展建筑艺术团体：我们看到许多人们来到这里，看到许多电影在这里上映，其中很多电影都是他们自己制作的，也有社区电影学校制作的，甚至包括哥伦比亚自己的电影，从数量上来说可能非常多。这里的人们对他们所做的事情感到非常自豪，因为我们得到了认可。这并不是说别人看到了我们做了什么，而是我们作为市民有一种自豪感。上次我遇到一个打排球的人，他非常兴奋地说："我知道你们，你们是波托西电影院的。"现在我们这样的一个电影院在伯格里瓦也是大家谈论的一个非常重要的项目。

他们在我们的项目当中学到的一点就是大家共同参与和讨论。我觉得除了我们上映的电影和参与的人数众多以外，我们的这个电影院的项目也有一个质的影响。我们可以说这是我们自己的项目，并向他们展示我们的项目。在最开始的时候，我们看到我们的项目在拉美不同国家的社区当中产生了不同的影响，另外在全球还有一种传播的效应。我们希望首先在拉美传播我们的项目。

当你拥有一个家园和空间可以创造出这种关系时，即使流离失所，人们也开始自我疗愈和保护的过程，这是人们与我们合作、共建和分享的成果。

伊丽莎白·沃勒特：非常感谢艺术家团体为我们提供了一个可以作为家的场所和公共艺术的例子。正如艺术家们今天从不同方面所讲述的那样，我们也非常想知道这个项目会对当地的社区产生怎样的影响，以及它如何触动观者和整个艺术界。我想对今天的参与者们表示感谢。我知道你们的团体有着众多成员，正如你们的名字所示，一直在扩展。因此，这次也是一个非常好的机会，让我们可以共同讨论这个项目。同时，感谢国际公共艺术协会主办了这样的活动，让我们有机会聚在一起。

会议对话 5

关于东亚地区案例《新游戏，新连接，新常态》的研讨

主持人： 魏婷

嘉　宾： 熊鹏翥、张正霖、朴多爱、Junk House

东亚地区案例《新游戏，新连接，新常态》

魏婷： 接下来是关于东亚及东南亚地区获奖案例的研讨。参与的嘉宾是中国台湾帝门艺术基金会执行长、第四届国际公共艺术评奖会主席熊鹏翥先生，中央美术学院艺术管理学院硕士生导师、教授张正霖，韩国独立策展人、协调人、研究者朴多爱，韩国艺术家 Junk House。

张羽洁： 大家好，我是来自上海大学上海美术学院的张羽洁。首先请允许我代表主办方感谢诸位的光临。同时介绍一下诸位与会嘉宾。首先是来自中国台湾帝门艺术基金会执行长、第四届国际公共艺术奖东亚及东南亚地区评委熊鹏翥先生，第二位是张正霖博士，张教授是中央美术学院艺术管理学院硕士生导师、教授，同时也是原中国台湾艺术银行的执行长。向大家介绍的第三位是朴多爱女士，她目前在韩国公共艺术创作所工作，担任独立策展人和研究员，同时也是国际公共艺术协会东亚及东南亚地区的研究员，曾在上海大学上海美术学院学习艺术学理论。最后一位是 Junk House，她是这次东亚及东南亚地区的艺术家代表，也是作品《新游戏，新连接，新常态》的创作者，她曾在澳大利亚墨尔本获得影像学的学士和多媒体设计的硕士学位。她的作品跨越公共艺术、街头艺术、装置艺术、平面艺术等多个领域，试图探索不同媒介、不同形式的边界。接下来把话筒交给熊鹏翥先生，请他来主持论坛后面的部分，感谢。

熊鹏翥：谢谢羽洁，我觉得我们今天的讨论仍然是具有重要意义的，因为从两年前疫情爆发以来，人们的健康习惯以及我们的世界观都发生了改变，我们对于社会关系也出现了新的认知，那么在论坛当中我们想要讨论一下 Junk House 做的艺术项目，她的作品被提名今年的奖项。

我觉得过去两年我们这个世界，经历了非常多的事情，我们进入了一个新的全球变化的时代，这些变化不仅影响着个人的生活，也影响着每一个国家，和他们的社会生活。不仅是在城市，而是整个国家。这个新的社会模式也影响着我们的国际关系。我想我们正进入一个新的时代，要求我们重新定义什么才是公众，所以在我们的这次讨论当中，我们也相聚在一个新的公共空间当中，但是这个空间是一个虚拟的空间，而不是一个实体的空间。所以首先我想邀请研究员朴多爱女士，跟我们简单地介绍一下这个项目，也帮我们指出这个作品背后的重要意义。在多爱发表完意见之后，我就会邀请我们的艺术家 Junk House 来跟我们讲述一下她是如何创造这个作品的，以及在这个作品完成之后她收获了怎样的反响，这不仅是人们跟作品互动的影响，也是人们彼此之间的影响。最后我会邀请张教授发表一些他的想法。

朴多爱：大家好，非常感谢您的介绍。我今天跟大家简单地介绍一下我们的这个项目，叫做《新游戏、新连接、新常态》。这个项目是由韩国的一个公共艺术团体创作的，他们主要在首尔三个不同地区来创作公共艺术项目，他们会邀请一些设计者、装置艺术家以及表演艺术家来进行参加。通过这个项目展示不同区域不同的具体问题，今天我要跟大家介绍的是在玉水（音）街上的一个项目，我们首先要问的问题是，在如今疫情的影响下，如何安全地玩耍？

在玉水街上的项目中，有三个艺术团体参与。首部作品名为《闲适的玉水》，由艺术家 Junk House 创作。这是一个公共艺术装置，由六个模块组成，其设计灵感源于新冠疫情的大背景。由于疫情期间，人们因社交距离的要求和感染的恐慌而更愿意待在家里，户外活动相对减少。这些装置是以较大的间距进行安装的，象征着社交的安全距离。每个模块内设有两个座椅，座椅的设计独特，既可看到其开启状态，也可看到关闭状态。这个设计主要是为一个人坐的

项目装置之一：《闲适的玉水》

装置，当人们坐下时，仍能看见周围的其他人。这种半开放式的空间使人们有机会与他人进行交流。此外，该项目中还有四个为单人坐设计的装置，另外两个则较大，可以容纳两人。

另外一个叫做《多一点运动》，也是由我们两位其他的设计师来创作的。主要是通过艺术的摆放让公众参与进来。每四十天他们就会换一下这些装置的位置，然后希望这些参与者、这些受众可以随时参与进来。他们并不会限制这些艺术作品的具体功能，可能是一个公共的座椅区，也可能是一个摆设，也可能仅仅就是一些行走的障碍，主要取决于我们受众是如何理解的。在这个情况下我们就留出了空间，让我们的受众自由发挥，可以跳上去也可以坐在上面，总之是在 6 个月的时间里不断变化的。

项目装置之一：《多一点运动》

第三个是《桥下的海市蜃楼》，艺术家是朱慧英和宏贝利（Hae Young Joo 和 Baily Hong）。他们本身是表演艺术家，是音乐艺术家，他们在桥底下表演了一个叫做《海市蜃楼》的音乐曲目，他们创建了二维码可以展示这个视频。然后大家可以跟着视频学习跳舞。因为这些艺术家非常关注人们在疫情下的生活状况，人们可能都展现出了对于正常日常生活和日常出行的想念，所以这些艺术家他们在跳舞的过程当中穿越到了四个不同的区域，可以看到受众完全地沉浸到了他们所创建的区域当中，他们也鼓励受众能够跟着一起在这些模块装置之上走动。

所以这两个项目也是有联系的，创建了这个区域的居民可以享受和感受的这些动作，我觉得在我看来这个项目是一个具有场地特殊性的项目，它考虑了在地性和社区的概念。这个项目是在三个地区同时实施的，内容是不一样的，展示出来每个不同的社区有不同的在地性。

这些装置并不是一个永久的艺术装置，而是根据场所的不同情况让这个艺术品的可能性展现出来，是一个临时的艺术作品，6 个月之后就会移除。他们不想用永久性的装置，6 个月之后这些东西就会离开社区，社区就可以自主使用这一片空间。

艺术家们会和当地的社区进行讨论，来了解他们的需求，响应他们的需求，进行创新和创意设计，他们并不是只展示自己想要展示的东西，而是积极地邀请和鼓励当地的人使用创意性的方式解决现存的问题。它也是一个可以赏玩的地方，和普通的社会活动不太一样，很多的公共艺术项目可能会和社会活动有一些相似之处，但是我认为这个作品是非常有趣的，很容易让这些公众能够在里面玩得很开心，这就是本项目的一个独特之处。

熊鹏翥： 谢谢多爱，Junk House 是不是有什么要说的？我在多爱的研究之中注意到了在疫情期间韩国自杀率是上升的。当然我觉得不光是在韩国，其实在全世界很多地方可能都是这样的，因为社会的封闭会影响个人生活的很多方面，不光是个人生活，还包括公共生活。比如在中国台湾封城期间，学校就关掉了，当学校再次开放以后，校长和老师发现年轻的学生即便是回到了校园里，他们的行为也发生了改变。不光是包括他们之间要保持距离，学生之间也没有眼神交流了，所以我们看到新冠疫情对个人生活和社会生活都产生了很多影响。我认为这个项目实际上很好地回应了当前的状况。所以我想邀请 Junk house 来谈谈你们的项目，包括具体的情况，和项目实施之后，你有没有发现人们的行为有所改变呢？或者是有什么其他的方面想跟我们分享一下吗？

Junk House： 去年新冠疫情出现，所有的韩国人都不再出门了，因为到处都是新冠疫情，从 3 月到 5 月我们看到韩国所有的事情都变了，包括社会系统，还有其他方面，我们到处会听到这样那样的消息，我们感觉需要建立新的连接，现在已经成为一种新常态了。我们在这之前是从来没有见到世界上有这种情况的。我们感觉到突然有一天所有的都改变了，包括我们对时间的感受等等都改变了。

所以人们都会讨论在户外空间我们到底可以做什么？我们在这里有什么样实验性的做法，我们考虑新常态下我们能做什么？新常态会对未来产生什么样的影响，如何改变我们过去的生活？我们能不能在这里建立公共艺术作品，对新常态进行一个反思？

我们觉得可能让人们之间保持两米的距离是一种新常态，到处都要戴着口罩，这并不是一件很舒服的事情，当然现在已经变成很正常了，我们必须要戴口罩，我们在公共场所坐下的时候，一定要保持社交距离，最好不要去人群聚集的地方。当时发现一切都改变了，我们发现我们不想待在家里。在去年的春天，在 3—6 月份的时候，人们都待在家里，哪里都不能去，大家都感觉非常的烦燥，非常生气，我们想到户外去活动，我们想去呼吸新鲜空气，我想喝一杯咖啡。我们需要这个开放的空间，我们需要呼吸新鲜空气，我想见朋友。有很多室内空间我们都不能进去，我要是想跟朋友见面的话就要在户外见面，我们希望有舒服的空间能够跟朋友一起玩，我们在考虑如何能够创造这样的一个艺术作品，这就是我们一开始的初衷。

我们首先创建了一个大约一米的模块，它的形状类似于一个立方体，人们可以坐在里面。当然，我们可以将其做得更大，以容纳两个人的立方体。当人们坐在这个区域时，他们会感觉不那么烦躁。这个地方使得人们可以进行社交，同时保持社交距离。因此，一些人可以聚集在这里将其作为一个社交区域。我们可以看到 10 个人在这里，有的人可以坐在里面，有的人可以坐在外面。大家可以在这里见面，这样可以看到彼此，又同时保持社交距离。人们可以坐下来，在这里聊天。我们坐的椅子非常舒适。这个椅子的材质不冰冷，而且我们在其中还添加了一些彩色的线条，使其更加舒适，就像在家一样。这是我们的风格。我们可以将椅子做得更大一些，如果椅子更大一些，我们就可以在这里举办社区派对，观察别人的活动。大家可以聚在一起玩耍。到了 6 月份，会有很多人来这里。他们想来这里放松一下，在户外呼吸新鲜空气，而不是待在家里，或者和朋友一起出去玩。我们就创建了这样一个东西。

我们思考人们到户外去的时候是不是会想到新的游戏呢？但不是像过去那样的一个游戏场，因为很多家长都会担心，如果孩子们去到游乐场的话就可能到处摸，这就不太安全。我们就在想如何能够避免人们的触摸，所以我们就做了这个秋千椅。所有的这些母亲他们会带着孩子来玩，另外在座椅上我们还设计了一些其他的结构，有点像桌子的结构，我们做出来了一个吊着的东西，这样的话可以荡起来，我们给了大家一个新的游戏的模式。

这是一个游乐场，大家可以自己在这里玩耍，不需要去触碰他人。感觉有点像在家里自己玩游戏，装置里有彩色的线条，给人一种在家的感觉，虽然它是在户外。我们也设计了一些不同的电脑模块。当然，人们在这里也可以做瑜伽、玩耍或小憩。我相信在夏天，大家一定会在户外玩得很开心，坐在这里晒太阳。我希望大家能给我们一些反馈或回应，但他们有时并不邀请朋友一起，而是保持社交距离，坐下来聊聊天。这是我的整体设计理念。让人们在这里交谈、一起玩耍是我的初衷。但实际上，大家可能并不想这样，他们可能不再像以前那样坐在一起玩耍了。这个艺术装置让大家想起以前一起玩耍、一起在社区工作的时光。对于这里的人来说，这是他们非常喜欢做的事。坐下来你会发现这些装置在这个区域里非常受欢迎。实际上，坐上去的感觉也比看上去要舒服很多。这只是一个想法而已，我们做这个项目已经有一年了，但在过去的一年里没有做，因为发生了很多变化。这个地方因此变得很空旷，因为人们不再来这里玩耍了。所以你会突然发现，要做很多事情、证明很多事情。你会看到为什么人们不再使用这些设备，因为发生了很多变化。这些设施开始破败，好像世界末日一样，人们什么都不做、不出来了，所以我在那里感觉很伤心。这就是艺术的公共性：当人们更多地使用和参与时，才能体现出来艺术的公共性。我大概就想讲这些，大家有任何问题可以提。

熊鹏翥：谢谢 Junk House，这是非常有意思的项目，我们可以看到很多参加这些项目、在这个空间里面聚集的人，有一些年纪比较大的，还有一些好像是祖父母带着他们的孙辈。我想邀请张教授，看看您有没有任何的问题，或者是评论想要跟大家分享。

张正霖：非常感谢熊先生和艺术家，我有一些想法想跟大家分享。我其实并不想说这是任何的评论，我觉得这只是我个人的一些想法而已，我非常荣幸能够参加今天的讨论，跟大家分享我的一些想法。我觉得当代公共艺术在今天不仅是美学问题，它还要反映社区的参与度以及社会问题。从这个角度出发，我觉得这个项目是很有意义也是很重要的。

人们的社会行为和形式出现了巨变，尤其是在全球性的疫情影响下，公共艺术的创新不仅会影响到当地和艺术创造，也会影响并且改变国际上的艺术想法。我认为疫情的影响使得人们没有办法像以前一样自由地交往和互动，你会发现世界各地都在寻找解决方案。在中国上海、在中国台湾、在美国纽约等各个地方，我觉得大家都观察到了类似的情况。我们现在仍然在疫情的影响下，这让我感觉到有点难过，我们好像一直没有办法结束我们在疫情下的生活。这也是为什么我说这样的情况出现在世界各地。我们可以说大家处在同样共同艰辛的情况下，在社会生活当中我们好像彼此都阻隔在了一道墙的两边，这让我们感觉到很难过，大部分人在社会生活当中都变得不那么积极了，我们需要戴口罩，人们还需要遵守一系列的日常生活的规则。我们有的时候根本不知道是谁要求我们遵守这些规定，我们形成了一个集体约定。总的来说不像我们之前意识到的那种公共性了。它是一种完全不一样的公共性。我们现在生活在一种我们叫做另类的公共性的环境下，我觉得这个项目很有意思，但是又让人感觉有点悲伤。在疫情的影响下，人们互相看着彼此，但是不能相互交流和互动。我们能够看到我们生活当中有其他人的存在，但是我们已经不想跟他们深入互动了，这不是我们大家都熟悉的一种情况。所以我们发现社会的参与被迫成为了一种想象。我们现在面临的这种另类的公共性是一个很有创新性的背景。如果在疫情结束以后，我们可能还需要在某一个特殊的时刻讨论一下，我们应该如何去真正地认识疫情下的生活。我觉得这个项目是对它的一个反映。在我们今天看到的项目当中，它是一个疫情反映下的一个休闲的象征，一个视觉的表达，在疫情下另类公共性的一种视觉表达，我觉得它具有深远的意义，能够刺激我们思考。

从今天我们看到的很多的信息来看，我认为今天的讲诉者所分享的内容是很直接和很强劲的。我现在非常期望能够看到类似的理念来指导未来更多的艺术实践！这种类型的艺术项目恐怕会是一个长期的项目。按照现在疫情的发展，以及它对社会行为的影响，我觉得这种影响可能还不能完全地消除。从进入到 21 世纪以来，我们就已经没有再看到过这么大的社会变化了，尤其是来自一个无形的疾病，真的是无形的疾病。因此，我认为在疫情结束以后，我们会创建一种新的公共艺术的概念。在全球范围内都是如此，我觉得会有这样的变化，所以反映了这个项目的重要意义！这是我最关注的一个部分，这是我一些主要的观点，并不是问题，非常感谢！

熊鹏翥：谢谢张教授，我们来看看我们的艺术家，还有朴多爱你们有无任何想要回复的观点，我们可以继续讨论。

朴多爱：刚刚我们有讲过，我们进入到了一个新的时代，好像什么都变了，这个项目也为我们指引了一条新的道路，能够让我们大家在公共场合聚集在一起，也向我们展示了我们如何作为一个社区跟大家重新建立起联系，而又同时保持一定的距离，我觉得这是这个项目的重要意义所在。作为艺术项目，它一定要考虑到目前的社会问题和热点，并且对此做出反映，然后分开对待。

Junk House：这些项目大概持续了超过 6 个月的时间，我们有很密集的运动。我们希望大家能够保护这些设施，然后我们当时给了大家一个网址，在上面可以发表自己的反馈和意见，大家真的会登陆表达自己的观点，他们其实很喜欢这个项目。他们会质疑这是不是艺术，以及他们能不能让这些设施更为舒适，我们在线上收到了很多的评论。他们会询问在这个设施周围出现了什么事情，大家有没有感到开心？我们这个区域做类似的新型实验性艺术在已经有三年之久了，大家可能比较适应了，每年都会有新的艺术作品出现，所以我们很明显看到这里的人快速地融入进来。

朴多爱：很重要的一点，他们在此区域进行了调查，来看一下社区对此有所反映，看看这样的一个公共艺术如何影响社区人们的日常生活。因为这并不是艺术家在此的第一个项目，他们可以看到人们对广场的改变有什么样的想法，之前的广场是大家都废弃掉的一个地方，我觉得这是一个场所塑造的项目，它改变了人们的认知。

熊鹏翥：刚才提到了这个并不是一个一次性的项目，之前的项目作为它的基础进行实施，可能未来在这个区域之中，我们还可以打造出让人与人之间更加亲密的空间。我想张教授刚才也说过了，在过去的两年时间中，我们发现一切都改变了，世界发生了改变，我们对其他国家、其他人的看法也改变了，可能这对于我们来说是一个新的机遇，因为能够重新地定义公共区域、公共空间以及什么叫作新型的场所塑造。因为这个项目实际上并不仅仅是一个空间的概念，同时它还创造了一个新型的社交空间。在未来可能是一个新型的文化空间，这实际上是一个持续进行的过程，所以说，我们要去观察参与到其中的人们，他们对此有什么反映，因为多数的时候，我们只是看大家是不是喜欢这个项目，但是实际上我们并不知道两三年之后会发生什么样的事情，人们会对同样的项目有同样的想法吗？我认为这是一个持续发展的过程，所以我们有必要去关注未来的发展。

Junk House：韩国有很多的污染问题跟中国相似，人们本来喜欢到户外去的，现在人们更加喜欢去逛购物中心，有更多的人他们会选择在室内活动。所以我们要看到人们现在需要的是走到外面去，去到户外空间。如果说人们到室内空间去的话，可能就要去隔离，因此我们创造的这个项目是希望在社区当中创造人们之间的一种连接。我们希望人们能到户外去，希望他们在户外非常舒适，我们做的并不是一个非常传统的操场或者是游乐场，也不是私人住宅那样的一个游乐场的项目，我们做的是一个社区的场所。

熊鹏翥：好，谢谢。因为我觉得您提出了一个问题，对于不同的文化，不同的社会来说，人们认为公共空间是什么地方呢？您刚才说了，在韩国大家认为户外空间是公共空间，之前大家可能是在室内聚集，而不是到公园去，但是现在的状况就是户外的空间对每个人都非常的重要。这是非常有趣的议题，在未来我们可以做这样的研究，对比不同的社会与不同的文化是如何去认识公共空间的。谢谢大家参与讨论，我们的讨论非常有趣。

会议对话 6

关于西亚、中亚、南亚地区案例《洛伊》的研讨

主持人：刘勇

嘉　宾：王波、亚齐德 · 阿纳尼、伊芙 · 莱米斯尔、
阿西姆 · 瓦奇夫、舒鲁克 · 哈布

西、中、南亚获奖案例《洛伊》

刘勇：我来自美院城乡规划专业，下午的会议一共是三个环节，第一个环节我们先要放一下关于西中南亚地区获奖案例的研讨，本环节采取录屏播放的形式，时长约 45 分钟。第二个环节是有请三位学者谈谈关于城市公共艺术的创作，方案创作，总结经验，探讨公共艺术的实际运营方法。最后一个环节是关于线上线下的研讨环节，我们邀请了两位嘉宾，一位是山东工艺美院的公共艺术教研室的主任杨勇智教授；另外一位是青岛西海岸新区政协副主席王波，同时兼任青岛西海岸新区工商联主席、政协书画院院长。海外的嘉宾有四位，第一位是亚齐德 · 阿纳尼，第二位是伊芙 · 莱米斯尔，第三位是阿西姆 · 瓦奇夫，第四位是舒鲁克 · 哈布。

亚齐德 · 阿纳尼：本次活动意义重大，感谢 IAPA 在此关键时刻组织此次会议，也感谢各位的参与和贡献。我们希望本次讨论能为现代公共艺术的发展产生积极影响。

以下是本次论坛的议程，阿西姆的作品《洛伊》获得本次提名，首先由他来分享这个充满印度韵味的项目。随后，伊芙将为我们介绍公共艺术项目的研究和提名情况，包括阿西姆的作品以及其他项目。最后，我们将列出一些问题，由舒鲁克负责向阿西姆和伊娃提问，以了解评审委员会为何会选择《洛伊》这一作品。

阿西姆·瓦奇夫：《洛伊》这个项目是我们受到了当地的卡尔科大协会委托，这次的合作非常重要，因为这个项目很大，是没有办法单独完成的，由很多有不同能力的人们，他们共同制作来完成这个项目，同时参与合作的每个人都是有自己的专业技能的，这个项目是一个历史性的项目。在过去的几年，这个项目一直是一个抽象的概念，去诠释一下我们的市民是什么样的。这个项目是一个开放性的项目，我们尝试非常创新的东西。

项目建造场地位于加尔各答，这里面是一个非常小的房子，外面的道路非常狭窄，其中的社区也参与其中。我们看到很多人都参与了这个项目。我们在做这个项目的过程当中，进行了很多研究，包括藤条的使用。可以看到在这个地方有很多的传统是使用草来编制的，另外还用竹子做这个，这也是我们的传统。通常用竹条来做结构，之后在上面进行装饰，看不到竹条，是因为它是外部会有一些装饰。之后我们做了很多的模型，也去德里做了很多的调研。我们自己也有一个小团队，其中有建筑师来帮助我们做这个项目，会去实验出不同的可能性，可以看到这是出现了一个非常有机的形状。同时我们希望能够创造兼具互动性和娱乐性质的空间，可以看到这儿也是使用了一些电子设施，也在测试这些线路板是不是好用能不能用。也有三到四个线路板的供应商来帮助我们提供线路。在当地，我们有着一个传统的节日叫做杜尔迦女神节，我们在节日开始前需要做很多准备，例如：我们建造了一个屋顶，因为季风可能影响甚至破坏建筑结构。我们与工人一起讨论了屋顶的形状，而不是单方面地将想法强加给工人，事实上，这些工作的人员比较熟悉的是一些常见的形状，但是我们创作团队想要看到更多关于竹条的可能性。最终的结果是，我们获得了想要的形状，当然也有很多形状是工人自发完成的，他们有权这样做。

在做建设的过程当中，有的工人不想自己做决策，我们鼓励他们去尝试，即使犯错也没有关系，我们想看看这些竹条能够做成什么样的形状？结果这些工人做得非常好，他们并没有真正地参照大家之前做过的一些东西，逐渐地大概有 40% 我们团队尝试过的东西都被慢慢舍弃了，我想强调这真的是非常重要的一个环节，最后我们也成功地完成了这个项目。项目中也植入了一些电子系统，比如说有时候一千多个人来看我们的展览，有时候无人前来，我们需要知道到底在什么时间可能有人来，什么时候没有人。我们通过在里面放置一些探测器来判断有没有人前来。所以我们整个团队需要将这一部分工作交给机器去学习，因此可以看到，在项目的各处都散布着一些人体探测器，灯光探测器等等电子装置。

在这个项目中，工人们需要几天时间返回家乡，之后又回到这里。我收到了一些反馈，这个地方非常容易积水，所以我们需要抽水或排水。因此，我们种了很多植物，并找到了一些适合这个地方的植物。我们尝试了 9 种不同的植物，其中包括荷花，但由于荷花会吸引蚊虫，所以也选择了种植蘑菇。这是一个有机的项目，我们想看看能做什么，而不是给大家很多限制。还有一名越南设计师将帮助我们进行设计，这是我们最终的设计成果。这是一个非常有趣的项目，一开始大家都很紧张，但是当我们看到竹条非常坚硬、结实时，我们感到非常高兴。这就是我们期望看到的。

这里还有蓝色编织技术。可以看到在房顶的时候我们有一个白色的塑料膜放在顶部，因为这里有电子设备，所以要控制湿度。以上就是关于《洛伊》的介绍。

亚齐德·阿纳尼：最后请伊芙带来关于项目的分享，以及您给 IPA 提供这个项目的缘由。

伊芙·莱米斯尔：我是在 15 年前加入国际公共艺术协会的。在此之前，我主要通过研究人员的视角去观察公共艺术和其他提名项目。在过去的几年里，我主要关注南亚地区的作品，因为我生活在这里。我已经提名了大约 15 个项目，这些项目分布在斯里兰卡、不丹、阿富汗以及许多东南亚国家，如孟加拉。同时，我也有一些中亚地区的项目，比如黎巴嫩的项目。稍后我会向大家展示这些项目。

现在，请允许我与大家分享一些我的项目，并展示一些与之相关的图片。这些项目包含了丰富的多样性，例如他们所从事的建筑干预、建筑介入项目，以及他们所使用的各种天然材料和镜子等。这些项目共同构成了一个非常有趣的项目，名为“镜子的项目”，它是在巴基斯坦开展的，这是巴基斯坦和印度的团队合作的项目，但这个项目很难完成，因为需要穿越国境线，这并不容易实现。

这是另一个徒步表演项目，也是在巴基斯坦开展的。这个项目基于表演活动，是在孟加拉开展的。这是黎巴嫩的项目，该项目使用的是砖头，稍后我会详细讲述这个项目。这是印度的一个项目，该项目使用了大量的当地材料和石头，并有许多艺术家参与其中。我们刚刚看到的《洛伊》这个项目也属于这一类。

我想强调的是这些项目的多样性和多元化。当我和亚齐德为这次会议做准备时，他问我这些项目有什么共同点。实际上，这是我第一次在项目中寻找共同点。因为它们的地理区位跨度很大，在公共艺术领域里，我们可能都在关注特定的、各不相同的地理区域。我从来没有思考过我们要寻找项目中的共同点。这是一个非常有意义的问题。在选择项目和作品时，我们通常主要根据它们的主题相关性进行选择。为什么我会更多地提名南亚的项目？因为我对这里的当地历史、社会经济情况比较了解。所以这些项目是比较新的项目，大家可

杜尔迦女神节装饰

以看到它们的媒介和形式各不相同。有的是表演艺术，有的是介入艺术，有的是工匠作品，有的是镜子艺术和行为艺术等等。有些项目是永久性的，有些只有一年左右的时间，而有些则只持续了几个小时。

回到您问到的相同点、共同性的问题上，它们的共同点在于它们都取决于当地的特点，并且都反映了强烈的政治参与意愿。因为它们都与当地的工匠和传统手工艺者有着密切的合作，非常关注原著民的情况和历史的依据。这些项目都有合作的过程。例如，许多艺术家都有这种共同设计的理念，所以我觉得这些项目都带有公共艺术的共同性。这些艺术家可以被定义为催化剂或者是媒体媒介。同时在手艺人和艺术家、艺术家与公众和吸引领域之间也存在一些冲突。这个问题我也观察到了，此外我也注意到了可持续性问题的一些探究。

大部分这些项目都关注到了当地的地域发展，以及一些具有回忆性的内容，有时是关于重新启用公共空间所带来的愉悦。我们在不同的项目中发现，特定地点和环境可能会带来亮点，还有一些项目关注历史的重复和循环，他们将一些隐藏的议题拉到表面，使人们能够看到过去的历史和知识，为今天所借鉴。

我想说的是，在印度获得公共空间是很难的，尤其是将其用于当代艺术项目。因为艺术家很难获得许可，这让他们无法实现他们的艺术设想，尤其是在大城市。因为公共艺术在政府看来并不是什么重要的领域，所以没有任何政府资金来支持公共艺术。私人领域的资金也无法帮助我们申请到公共空间的许可，这形成了一个恶性循环。艺术家很难获得支持他们的机构或基金，来帮助他们实现这些项目。对于我来说，这个项目非常棒，我看到了当地机构与朵儿家女神节之间的联系。因为大部分印度艺术都是以大众文化为表现形式的。而这个项目则有充足的空间，并展示了各种传统的艺术形式，包括宗教、音乐、表演艺术以及大型装置艺术和雕塑。还有数以百万计的人参加了这个艺术展览，仿佛他找到了一种进入当地空间的方式，并将公共艺术引入到这样一个人口密度极高的背景环境中。我关注这个项目已经很久了，从事公共艺术领域的研究也已经 15 年了。它可能是规模较大的艺术之一。当我研究公共艺术时，我对艺术家、设计师和当地居民之间合作的程度感到非常惊讶。在许多项目中，我们无法发现这样的合作，但在我们这位艺术家的作品中，反映出了非常高的合作程度。每个人都在平等地贡献于这个项目的诞生，同时也因项目的出现而被赋予更大的力量。这个项目也反映了原著人的生活生态环境的问题，因此它是一个难能可贵的公共艺术，尤其是在印度。

刘勇：以下更加广泛的问题，首先关于如何把这些宽泛的问题联合在一起，我先问一下舒鲁克，在 2019 年我们评议公共艺术的时候，很多问题涉及到关于城市空间、社会以及公共艺术干预之间的关系，我们有很多的活动家，他们可能并不具有艺术背景或者相关的学术背景，从您的角度和经验出发，您能不能分享一下您是怎么看待这个问题的？

舒鲁克·哈布：作为策展人和艺术家，我想举一个例子，我们也出台了非常多的倡议，鼓励大家要不然就是在城市的空间当中去做一些植物的培育，还有一些是新的场地，尤其是在巴勒斯坦，当地可能会鼓励人们去做一些塑料温室或者是说房顶的花园这种项目，这个让我们想到了花园以及农业这个领域的议题，我又继续思考。因为有的时候我们会听到很多批评的声音，在这个艺术空间我们做这件事情好像并不是艺术。要如何解释农业是项目的一部分呢？而艺术本身就牵扯到空间和现实，我们做这个艺术不仅是限于歌舞，很多的时候我们思考他为何重要，为什么界定它到底是不是艺术这个问题，一直处在我们讨论的核心。艺术空间或者是说艺术装置他们把它作为一个媒介来开启一段对话，来激励人们去思考自己的消费习惯和饮食习惯等等，过去几年我一直在跟踪这样一个项目，是两个年轻人发起的，他们两个也是农民也是舞者。这个案例中的两个年轻人，他们在毕业后面临着选择非政府组织工作或给人打工的困境。他们发现这些工作选项并不能满足他们对人生掌控的需求。因此，他们开始探索一种积极的解决方案，通过自己的努力来实现对生活的掌控。

他们选择了一个塑料温室作为实践的场所，这个选择不仅具有实际意义，也体现了他们对艺术和农业的独特理解。在塑料温室中，他们可以种植有机蔬菜，同时也可以展现自己的舞步，将舞者的身体和农民的身体相结合。这种结合不仅体现在身体上，也体现在他们的观念和行动上。在农业生产中，他们展现出了表现的欲望，通过舞蹈来展现自己的情感和态度。这种表现方式非常独特，因为它将农业和艺术相结合，创造了一种新的表达方式。这种表达方式不仅具有实际意义，也具有象征意义，它代表了他们对生活的掌控和对未来的希望。

这个案例也引发了我对艺术空间功能的思考。我认为，艺术空间不仅仅是一个展示艺术作品的地方，它更是一个能够促进交流、启发思考、增强体验的空间。在这个空间中，人们可以通过各种方式来展现自己的创造力和想象力，同时也可以通过与其他人的交流，来获得更多的启示和灵感。艺术并不仅仅是歌舞等传统形式的表达，它也可以通过各种方式来展现。在这个案例中，两个年轻人通过自己的实践让我们看到了艺术的可能性，也让我们思考如何将艺术与生活相结合，创造出更多的价值和意义。

亚齐德 · 阿纳尼：什么是艺术？如何去看待艺术？一直是永恒的话题，我们如何去理解艺术对于生活的干涉？阿西姆对此如何解答呢？

阿西姆 · 瓦奇夫：事实上我也是做了一些社会活动的。有的时候这样的一种社会活动，都是想让一些没有被接受的想法能够被接受，有的时候是会批判人们的生活或者其他的方面，而人们受到这样的批评之后，可能会进行自我保护，对于艺术来说，有的时候艺术可能会很轻佻很琐碎，但是很多的问题我们就会呈现在观众的眼前，而没有对他们进行说教。我觉得实际上很多的问题都是观众自己提出来的，有的时候这个答案并不是明显，人们需要思索，但是对于艺术的思考可以改变人们的认知和想法。所以在有的时候，我认为艺术作品是有行动主义的强大潜力。我的回答中并不会解释到底什么是行动主义，什么是艺术。

伊芙 · 莱米斯尔：阿西姆刚才说的是行动主义和艺术之间的界面，我们可以看到很多时候艺术作品实际上是有行动主义的元素的，行动主义也可以来成为艺术的中介，公共艺术作品实际上就是社会不同的问题的一些界面，包括里面有社会行动，社会问题等等。我们可以看到 IPA 实际上就是这样的一个行动组织，我们所提名很多的项目，我们做的很多的案例的研究，都是在看这个艺术作品和它当地的社区有什么样的关联。

亚齐德·阿纳尼：公共艺术的确可以去解决或提起很多的社会变革当中的一些问题，以及这个城市发展当中的问题。还有一个问题，用于项目的竹条是否会被回收？《洛伊》是一个永久性的艺术作品还是暂时性的？

阿西姆·瓦奇夫：这个是完全临时性的作品，只有 10 天对公众开放的时间，用了 8 个月进行准备，还有 3 个月的时间进行当地的现场的建设，最后就开放 10 天。很多的竹条还有建筑材料都报废掉。还有很多的电子设备之后可以在其他的项目之中使用。当然的确是有一些浪费，但是没有其他的办法，我们尽量去减少对环境负面的影响。另外，我们这个项目之中有的东西是借来的，并不是买的，借来的就还回去就行了，总体成本是比较低的。

亚齐德·阿纳尼：最后一个问题是给舒鲁克的，因为您也建造过若干个巴勒斯坦和约旦的公共艺术项目，在您的经历中，你们和公众有什么样的联系呢？作品是不是留在了当地？另外艺术家和艺术项目以及政府和城市的一些管理者之间有没有什么对话呢？

舒鲁克·哈布：我做过很多艺术作品，大部分是临时性的作品，实际上是给大家一种体验，并不是永久性的，像纪念碑那样一直在那里，有一次，我做了一个非常大的告示牌，将其放置在街上，结果这个艺术作品第二天就没有了，没有人告诉我发生了什么，这是一个 8 米大的作品，放在那里一天就消失了，但是这个对于我来说是非常有趣的体验。我们使用了合金做这个作品，当然它很大，有的人就会拿走用了，对于我来说市政府做的事情很是有趣的，因为我们不喜欢他们做的事情，他们实际上不会喜欢我们做的事情。当看到在一个街边有这样的一个大的告示牌，他们不舒服的感受与反应，对于我们来说也是一种有趣的反馈。

会议对话 7

关于非洲地区案例《瓦尔卡 · 沃特水塔》的研讨

主持人：陈志刚

嘉　宾：马桑巴 · 姆贝耶、辛迪 · 利 · 麦克布莱德、
阿图罗 · 维托里、赖克 · 西塔斯

非洲地区获奖案例《瓦尔卡•沃特水塔》

陈志刚：感谢曾令香老师提出的现场作为方法的观点。这个观点与我之前阅读过的一本书《把自己作为方法》中的内容相吻合。书中涉及了在公共艺术创作过程中身份和视角的转换。与徐强老师等前几位嘉宾提到的观点相契合，尤其是关于公共艺术在乡村建设中可持续性问题的讨论。曾老师近年来在公共艺术和乡村实践中进行了深入探索。我曾与他一起参与了 2018 年、2019 年的长江向下公共艺术计划活动。在那些活动中，他们探讨了一些方法，涉及到时代现场过程中的空间营造，乡村艺术的地域生长，以及创作机制。我认为，这对我们介入公共艺术、进行创作，以及在创作过程中进行视角转换、处理与政府、机构、村民等相关主体的关系方面，提供了新的视角和方式。今天的线上演讲环节基本上已经结束。接下来，我们将进行一个针对非洲地区获奖案例的研讨。非洲地区的获奖嘉宾中，有马桑巴 · 姆贝耶、辛迪 · 利 · 麦克布莱德、阿图罗 · 维托里和赖克 · 西塔斯四位。现在，请工作人员播放获奖案例的研讨。

马桑巴 · 姆贝耶：非常荣幸主持这次研讨，看到这么多优秀的艺术家和专家。《瓦尔卡 · 沃特水塔》是一个非常有趣的项目，我想让我们的艺术家首先介绍一下。阿图罗 · 维托里，请您为大家介绍一下。

阿图罗 · 维托里：首先，非常感谢各位。很荣幸能够与大家一起研讨我们

的项目，《瓦尔卡 · 沃特水塔》，2015 年在埃塞俄比亚实施。这个项目是一个垂直的建筑结构，旨在从空气中收集水源。我们的主要目标是提供便携式的水源，可用于浇灌和饮用，特别是在埃塞俄比亚的农村地区。因为那里缺乏便携的水源和相关基础设施。当地社区的居民在寻找水源时面临很大困难，每天需要走几公里的路程，扛着沉重的水返回。因此，我们的项目初衷是帮助人们满足基本需求。我们相信，我们应该为地球上的每个人提供基本的生存保障。《瓦尔卡 · 沃特水塔》的设计灵感主要来自埃塞俄比亚当地的传统文化和建筑。因此，我们考虑了项目的本土性。以上就是我对《瓦尔卡 · 沃特水塔》的简要介绍。

马桑巴 · 姆贝耶：您为什么会将瓦尔卡树的名字用作为项目的名字？

阿图罗 · 维托里：这个名字也是来源于非洲。我第一次去非洲的时候，发现供水问题是一个巨大的挑战。但是埃塞俄比亚的社区非常美丽，那里有一种叫做瓦尔卡的大树，它是当地社区的象征。瓦尔卡树非常聪明，能够在其他树木被砍伐的时候存活下来。这种树提供了社区所需的许多东西，包括营养，因为它结出的果实可以供食用，还吸引了很多鸟类、动物和牲畜，它们也吃这种果实，为社区提供了养分。此外，瓦尔卡树还提供了树荫，它的大树枝下面可以遮荫 50 米范围，为社区提供了一个凉爽的地方。社区活动通常都在树下举行。这种树在埃塞俄比亚人的文化中具有象征意义，他们在树下祈祷，希望得到雨水，以促使农业发展。所以瓦尔卡树代表了社区和人们的联系。这就是为什么我选择将该项目命名为瓦尔卡，因为它具有象征意义，而且这棵树富有智慧。

马桑巴 · 姆贝耶：非常有趣。您能给我们展示一些照片吗？

阿图罗 · 维托里：当然可以。这是我们在 2015 年在埃塞俄比亚的第一个艺术装置项目的安装过程，我们与当地社区合作完成了这个项目。那时我们位于埃塞俄比亚的南部，地势较高，海拔约为 2500 米。我们与当地的大学 ABC 建筑学校和学生们一起合作，进行了一些工作坊项目。我们与社区直接合作，共同创作和建造了这些项目，并学习了当地的传统工艺，比如使用竹子构建结构。这些照片展示了我们装置艺术项目的相关过程。我们的目标是在埃

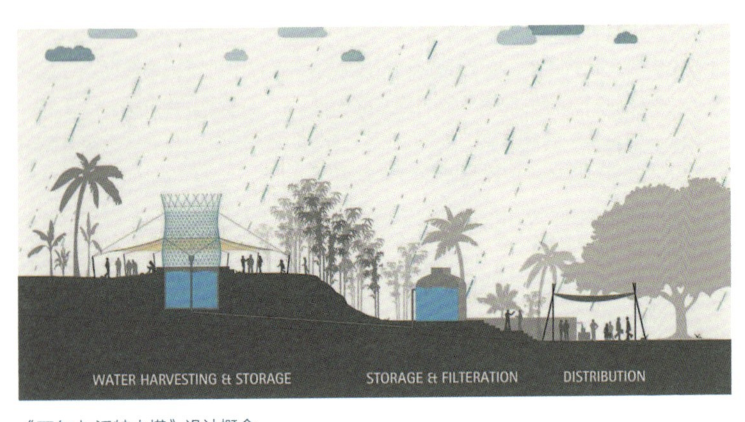

《瓦尔卡·沃特水塔》设计概念

塞俄比亚的农村地区建造类似这样的结构，我们已经在意大利建造了原型，计划将其放置在埃塞俄比亚并与当地社区合作。这是我们的第一个试点项目，我们选择了这个地区进行测试。在这里，空气中充满了水分，尤其是在白天，空气中有很多雾气形成，这提供了潜在的水资源。我们希望利用雾气中的水分，为社区提供水源。我们还计划在白天收集雾气中的水分，用于满足社区的用水需求。这些照片展示了我们项目背后的思考和努力。

在这个过程中，我们还学习到了当地人民如何使用竹子等自然资源建造他们的家园。他们用竹子和竹叶建造房屋，这些结构不仅美观，而且非常实用。这个项目给我留下了深刻的印象，激发了我寻找解决方案的动力。当地人每天都要排队等候取水，这是一个不安全的地方，他们与牲畜共用同一水源，不得不走很长的距离，才能获取水源，这是他们每天的生活现实。我们希望通过我们的项目，能够解决这个问题，帮助当地人改善生活质量。

我们的项目背后没有任何委托客户，只有我个人的设计工作室。我们希望通过技术和建筑的愿景，自愿参与这个过程，寻找最佳解决方案。我们的项目还在不断进行中，我们一直在努力。刚才您所看到的是我们的第一个试点项目，它在埃塞俄比亚的高地环境中进行，那里海拔 2500 米，周围有大片湖泊，形成了很高的湿度。我们希望利用这种湿度，收集雾气中的水分，帮助社区解决水源问题。这个项目的背后充满了美感和灵感，但也面临着非常严峻的挑战，我们一直在不断尝试，寻找最佳的解决方案。

马桑巴 · 姆贝耶：非常感谢您的分享，这确实是一个非常有趣和慷慨的项目。如果您有更多的照片，我们也非常期待能够看到更多的细节。接下来，请辛迪与大家分享一下您的见解。

辛迪 · 利 · 麦克布莱德：非常感谢。我是辛迪，对于大家的分享特别感兴趣，尤其是刚才阿图罗提到的水塔项目，我觉得其中有三个方面非常有趣，虽然我没有建筑学背景，但我在研究中发现了一些非常引人注目的点。

首先，这个项目在视觉上非常震撼，整个过程中充满了变化，非常吸引人的眼球。这种视觉冲击力让人印象深刻，也能够引起人们的关注。第二点是

在白天收集雾气中的水分

项目关注的核心问题——社会公平。水资源的获取过程在不同情况下发生变化，这使得项目更具深度。而且，阿图罗慷慨地分享了项目的详细信息和背景，这也让我们留下了深刻的印象。这个项目应该是当地社区所拥有，并由他们自主运营。这种社区赋权非常关键，水资源的重要性不言而喻，但社区赋权同样重要。

第三点是关于环境公平的问题。项目的设计需要考虑当地的气候、土壤特性、地质水温状况，以及社会文化和历史等因素。建筑材料的选择、传统元素的融入等都需要考虑。这种综合考虑不同社会和环境因素的方法，使得项目更具可持续性和适应性。在研究过程中，我发现了这些内容，每一步的实施都有详细记录。这些美丽的照片和文字都展现了项目的魅力，让我在研究的过程中感到非常愉快。非常感谢！

赖克·西塔斯：非常感谢邀请我们，能够看到这么出色的项目，我们十分激动。我要祝贺这个项目的成功。我是一个从事行动研究和社会参与研究的学者，专注于公共艺术和城市研究领域。我听到了很多关于这个项目的信息，觉得非常有趣。这个项目不仅在审美上具备高度艺术性，同时也是一项与政治密切相关的实践。我的研究主要集中在这方面，希望能够在公共艺术和社会参与方面进行探讨和实验。你们的项目非常出色，对此我表示非常赞赏。

公共艺术不仅仅是审美特性的体现，它还能够提供一种互动形式，并且涉及到政治过程。在公共艺术项目中，我们会面临很多挑战，而解决这些问题需要一种解放式的方式，能够创造一个平台，记录下众多的知识。这种公共艺术的体验可以赋权于人们，我们对公共艺术寄予厚望，它不仅能够满足我们的期待，也可能带来意想不到的惊喜。然而，在非洲等地，如果这样的艺术只是由发达国家的人来制作，可能无法真正使当地社区受益。因此，我们在公共艺术中需要反映一些不平等的问题，包括性别和社会层面的不平等。尤其在疫情期间，这些问题变得更加严峻。非洲是一个年轻而充满活力的大陆，它的文化蓬勃发展，但仍然面临着技术上的挑战。我相信文化艺术在未来将在非洲大陆上蓬勃发展。

此外，关于我们的 IAPA 奖项，我们强调项目应该与社会环境进行互动。我发现你们的项目在与社会环境互动方面做得非常好，它具备广泛传播的潜力，可以在不同项目地点采用共同的方法进行实施。项目中也有很好的记录，特别是在使用当地材料方面。项目不仅仅解决了缺水问题，还充当了催化剂，引发了人们对环境公平和水资源公平等议题的思考。

至于我有四个与项目相关问题，我非常期待听到您的回答：

第一个问题是关于在大规模实施项目时的合作方式。在这个项目中，您是如何进行合作的，特别是在大规模项目的实施中，您采取了什么样的策略？

第二个问题是关于社会和空间的互动。您的项目在日常生活中是如何与社区进行互动的？除了提供水资源外，这个地方还能够吸引人们聚集，社区里的人们在这里做什么活动？不同年龄和性别的人在这个地方有何互动？

第三个问题是关于项目中可能出现的意外事件。在项目实施过程中，您是否遇到了一些意外的情况，包括正面和负面的结果？有没有一些出乎意料的收获或挑战？

第四个问题是关于人和政治的互动。作为一个外国设计师，您在非洲工作时是如何与当地社区和政府进行互动的？您是如何处理这种跨文化背景下的合作关系？另外，我也想了解项目的可持续性。除了建筑结构的可持续性外，您认为在未来该项目可能会发生什么变化？您是否有计划引入一些新的元素，以进一步提高项目的可持续性和适应性？非常感谢！

阿图罗·维托里：首先，我想讨论的是合作。我们的项目正在非洲进行，康柏龙公司也在同一地区开展了类似的项目。从一开始，我们就将这个项目融入了当地社区，这点至关重要。我深信，如果一个项目与周围环境毫无关联，它将很快失去意义。最初，我们面临的挑战主要是技术层面的，包括如何从空气中提取水、选择何种设计策略等。然而，随着项目的推进，我们面临了更大的挑战，即如何将创新方法引入到传统社会背景中。这涉及到广泛的合作，不仅仅是与科学家和专家的合作，还包括与社区居民的合作。由于这些居民拥有不同的文化背景和期望，将新元素引入传统社区需要谨慎。首先，我们必须确保新元素能够融入社区结构。如果社区对此持强烈反感，即使这个新元素非常实用，也将无法被接受。居民必须理解并接受这一变化，否则他们会觉得这并不符合他们的文化传统。

与当地居民一同开展项目带来了许多优势。他们非常喜欢这个项目，因为这是他们自己的项目。我们使用了他们熟悉的简单技术和当地材料，这使得项目变得易于操作和维护。项目的成功得益于与当地居民的紧密合作，特别是在这样的环境中。当然，这也带来了挑战，因为在设计和建设过程中，我们必须考虑当地可用的材料，以及居民能够接受和使用的技术。因此，我的设计是与当地居民一同进行的。例如，食品共享在非洲文化中扮演着重要角色。在埃塞俄比亚，人们可以分享一杯咖啡，或者将自己的食物与他人分享，也可以分享自己的想法。为了赢得社区的信任，我们必须了解这个社区，与他们建立联系。作为一个白人到非洲，我面临着许多刻板印象。为了消除这些印象，我必须向他们解释我的意图，并花时间融入社区，成为社区的一员。如果没有这一步，合作将无法成功。因此，与当地社区的合作对于项目的成功与否至关重要。

辛迪·利·麦克布莱德：第二个问题是社会的互动，人们和这样的空间如何互动并如何参与其中，也就是说人们如何和你的建筑进行互动？

阿图罗·维托里：就瓦尔卡·沃特水塔而言，它不仅仅是一个建筑物，更是一个分享和聚集的场所。当然，提供水资源是其主要功能之一，居民只需花几分钟取水，然后便可离开。然而，我们希望这个地方能够成为一个充满生气的中心，能够服务于整个村庄。我们考虑，水塔除了提供水源之外，还可以承担更多责任。首先，我们引入了电力，这就意味着可以提供照明。我们的第一个举措是安装了一个简单的手机充电电池，这样孩子们在晚上就可以安全地在这里学习。举个例子，附近有一个小女孩白天没有时间上学，因为她需要照顾家里的牲畜。但在晚上，她可以来水塔这里读书。我们用一个小小的 LED 灯就改变了她的生活，使得她有机会接受教育。此外，我们还将水塔周围设计得非常吸引人，孩子们可以在这里玩耍、学习、参与各种活动。我们的目标是培养居民的水资源意识，教育他们如何保持水质的安全，如何洗手等。水资源问题不仅仅是缺水，也包括缺乏正确的水资源知识。有了水塔，我们可以据此开展各种教育活动。

此外，水塔还能支持农业发展。我们可以利用水塔的水源种植作物，进而改善居民的经济状况。很多居民具有艺术才华，他们能够制作各种手工艺品，比如陶瓷制品。有了充足的水资源，他们就有更多的时间去发展自己的技能，制作手工艺品并在市场上销售，为家庭带来额外的收入。此外，水塔的太阳能电池还可以为周围居民提供手机充电服务。在这个没有充电设施的地区，手机是非常重要的通讯工具。水塔的电力可以帮助居民保持联系，提高了他们的生活质量。这座水塔不仅仅是一个水源，更是一个社交的场所，也为社区的经济发展提供了支持。

许多居民在空闲时都展现出出色的手工艺技能，他们能够制作各种工艺品，包括陶瓷制品。他们不再需要花费时间去寻找水源，因此有更多的时间来专注于手工艺品的制作。他们制作的手工艺品非常漂亮，可以在市场上销售，为他们提供额外的收入来源。通过这种方式，他们能够维持家庭的生计，并且从中获得极大的乐趣和满足感。

此外，水塔提供的电力也为居民提供了方便，他们可以使用电力为手机充电。起初，一些居民可能并不了解手机的重要性，因为他们附近没有充电设施。然而，水塔上安装的太阳能电池为他们提供了必要的电力支持，使得他们能够使用手机，这是一种非常实用的通讯工具。这不仅方便了他们的生活，也提高了他们的生活质量。

辛迪·利·麦克布莱德：感谢您刚刚详细的回答。第三个问题是您在做这个项目的时候遇到了什么有意外的事情。

阿图罗·维托里：在我们的项目实践中，确实遭遇了许多意外情况，这些挑战使得我们更深刻地认识到项目的复杂性。一个有趣的例子是，在欧洲设计项目时，我们无法预料到农村地区的实际情况。一次意外发现是当地的鸟喜欢停留在水塔的顶部，以便更好地观察周围环境。然而，由于它们停留在那里，它们的粪便可能会污染水源，这是一个需要解决的问题。我们设计了一种小容器，利用风力来驱赶鸟，并通过反射太阳和月亮的光线，不仅在美学上有吸引力，还能显示出风的方向。尽管这种设计非常技术化，但居民对于这种明亮的元素并不信任。为了解决这个问题，我们在水塔上安装了一个鸟钟，当鸟靠近时，它会发出声音，这样鸟就会离开。这个例子说明了我们在应对当地挑战时所采取的方法。

马桑巴·姆贝耶：非常感谢您的详细解答。我想问一下，您接下来的计划是什么？是否有未来的项目或发展方向？

阿图罗·维托里：关于接下来的内容，2015 年我们做了埃塞俄比亚的沃尔卡水塔的项目，我们也向居民证明我们可以收集水，并且向当地的社区以这种创新的方式提供水源，但我们认识到我们的使命远不止于此。水是生命之源，没有水，人们将无法生存，有了水，我们可以做更多的事情。我们计划提供教育培训、食物、能源、营养、卫生环境、经济发展、社区支持以及生态系统保护等多方面综合服务。

我们意识到，可持续发展模式需要综合考虑各种因素，不仅仅局限于提供单一的资源。我们需要关注更广泛的范围和更大的问题。目前，全球面临着环境污染和生态系统破坏等挑战，一些地区甚至连基本的基础设施都欠缺。在不健康和不卫生的环境中，水源可能受到寄生虫和污染的威胁，这对社区的健康构成威胁。因此，我们认为建设公共厕所是促进可持续发展的基本方面，同时提供良好的医疗条件也至关重要。

我们的新项目正在凯美润南部进行，这个地区已经有了沃尔卡水塔提供的基础服务。我们计划在现有的基础上进行扩展，为当地居民提供避难所、食物、卫生水源和经济支持，以帮助他们改善生活条件。这个地区也是干果盆地，森林和生态系统的保护对地球的氧气供应和二氧化碳吸收至关重要。我们决心与当地社区通力合作，共同保护这片宝贵的生态环境和生态体系。

马桑巴 · 姆贝耶：非常感谢！

辛迪 · 利 · 麦克布莱德：感谢您刚才给出非常慷慨的答案，您刚刚讲的大家每天日常生活的场景，在学术报告当中我们很难看到，我们非常高兴可以听到这些答案，谢谢！

赖克 · 西塔斯：非常感谢，我们今天的交流特别的顺畅。

马桑巴 · 姆贝耶：这个项目向我们展示了一种不同的生活方式，也为我们创造了一个不同的世界，为解决气候挑战等各种问题提供了新的可能性。这其中融入了美学的元素，这种连接点非常有趣。这个项目确实是一个非常出色的项目，再次感谢您，感谢我们的艺术家们为此所做出的特殊贡献！今天我们讨论了一个非常有意义的艺术项目，希望世界上的每个人都能够过上宁静的生活。谢谢大家！

八、附 录

第五届国际公共艺术奖评选会纪实

评审活动介绍

第五届国际公共艺术奖评审会暨中国·青岛西海岸新区公共艺术方案国际征集评审会纪实

2021 年 8 月 3 日—5 日，第五届国际公共艺术奖评审会暨中国·青岛西海岸新区公共艺术方案国际征集评审会开幕式在中国青岛西海岸新区明月海洋生活家酒店多功能厅举行。

活动由国际公共艺术协会（IPA）、山东工艺美术学院、上海大学共同主办，青岛西海岸新区管委会、山东工艺美术学院公共艺术研究院、山东工艺美术学院产教融合青岛基地承办，青岛西海岸新区文化和旅游局、青岛西海岸新区文学艺术界联合会协办。

中国文联副主席、中国公共关系协会副会长、中国民间文艺家协会主席、山东工艺美术学院院长潘鲁生；清华大学文科资深教授，清华大学张仃艺术研究中心主任、清华大学美术学院书法研究所所长，建设部园林学会公共艺术委员会主任，“第五届国际公共艺术奖”组委会顾问 杜大恺；国际公共艺术协会副主席，发起人，上海美术学院教授、博导，中国美术家协会平面设计艺委会副主任、上海市文联副主席汪大伟；中国室内装饰协会副会长、中国美术家协会平面设计委员会副主任、中国高教学会设计专业委员会副主任，上海大学和澳门科技大学博导赵健；山东工艺美术学院公共艺术研究院院长、美术馆馆长、教授，山东省美术家协会理事李文华；青岛西海岸新区工委宣传部副部长、文化和旅游局局长董华峰；青岛西海岸新区政协副主席、工商联主席、政协书画院院长，国家一级注册建筑师、国家注册城市规划师，民盟中央美术

图1　第五届国际公共艺术奖颁奖典礼、中国·青岛西海岸新区公共艺术方案国际征集活动颁奖典礼暨国际公共艺术论坛开幕启动仪式

院青岛分院院长，中国石油大学、山东科技大学、青岛理工大学客座教授王波、中国徐福会副会长，琅邪暨徐福研究会会长，青岛西海岸文化艺术交流中心主任，青岛大学客座教授、《琅琊风》主编、《徐福的传说》非物质文化遗产代表性传承人钟安利出席了开幕式。

此外，由于疫情影响，国际公共艺术协会 (IPA) 主席、发起人路易斯 · 比格斯先生以及 “第五届国际公共艺术奖” 的各大区评委，包括东亚及东南亚地区评委，帝门艺术教育基金会执行长熊鹏翥、大洋洲地区评委，雅加达努桑塔拉现代和当代艺术博物馆馆长 艾伦 · 席托、欧亚地区评委，伊斯坦布尔现代博物馆 首席策展人 奥约库 · 奥兹索伊 、西中南亚地区评委，艺术家和独立策展人、印度高知基金会联合创始人和创始主席 伯斯 · 克里什阿姆特瑞、非洲地区评委，东费公共艺术专家、杜尔艺术中心（Doul'art）的总监玛丽莲 · 杜阿拉 · 贝尔公主、拉丁美洲地区评委， 哥伦比亚拉奥特拉（La Otra）当代艺术中心联合创始人和艺术总监伊丽莎白 · 沃勒特、北美洲地区评委，加拿大不列颠 哥伦比亚省温哥华市 艾米莉卡尔艺术与设计大学 公共艺术和社会实践教授卡梅隆 · 卡蒂埃以国际观察员美国圣保罗市经济规划师，明尼阿波利斯 - 圣保罗地区大都会委员会区域规划总监，曾担任美国规划协会区域和政府规划部门主席 马克 · 范德斯恰夫在线上参加了开幕式。

“国际公共艺术奖”（IAPA）是 2011 年由《公共艺术》（中国） 杂志与 Public Art Review （美国）杂志合作发起的国际性公共艺术领域评奖活动，由国际公共艺术协会 (IPA) 和上海大学上海美术学院合作运作。至今已成功举办四届，其目的在于为世界各地区正在开发中的城市提供公共艺术建设范例，引领公共艺术潮流，强化城市区域文化的传承与发展， 提高城市文化艺术水准，改善城市生活环境，提升市民生活品质。本届国际公共艺术奖入选参评案例总数 90 个，其中大洋洲 9 个，东亚 19 个，拉美 21 个，北美 18 个，西中南亚 9 个，非洲 3 个，欧亚 11 个。案例形式多样，涵盖了装置、建筑、雕塑、壁画、行为表演、活动等多种类型。第五届“国际公共艺术奖”暨论坛系列活动将于年底在青岛西海岸新区举行，旨在赋能举办地——青岛西海岸新区，结合该区发展定位与目标，聚焦其设计、建设、发展公共艺术，提高城市环境品质的发展需求，借鉴和吸纳全球的成功经验，共同探索提升城市品质、激发城市活力等方面的新理念与新方式，为城市发展和乡村建设提供新的方案与思路，探索地方政府与协会、高校、专业团体、设计师、艺术家的全面深入合作。为期三天的第五届国际公共艺术奖评审会，来自全球 7 个地区的评委将以线上线下结合的方式，通过推优—初评—复评—大奖评选四个环节评选出入围案例、7 个地区优秀奖，以及 1 个国际公共艺术奖大奖。评选结果将在年底举办的第五届“国际公共艺术奖”颁奖典礼中公布，届时还将同时举办“国际公共艺术奖”论坛。

“中国青岛西海岸新区公共艺术方案国际征集”评审会，邀请了来自清华大学张仃艺术研究中心的杜大恺教授，上海美术学院汪大伟教授，上海大学和澳门科技大学博士生导师赵健教授，山东工艺美术学院苗登宇教授，日本东京艺术大学理事、名誉教授，山口美术馆馆长保科丰巳（Hoshina Toyomi）和艺术家、南澳大学兼职研究员 Tim Gruchy 共同参与评审。活动旨在邀请全球艺术家和团队，围绕青岛西海岸新区的主要片区、城市广场、绿地系统、交通枢纽、城乡社区等区域开展公共艺术创作，提交设计方案，以多元的方式参与新区建设与发展，用艺术推动新区功能性向人文性的转变，为新区增加新的艺术地标。本次征集活动收到了来自世界各地 400 多位设计师的 1300 余件作品，作品内容形式涵盖了雕塑、壁画、公共设施、建筑、景观等各个大类，针对青岛西海岸新区，在产业布局与城市布局的主要区域进行专门公共艺术设计。评审专家将在为期两天的、以线上线下相结合的方式对参赛作品进行预评、初评和复评，最终选出了有清晰的文化定位、符合相应设计原则、具备积极正向的多元价值的 28 件作品。

第五届国际公共艺术奖评审活动暨中国 · 青岛西海岸新区公共艺术方案国际征集评审活动，旨在为青岛西海岸新区公共艺术建设献计献策，提升城市公共空间品质与促进发展的创新实践，聚焦青岛西海岸新区文化特色和符号需求，通过对多元文化的概括优化提炼，使新区公共文化成果融入公共艺术建设中。以政府主导、国际引智、群众参与，立足传统与时尚的有机结合，突出开放性、国际化、艺术性和本土性，找出一个政府满意、专家认同、群众喜欢的共赢方案，在新一轮的产业发展格局中发挥公共文化的引领作用，打造一条城市公共艺术建设成功实践的中国经验。

图2　第五届国际公共艺术奖入围作品展

国际公共艺术论坛、颁奖典礼及案例展览纪实

公共艺术赋能城市建设与文化发展：第五届国际公共艺术奖颁奖典礼暨国际公共艺术论坛综述

孙婷 Sun Ting 张羽洁 Zhang Yujie / 文

摘要：第五届国际公共艺术奖颁奖典礼暨国际公共艺术论坛继续围绕“地方重塑”的大主题，赋能举办地——青岛西海岸新区，邀请国内外公共艺术领域的专家、学者，聚焦青岛西海岸新区文化特色和发展需求，以线上线下相结合的方式进行研讨与交流，为西海岸新区的城市建设和文化发展献计献策。本文为第五届国际公共艺术奖颁奖典礼暨国际公共艺术论坛综述。

关键词：国际公共艺术奖；国际公共艺术论坛；城市公共艺术建设；地方重塑；社区公共性建构

2022年1月14日至1月15日，第五届国际公共艺术奖颁奖典礼、中国·青岛西海岸新区公共艺术方案国际征集活动颁奖典礼暨国际公共艺术论坛系列活动在青岛西海岸新区盛大举行。本次活动由国际公共艺术协会（IPA）、山东工艺美术学院、上海大学国际公共艺术研究院、上海大学上海美术学院共同主办，青岛西海岸新区管委会、山东工艺美术学院公共艺术研究院、山东工艺美术学院产教融合青岛基地承办，青岛西海岸新区文化和旅游局、青岛西海岸新区文学艺术界联合会协办。本届国际公共艺术奖一共有来自七个地区的九十个参评案例，此次颁奖典礼最终揭晓了国际公共艺术奖七个地区获奖案例和一个大奖案例。

作为国际公共艺术领域最高成就的象征，国际公共艺术奖（IAPA）2011年由中国《公共艺术》杂志与美国《公共艺术评论（Public Art Review）杂志合作发起，旨在为世界各地区正在开发中的城市提供公共艺术建设范例，引领公共艺术潮流，强化城市区域文化的传承与发展，改善城市生活环境，提升市民生活品质。作为国际公共艺术奖的持续性主题，“地方重塑”凸显出公共艺术在以艺术语言、艺术方式缓解社会矛盾、解决公共问题等方面的积极作用和重要价值，预示了公共艺术领域未来的发展方向。本届国际公共艺术奖颁奖典礼暨国际公共艺术论坛，继续围绕“地方重塑”的大主题，赋能举办地——青岛西海岸新区，邀请国内外公共艺术领域的专家、学者，聚焦青岛西海岸新区文化特色和发展需求，以线上线下相结合的方式进行研讨与交流，为西海岸新区的城市建设和文化发展献计献策，提升城市公共空间品质，摸索出一条新区城市公共艺术建设的创新实践。

活动开幕式于1月14日上午9:00举行，由青岛西海岸新区文化和旅游局局长董华峰主持，青岛市文化和旅游局二级巡视员王琳和国际公共艺术协会主席和发起人路易斯·比格斯（Lewis Biggs）先生分别致辞。

与会的论坛嘉宾有：中国文联副主席、中国民间文艺家协会主席、山东

图3 青岛西海岸新区文化和旅游局局长董华峰主持活动开幕式

工艺美术学院院长潘鲁生，国际公共艺术协会（IPA）副主席和发起人、上海大学国际公共艺术研究院院长汪大伟，青岛西海岸新区政协副主席、区工商联主席、区政协书画院院长王波，山东工艺美术学院党委副书记，中国美术家协会平面设计艺术委员会秘书长苗登宇，上海大学上海美术学院教授、国际双年展协会原主席李龙雨，山东工艺美术学院党委委员、青岛基地管委会主任韩文涛，山东工艺美术学院公共艺术研究院院长、美术馆馆长李文华，上海大学社会学院院长黄晓春，清华大学国家形象传播研究中心学术委员会副主任眭谦，清华大学美术学院副院长、中国《装饰》杂志主编方晓风，中央美术学院城市设计学院副院长郝凝辉，中国室内装饰协会副会长、中国美术家协会平面设计委员会副主任赵健，中国美术学院教授沈烈毅，广州美术学院建筑艺术设计学院院长沈康，四川美术学院公共艺术学院副院长魏婷，中央美术学院雕塑系副主任胡泉纯，上海现代城市更新研究院院长、上海市建筑学会监事长，上海城市雕塑艺术中心理事长俞斯佳，教授级高级工程师、上海市政工程设计研究总院专业总工程师钟律，上海大学美术学院建筑系主任、上海城市规划学会社区规划师工作委员会副主任委员刘勇，上海大学上海美术学院建筑系副教授魏秦，青岛市文化和旅游局艺术处处长李珺竹，青岛地铁集团有限公司总工办副主任吴学锋，上海交通大学设计学院讲师、国际公共艺术研究员汪单，国际公共艺术研究员、独立策展人、批评家姜俊，山东工艺美术学院公共艺术教研室主任、山东省美术家协会雕塑艺委会副秘书长杨勇智，山东工艺美术学院副教授徐强，工艺美术师、中国非遗艺术设计研究院研究员王晖等国内公共艺术领域的专家与学者们。

国际公共艺术协会副主席和发起人、美国非营利组织“预测公共艺术”创始人杰克·贝克（Jack Becker）以及主持线上论坛的专家、学者，第五届国际公共艺术奖评委会的评委和来自美国、法国、荷兰、德国、英国、意大利、伊朗、巴西、南非、新西兰、澳大利亚、日本、波兰、哥伦比亚等二十多个国家的三十余位研究员和专家，也在线上参加了本次活动。

在为期两天的论坛活动中，共举行了七场国际公共艺术分论坛，来自全球七大地区的三十多位专家、学者、艺术家组成了不同地区的专题讨论会，分享了公共艺术作品的创作策略和经验，带来了国际公共艺术领域的最新研究成果

图4　国际公共艺术奖主席路易斯·比格斯线上致辞

与艺术理念，并围绕公共艺术服务城市发展和文化建设、公共艺术参与城市有机更新，公共艺术赋能乡村振兴以及公共艺术的运作机制建设等多个方面展开深度研讨与交流，共同探讨公共艺术发展的相关问题以及全新理念。其中，潘鲁生院长、董华峰局长和原美国规划协会区域和政府间规划部门主席马克·范德斯恰夫（Mark VanderSchaaf）就国际公共艺术奖的核心理念“地方重塑”发表了主旨演讲。

潘鲁生以“公共文化服务体系建设中的公共艺术发展策略”为题，探讨了中国公共文化服务体系建设中的公共艺术发展策略。他认为公共艺术不仅是表现生活的一种方式，更是改变生活的一种途径。发挥艺术公共性，有助于推动艺术与自然、城市、乡村、社区、公众之间互动融合。在新时代，公共艺术应该全面融汇于公共文化服务体系规划建设中，强化四个坚持，加大宣传、教育、普及力度，鼓励多元参与，注重广泛共享，逐步做到城乡统筹、区域协调，实现高品质多元化兼备，为切实保障文化民生，助力经济发展，促进社会公平发挥更大作用。

董华峰的演讲聚焦“新时代背景下公共艺术在城市发展中的作用”。他认为，公共艺术是促进社会和谐的稳定器，有利于传递社会正能量和温暖，有利于增强公民的责任心和主人翁意识，有利于公共的心灵趋于和平和安宁；公共艺术是塑造城市内涵气质的美育师，可以美化提升城市的形象，丰富市民的精神生活，提高市民的人文素养。因此，在新时代背景下，应加强顶层设计、建立长效机制，坚持创作多元化、系统化、在地化、个性化的公共艺术作品，使城市发展更好的符合人们的新需求，满足人们的新期待，为人民社会未来发展增添更多的活力与光彩。

马克·范德斯恰夫从“空间、地方与‘地方重塑’：美国规划协会近期研究的视角”出发，总结了美国城市规划的三个阶段：高速公路的发展阶段（20世纪50年代）、高速公路的批评和抵制阶段（20世纪60年代开始）、公共交通的换乘阶段（2000年开始），随着换乘体系带来更多的自由空间，许多轻轨换乘站及周边区域，形成了七种不同类型的在地性公共艺术，例如空间设施型、墙面展示型、换乘路径型、文化活动型等等，这些充满创意的地方重塑作品与项目，不仅提升了公共交通的出行品质，还激励了许多艺术画廊等企业机构的加入，大大推动了公共交通体系的完善与发展。

此外，与会专家还就公共艺术介入城市更新与乡村建设等主题，发表了一系列主题演讲。

1. 公共艺术助力城市有机更新

李龙雨通过丰富的案例分享了“气候变化时代的公共艺术”，他认为公共艺术与建筑领域密不可分，可以促进景观设计师、建筑师和城市规划者之间的合作。在气候问题频发、生态环境恶化的时代，可持续性的生态建筑成为许多城市的未来发展方向，例如意大利米兰的“垂直森林”、埃及开罗的“森林再造”、中国柳州的“森林城市”等。因此他提出，建筑、城市规划以及景观塑造这三者必须要融入到公共艺术当中，帮助人们更好地理解生态保护的重要性。

俞斯佳以上海市长宁区新华街道为例，探讨了“有机更新，幸福城市”的实现路径。新华街道作为一个人文底蕴深厚的街道，涵盖了多处优秀历史建筑和历史文化风貌区。2019 年，上海市长宁区开始推进社区治理精细化，并于 2020 年率先实践“15 分钟生活圈”，统筹布局了“宜居、宜业、宜游、宜学、宜养”的多项行动规划蓝图。并且着重存量地块的潜力挖掘，明确“文化产业 + 设计创意”“电影产业 + 数字艺术”的功能定位，提炼了四条特色旅游线路，由线性到网络，重视后街触媒节点对区域空间的“针灸效应”，最终创立了以街道为纽带的新华特色社区治理体系，为城市有机更新提供了可推广、可复制的范本。

钟律的演讲主题为“平淡的涌动，城市空间的艺术时刻”。她认为，结合上海 2035 年的发展愿景，一江一河的场景均是放大的城市软实力，凝聚着群众精神需求的载体，要结合城市发展的需求，创造出独特的场景，才能赋予城市生活以意义、体验和情感共鸣。因此，她建议将场景营造作为城市整体优化的策略，将艺术家、音乐家、景观规划师等纳入进来，创造多维的艺术场景，打造集人文、哲学、美学与生活思考于一体的城市艺术时刻。

眭谦在其演讲“城市品牌化实践中的艺术路径”中提到，地方品牌化让人们了解和知道某一区域，并将某种形象和联想与这个地方的存在自然联系在

图5　国际公共艺术协会(IPA)副主席和发起人、上海大学国际公共艺术研究院院长汪大伟主持国际公共艺术论坛主旨演讲

图6　中国文联副主席、中国民间文艺家协会主席、山东工艺美术学院院长潘鲁生发表主旨演讲

一起，提升地方的竞争性，使得人们一提到这个城市就会产生一系列的品牌联想。从场景理论上来讲，公共艺术的介入可增强“地方”的美好生活体验和美学意义，进而提升居民文化福祉，融入城市公共设施，促进城市文化消费，催生城市创意产业。因此，艺术介入城市品牌化实践，能够有效地将受众体验转化为催生创意经济的潜在动能，并借助社交媒体的大规模分享，广泛吸引各方面利益相关群体参与和贡献，形成一种共同推动城市品牌传播的创新驱动力。

沈康的演讲题目为“公共艺术与城市创新”，探讨了艺术如何为城市的创新发展提供驱动力。他提出，城市更新已经进入了存量时代，城市的性格、城市品牌、文化遗产、智慧城市、健康城市等成为近几年来的热门话题。随着互联网的发展，城市设计与规划面临着许多新的挑战，亟需创意思维的引入。他认为，一座美好的城市，一定要有文化和艺术的味道，城市创新的艺术路径响应了公共艺术的根本宗旨，可以为城市增强能量，将艺术与各种社会、活动相融合，让精神与物质生活相互促进，带来更高品质的生活。

魏婷以“城市之美——川美公共艺术设计的探索”为题，指出在城市文脉割裂、生态环境恶化、艺术精神遗失等问题的背景下，我国的城市发展已经从追求规模、速度的阶段，转向了强调质量、效益的新时代，对城市美学提出了新要求、新任务。面对这一需求，四川美术学院利用自身的学科资源，深入研究城市美学理论，以传承历史文脉、保护文化遗产、提示城市品质、塑造城市形象、弘扬城市精神、推广全民美育为核心，构建了全面丰富的城市美学体系，积极践行城市艺术设计与工程。

姜俊结合广州的“未来社”四景案例，分享了“城市更新中的轻质型和运营导向的公共艺术实践”。“未来社”是一个由废弃小学改造而成的创意社区，邀请了四位年轻的艺术家，创造了分布在空间中的四处小景，成为人们之间对话的场所。该社区的独特之处在于，降低艺术作品的制作成本，提高社区的运营投入，关注在地性观众体验，强调人与环境之间的对话。他以段义孚的《空间与地方：体验的视角》和海德格尔的《筑居思》中提及的“空间、场所、地方”等概念，探讨了艺术与空间的相互渗透关系。提出了在城市同质化发展的背景下，要避免传统的重资产型城市雕塑，打造具有经济增值和社会文化增值功能的公共艺术活动或文化 IP，建立可持续性的循环机制。

2. 公共艺术推动社区公共性建构

黄晓春以“艺术推动公共性建构——当代中国社区建设的新路径”为题，从社会学的视角探讨了社区建设中的公共性困境和艺术如何推动公共性构建。他指出，在一个渐进式治理转型国家，公共性的形成面临一对“两难挑战”：一方面，要推动公共性形成，就需要国家对社会领域赋权；另一方面，赋权后的秩序“把关”又是个难题。与此同时，公共艺术在构建社区公共性方面有一般工作方法不具备的优势，例如公共艺术所蕴含的审美、趣味等要素具备普遍的“社区吸纳性”，艺术活动所引发的交流互动可以提升社区共识，艺术活动可推动社区认同感形成。但传统学科对公共艺术认识不足、公众广泛参与艺术活动的载体和平台不足等问题仍亟待解决。因此，在未来的社区建设中，要使公共艺术更好地发挥赋能载体与治理机制的作用，要积极推进跨学科的融合与协同、探索公共艺术作品塑造中的深度公众参与机制、建立公共艺术扎根社区的生态体系。

吴学锋以“青岛地铁公共艺术‘空间一体化’设计理念研究与实践”为题，分享了青岛地铁践行“空间一体化”理念的演进过程。他指出，当下国内许多城市建地铁时，只强调它作为公共交通基础设施的意义，而忽略了它作为城市公共空间的人文意义。青岛地铁公共艺术“空间一体化”理念，旨在将公共艺术作为地铁功能之一，关注乘客乘车的美好体验，尊重城市的文化与品格，运用丰富的艺术语言，打造具有国际风范和本土文化印记的公众参与性地铁空间，从而实现“传承青岛城市文脉，发扬青岛城市精神”的艺术效果。

胡泉纯在“场域营造”的主题演讲中，结合个人在2021年的公共艺术创作经历，例如表达乡村泥泞道路的《水泥路》、充满废墟感的《消失的房子》等，阐释了“场域营造”的基本思想，即力图在公共空间中营造出一处空间场域而不是单纯的制造出一件物品。并分享了创作的基本方法：注重研究原有空间场域的特性，从中提炼关键信息，再将这些信息经转化后营造出新的空间场域，建立起作品与原有空间场域的共生关系，从而实现作者与观者、观者与观者的共情和对栖居环境的认同。

图7　李龙雨教授发表演讲

图8　与会嘉宾合影

汪单的演讲主题为“上海社区微更新中的公共艺术运作机制”。她首先指出，公共艺术在社区治理过程中扮演着越来越重要的角色，以项目推动的公共艺术作品或是活动对一个社区的影响能维持多久？如果公共艺术是社区治理中的一项基本内容，那以何种运作机制来保障稳定、持续性地发展？结合中国社区治理的发展进程，她提出社区基金会作为社会组织在社会治理中具有双重身份和双重优势。面向社会，基金会具有某种准公共机构的号召力和权威性，使其在推进公共服务上具有一定优势。对政府而言，基金会具有非政府机构的灵活性和广泛的社会联系，使其在创新治理和资源整合上具有优势。因此，要将艺术介入作为社区治理中的重要组成部分，推动公共艺术资助的多元化，制定相应的政策引导及奖励机制，并建立长期策划及运营的工作团队或街道管理部门。

在“艺术介入第三空间”主题演讲中，沈烈毅分享了“2021 上海城市空间艺术季”中的细胞计划——新华社区公共艺术介入计划。本次艺术介入社区的计划，是为了区分一种纯视觉形式的美学介入，像细胞一样介入到社区稳定的生活体，其介入角度是由内而外的，旨在从社会学、人类学等跨学科的角度来扩宽艺术与社会之间的关系。相较传统的公共艺术计划，细胞计划具有强烈的开放性、实验性和过程性，十分看重社区与居民的互动，尝试在居民与社会间建立起良好的协作模式，从而推动社群、沟通、合作、跨文化的良性循环。

魏秦以“艺术针灸·社区赋能”为题，分享了黄浦区南昌路街区的微基建更新实践。社区微基建是满足社区居民“最后一公里”需求的小微型基础设施服务体系，密切关乎民众日常生活，是促进社区治理走向共建、共治、共享的“抓手”和“支点”。从空间角度来讲，社区微基建主要包括基础设施类、公共空间类、绿化配置类、医疗服务类四种主要类型。南昌路街区微基建更新，紧密对接黄浦区三年美丽街区更新计划，采用高校、企业、社区三方联动的方式，探索了空间针灸、场地激活、艺术介入、社区融入，延续了百年南昌路的文化底蕴，引发新的时尚活力，激活社区美好记忆。

3. 公共艺术赋能乡村及地方文化建设

杨勇智从三个方面分享了主题演讲“艺术赋能：建立乡土文化自信”。他提出，要提炼乡村文化精髓，将村庄建设成为露天的美术馆，在乡村振兴进程中引入公共艺术，强化农民的生态文明建设思想意识；要借力公共艺术表现与传播乡土文化，打造特色小镇，为公众搭建公共交流平台、传播美学思想，凸显为空间赋能的特点；要通过艺术赋能，建立乡土文化自信，深入发掘乡村优秀历史文化与民俗文化，通过艺术提炼与符号重构，打造乡土特色农产品品牌体系。

徐强以“公共艺术介入美丽乡村建设的可持续性研究”为题，提出乡村公共艺术应当因地制宜地考虑如何利用有限的资源，选择本土化的、可以重复利用和再生的创作材料，避免造成污染；打造激活农村、彰显特色、提升形象的公共艺术活动；采用艺术院校与设计师、政府共建的合作模式，进行乡村空间营造。并且他认为，公共艺术促进乡建不能只停留在对乡村的形象进行改造的显现层面，更重要的是要做到物质文明和精神文明共同发展。

曾令香的演讲“把现场作为方法：中国西南乡村艺术的行动与反思”，围绕“乡村和艺术之间的关系是什么？公共艺术从西方引过来的概念在中国的现场会发生什么？公共艺术的在地化诉求，能不能体现中国公共艺术的新内涵？”等问题展开。其提倡的行动方法为，将现场作为方法，把公众作为诉求。本着这样的思路，四川美术学院团队从 2013 年至 2022 年，开启了从中国重庆到江西、新疆，乃至波兰等国内外乡村的 16 个行动现场和在地创作，以短期迁徙的游牧式创作，构建城市与乡村教育资源和文化价值间的重要桥梁。

王波以琅邪画派为例，阐释了其演讲主题“赓续中国优秀传统文化血脉，打造新时代艺术发展新平台”。青岛西海岸新区的“琅琊画派”，旨在充分挖掘琅琊文化等中国优秀传统文化精华，吸收融合先进文化理念，以书画艺术为主体，赓续中国优秀文化血脉、弘扬中华文化思想精髓，为坚定中华民族文化自信、打造中国现代艺术新辉煌贡献力量。

王晖在其演讲“‘一带一路’中的中国民间彩塑艺术——论公共艺术在中国文化走出去中的重要意义”时，强调了公共艺术承载的中国传统文化在“一带一路”沿线产生的长远影响。就公共艺术而言，中国民间彩塑已成为公共空间中展示民族形象、传播中国文化与推动国际交流不可或缺的艺术形式。

作为系列活动之一的中国 · 青岛西海岸新区公共艺术方案研讨会，旨在进一步梳理西海岸新区公共艺术项目实施的基本思路和工作路径，明确和厘清

图9　北美地区研讨中线上嘉宾与现场嘉宾方晓风、赵健、李龙雨、黄晓春进行交流

图10 欧亚地区研讨中线上嘉宾与现场嘉宾张羽洁、王晖进行交流

获奖方案落地实施的可能性及实施步骤。研讨会回顾和总结了西海岸公共艺术的调研情况以及青岛西海岸新区公共艺术国际征集活动成果，获奖代表分别介绍了设计思路、创作过程及应用场景。与会领导和专家为西海岸新区公共艺术征集方案实施工作提出了要求，指出为新区设计的公共艺术作品要以提升公众的参与度和获得感为目标，面向社区，面向群众，让公共艺术真正融入到百姓生活里。同时，要全面提升西海岸新区地方标志性公共艺术建设水平和地方特色，公共艺术作品要体现纪念性质、地标性质，将公共艺术和文化景观纳入城市规划当中，打造亮点、形成特色，最终能体现新区文化精神，拓展新区人文空间，和谐新区人地关系，提升新区审美理念，突出新区主题文化，彰显青岛西海岸新区城市精神，充分反映城市的历史，展现城市的过去、现在和未来。研讨会作为公共艺术方案征集活动和后续工作的承起性会议，实现了政府、高校、协会、国内外优秀设计者和团队的全面深入合作，在各层面开启校城融合的稳步推进，从管理、智库到设计，真正响应“人民城市人民建，人民城市为人民”的主题，实现公共艺术服务人民生活的目标。

4. 全球七大地区获奖案例研讨

在为期两天的国际公共艺术论坛中，国内外的嘉宾围绕全球的七大地区的获奖案例展开线上线下研讨。

北美洲地区的线上论坛嘉宾有 IPA 副主席兼发起人杰克 · 贝克、加利福尼亚大学伯克利分校建筑系教授罗纳德 · 雷尔（Ronald Rael）、硅谷圣何塞州立大学设计系主任弗吉尼亚 · 圣 · 弗拉泰洛（Virginia San Fratello）、美国非营利组织“预测公共艺术”项目总监珍 · 克拉瓦（Jen Krava），以及马克 · 范德斯恰夫。线上研讨围绕该地区获奖作品《跷跷板墙》展开，作品于 2019 年以跷跷板这一喜闻乐见的游戏作为创作媒介，为分离的美墨边境社区居民搭建起了沟通之桥，获得了社区居民的喜爱和积极的参与，瓦解了“墙”的阻隔，创造快乐与平等。罗纳德和弗吉尼亚作为该作品的艺术家代表分享了创作过程，珍 · 克拉瓦以研究员的身份探讨了作品带来的全球影响力，马克 · 范德斯恰夫则以他的规划师背景探讨了公共艺术在地方重塑中的意义。

讨论环节中， 赵健教授认为该作品以小博大，利用团结的纽带来熔化隔墙，通过跨越语言、艺术形态，辐射国家文化的盲区呈现了团结和平等。李龙雨指出，这是一个用简单的方式来回应复杂的社会政治问题的项目，具有创新性。方晓风教授引用阿基米德的一句名言——“给我一个支点，就能撬起整个地球”，评价这件作品用智慧与巧妙的设计很好地呈现了公共艺术的公共性，同时也以一种游戏的、幽默的方式来表达抗议。黄晓春教授则从社会学的角度谈了自己的看法，他指出墙是一个引喻，现代社会中的“墙”无所不在，该作品启发我们用什么样的公共艺术的力量和方式来打破这堵“墙”，重新建立社会的团结与连接。

大洋洲地区的线上论坛嘉宾有：艺术家、南澳大学客座研究教授蒂姆·格鲁奇（Tim Gruchy），新西兰奥克兰 Starkwhite 当代艺术画廊副总监凯莉·卡迈克尔（Kelly Carmichael），雅加达艺术家二人组蒂塔·萨利娜（Tita Salina）和伊万·艾哈迈特（Irwan Ahmett），RUJAK 城市研究中心的创始人和总监马可·库苏马维加亚（Macro Kusumawijaya）。该地区的研讨介绍了来自雅加达的蒂塔·萨利娜和伊万·艾哈迈特的创作经历，他们开展一系列包含《北上朝圣》在内的反映生态环境破坏以及与地缘政治动荡有关的长期项目，试图通过进化的视角，找到关于人类生存焦虑的答案，并通过艺术来探索和不公正、人性、生态相关的知识生产。凯莉·卡迈克尔从研究员的视角探讨了作品对于大洋洲这一特定区域的意义所在。马可·库苏马维加亚则从城市研究的角度探讨了作品对城市研究的在方法论上的意义和启发。

讨论环节中，魏婷教授认为公共艺术强调的首先是“公共”，反映出艺术家与社会的一种互动关系，而非简单地把艺术作品置于公共场所。她认为公共艺术创作的视野应该是面向全世界、全人类的，要关注我们社会的一些公共话题。姜俊博士从接受美学的视角强调了参与的重要性，尤其是如何促使公共艺术项目进入大众媒体的视野并形成广泛的传播效应，这样才能使得诸如环境保护意识等新的认知被公众所接受。

欧亚地区的线上论坛嘉宾有：巴黎第八大学博士、图像艺术与当代艺术研究所（AIAC）研究员朱茜·乔克拉（Giusy Checola），阿姆斯特丹“2区资源”艺术机构的发起人和艺术总监艾丽丝·斯密茨（Alice Smits），艺

图11 中国文联副主席、中国民间文艺家协会主席、山东工艺美术学院院长潘鲁生为第五届国际公共艺术奖北美地区获奖案例颁奖

图12　清华美术学院副院长、中国《装饰》杂志主编方晓风为第五届国际公共艺术奖拉丁美洲地区获奖案例颁奖。颁奖现场采用了虚实结合方式获奖者通过虚拟形象来到现场领奖并发表获奖感言

术家、建筑师马尔杰蒂卡·波蒂奇（Marjetica Potrč），荷兰 OOZE 建筑事务所创始人伊娃·普芬内斯（Eva Pfannes）和西尔文·哈滕伯格（Sylvain Hartenberg），以及英国城市空间网络主席和城市空间 Folkestone 创始人黛安·德弗（Diane Dever）。研讨围绕该地区获奖案例《水与土：国王十字池塘俱乐部》展开。该作品是一件位于伦敦国王十字开发区的天然泳池式艺术装置，利用植物、营养物质矿化和一套过滤器水源进行自然净化。并向周围的居民和工地里的建筑工人提供游泳沐浴的场所。作品试图整合社区建设、场所建设和生态再生，为人类和自然在城市空间中的共存提供可持续性的方向。艺术家代表马尔杰蒂卡和伊娃分享了创作过程与难点，及其对伦敦国王十字车站开发工程所带来的影响。朱茜探讨了作品所强调的人与自然的关系以及保持生物多样性在城市开发中的重要性。艾丽丝从研究者的角度关注作品在伦敦黄金地段的出现，向人们提出的在城市开发中地产估值与自然估值的失衡。黛安则聚焦在作品对其所连接的南边的富人区与北边的平民区所带来的意义，以及公共艺术对城市建设和文化再生的作用。

讨论环节中，王晖从艺术创作的角度希望进一步了解该作品与艺术家的其他作品之间的关系。上海大学上海美术学院数码系教师张羽洁认为，该作品中在工地出现的泳池及其所体现出来的自下而上的力量与自然生态的力量，以及这两种力量在两种空间中形成的互动，正是作品吸引人的地方。钟律则从创作的角度表达了一些自己的感悟，包括在非常强的规划体系下如何进行自我表达，因为公共艺术既需要艺术家的创造性，也是属于特定空间场域的。此外材料和形式的不断探索与突破将成为未来公共艺术发展的重要方向。

拉丁美洲地区的线上论坛嘉宾有：策展人、社会活动家及文化制作人伊丽莎白·沃勒特（Elisabeth Vollert），Piso Alto 策展机构总监、哥伦比亚安蒂奥基亚博物馆副馆长阿德里亚娜·里奥斯·蒙萨尔夫（Adriana Rios Monsalve），扩展建筑艺术团体（Arquitectura Expandida），以及墨西哥策展人德拉加尔萨·木兰（Magnolia de la Garza）。波托西是 20 世纪 80 年代在哥伦比亚波哥大城乡交界处建成的非正式定居点，这里不通水电、缺少文化建筑或活动，甚至未为居民预留公共空间。于是，当地的社区组织ICES发起了自主文化倡议，其中包括一个电影节、一所视听学校、一家广播电台等，并与扩展开建筑团队进行合作，将社区内的一座废弃建筑改造为一家社区电影院，即《波托西电影院》，为社区创造了一个特定用途的可变公共空间，由社区自行管理。德拉加尔萨根据拉美区域的政治、文化背景探讨了作品的独特性及对当地的意义；扩展建筑艺术团体详细介绍了作品的创作过程，带来的社会影响。阿德里亚娜则从研究者的角度阐述了作品对市民参与空间规划和争取城市权利中的作用。

讨论环节中，胡泉纯用自主、自发、合作、共建四个关键词总结了该公共艺术项目的内容，他指出这个由建筑师、艺术家和社会活动家在社区发起的项目，给全世界尤其是发展中地区起到了很好的启示和引导作用。刘勇认为该项目是在资源有限的情况下，由艺术家协同各方力量进行协同创新的一种自下而上的探索。但需要反思的是，类似的问题如何从政府推动城市的整体发展建设的角度展开探索。公共艺术对于社区来说是一种生产力，能够对社会的发展发挥积极的作用。

东亚地区的线上论坛嘉宾有：中国台湾帝门艺术教育基金会执行长熊鹏翥，中央美术学院艺术管理学院硕士生导师、教授张正霖，韩国独立策展人朴多爱（Daae Park）和韩国艺术家 Junk House。自新冠疫情爆发以来，大多数人在面临外出受限的同时还要承受来自心理的压力。作品《新游戏，新连接，新常态》项目重新评估了户外活动的价值，并通过艺术作品吸引当地市民来到广场休息和活动，界定并强化了社交安全的距离，探讨了公共艺术在非常时期的替代方案和更多的可能性。艺术家 Junk House 在讨论中介绍了创作初衷、表现形式及其对社区带来的影响。张正霖教授认为作品是在疫情背景下对另类公共性的探索，即既有阻隔又有交流的一种状态。作为案例的研究员，朴多爱指出作品意义在于帮助社区重新建立起联系，同时又保持一定的安全距离，为艺术如何在当下发挥作用提出了新的方向。

讨论环节中，魏秦指出该作品满足了人的情感需求，尤其是在新冠疫情

图13　第五届国际公共艺术奖颁奖典礼现场，上海大学上海美术学院博导、中国室内装饰协会副会长、中国美术家协会平面设计委员会副主任赵健揭晓非洲地区获奖案例

期间，创造了新的视角以及人与人之间新的连接；同时，广泛的公众参与也体现出了作品再生产的过程，为公共艺术的多元发展提供了更多可能性。汪单认为人与人之间面对面的互动是弥为珍贵的，无论网络、通信技术如何发达，人们依然需要实际的公共空间。而对公共空间的使用通常都非常注重形象。该项目借用作品来主动性地使用公共空间，并且巧妙地设计人与人之间互动性，使项目兼具灵活性和秩序性。

西中南亚地区的线上论坛嘉宾有：巴勒斯坦比尔泽特大学建筑系城市规划与景观设计专业助理教授亚齐德·阿纳尼（Yazid Anani），孟买艺术管理机构“什么是艺术”的创始人、总监伊芙·莱米斯尔（Eve Lemesle），艺术家、电影制片人兼作家舒鲁克·哈布（Shuruq Harb），以及该地区获奖作品《洛伊》的作者、艺术家阿西姆·瓦奇夫（Asim Waqif）。阿西姆·瓦奇夫来自印度德里，在德里规划与建筑学院学习建筑学。他的艺术项目通常在城市中的废弃和闲置建筑中开展，尝试将建筑、艺术和设计相结合，为边缘化人群提供了活动空间。研讨围绕西中南亚获奖作品《洛伊》展开，作品融合了艺术家、竹编、藤编工匠以及当地居民和游客的生活经验，集艺术、建筑、手工艺、园艺和科技等跨学科的技能与一体，为当地居民提供了一个交互式的公共节庆活动空间。伊芙作为南亚地区资深的研究员，从南亚的特定的历史、文化和社会背景中对南亚的公共艺术形态进行比较，并指出作品的可贵之处，在于缺乏政府公共资金支持的情况下，艺术家融合了当地的传统文化和传统的宗教、音乐、表演艺术形式，再配合以大型的装置和建筑形态，吸引力数以百计的市民参与。无论在规模还是影响力上都具有重大的意义。舒鲁克则结合自身的创作经历关注艺术边界的模糊性，以及艺术与行动主义之间的界面关系。

讨论环节中，王波先生指出该作品反映了艺术家对于地方文化的深度思考与挖掘。同时他认为艺术家阿西姆鼓励和倡导更多的工匠参与创作的做法，与中国道教哲学的理念想达到无为之为的辩证思维很相似。

非洲地区的的线上论坛嘉宾有：艺术评论家、策展人和传播理论历史学家马桑巴·姆贝耶（Massamba Mbaye），伯尔尼大学非洲研究中心的博士生辛迪·利·麦克布莱德（Sindi-Leigh McBride），意大利艺术家、建筑师和工业设计师阿图罗·维托里（Arturo Vittori），开普敦大学非洲城市中心（UCT）研究员赖克·西塔斯博士（Dr. Rike Sitas）。研讨围绕该地区的获奖案例《瓦尔卡·沃特水塔》展开，作品采用天然、可生物降解、百分百可回收的材料建造而成，从稀薄的空气中收集水，从而为难以获取饮用水的农村居民提供替代水源。它采用不插电的无能源结构，单纯依靠重力、冷凝和蒸发等自然现象来运行，易于维护，村民可自主操作。此外，该项目还为社区创造了一个社交场所，通过人员培训、水资源管理和维护、农业实践、手工艺品制作等方式推动当地经济的发展。通过这项计划，村民们接受了水资源利用、分配和再生方面的良好实践培训，更多地了解人类与环境的关系。艺术家阿图罗分享了创作过程，以及作品起名为瓦尔卡·沃特的重要象征性。作为该案例的研究者，辛迪认为作品吸引人之处在于视觉上的震撼以及对社会公平和环境公平问题的关注。赖克博士则聚焦作品与社会环境互动，包括如何实现社区合作并具体实施项目，项目所带来的人们日常生活的变化，是否有意外和负面的反馈，以及作为非非洲籍艺术家在创作过程中的挑战等。

讨论环节中，作为第五届国际公共艺术奖评委会主席，汪大伟教授首先肯定了该项目在解决非洲地区缺水问题以及构建社区人与人之间的公共交流空间方面发挥的积极作用。同时，就如何解决项目持续发现发展的经费问题，以及项目如何与当地社区深度融合的问题与艺术家进行了交流。

5. 颁奖典礼

1 月 14 日晚，中国 · 青岛西海岸新区公共艺术方案国际征集活动颁奖典礼和第五届国际公共艺术奖颁奖典礼在青岛西海岸威斯汀酒店举行。青岛西海岸新区张磊娜副区长首先致欢迎辞，她表示：第五届“国际公共艺术奖”系列活动进入西海岸新区以来，来自世界各地精彩纷呈的公共艺术作品展现在我们面前，为我们城市公共艺术建设与发展提供了难得的智识和范式，这些都是西海岸新区的宝贵财富，将积极转化运用，力争早日落地生根、开花结果，进一步推动新区文化传承发展，提高文化艺术水准，提升市民生活品质。

在第五届国际公共艺术奖颁奖典礼上，路易斯 · 比格斯首先代表主办单位发表致辞。他表示：“艺术作品可以革新和重塑人们对社会和环境状况的看法及其商业价值、经济价值和对社会的贡献，仍旧被大大低估。令人欣慰的是，今年的获奖案例实至名归，它们旨在提高人们对疫情、气候变化、人为造成的环境挑战以及人类不公正现象的认识。”

本届国际公共艺术奖一共有来自 7 个地区的 90 个参评案例，其中大洋洲 9 个、东亚 19 个、拉美 21 个、北美 18 个、西中南亚 9 个、非洲 3 个、欧亚 11 个，涵盖了装置、建筑、雕塑、壁画、行为表演、活动等多种类型。

第五届评委会主席汪大伟在颁奖典礼上介绍了本届的评奖情况：在 2021 年 8 月 3 日—5 日举办的评审会议中，来自全球七个地区的评委，包括东亚及东南亚地区评委——帝门艺术教育基金会执行长熊鹏翥，大洋洲地区评委——雅加达努桑塔拉现代和当代艺术博物馆馆长艾伦 · 席托，欧亚地区评委——伊斯坦布尔现代博物馆首席策展人奥约库 · 奥兹索伊，西中南亚地区评委——艺术家和独立策展人、印度高知基金会联合创始人、主席伯斯 · 克里什阿姆特瑞，非洲地区评委——东非公共艺术专家、杜尔艺术中心总监玛丽莲 · 杜阿拉 · 贝尔公主，拉丁美洲地区评委——哥伦比亚拉奥特拉当代艺术中心联合创始人、艺术总监伊丽莎白 · 沃勒特，北美洲地区评委——加拿大艾米莉卡尔艺

图14　第五届国际公共艺术奖颁奖典礼，国际嘉宾和现场嘉宾合影

术与设计大学公共艺术和社会实践教授卡梅隆·卡蒂埃，共同聚焦公共艺术的“地方重塑”价值取向，以线上线下结合的方式，通过初评、复评、大奖评选三个环节评选出了本届获奖案例。

颁奖环节由潘鲁生、赵健、方晓风、董华峰、苗新宇、王波、李龙雨分别揭晓了国际公共艺术奖 7 个地区获奖名单和 1 个大奖获奖名单，并以虚实结合方式进行现场颁奖，获奖者以虚拟的形像来到颁奖典礼现场并在线发表获奖感言。这种全新的尝试也是疫情期间对于公共艺术活动的一种全新探索，为未来的公共艺术发展以及国际交流带来了新的方向和新的思路。

获得第五届国际公共艺术奖的案例分别是：

北美地区：雷尔·圣·弗雷泰洛艺术家团体（Rael San Fratello）和墨西哥艺术团体 Colectivo Chopeke 的《跷跷板墙》（Teeter Totter Wall）；

大洋洲地区：蒂塔·萨利娜（Tita Salina）和伊万·艾哈迈特（Irwan Ahmett）的《北上朝圣（Ziarah Utara）；

东亚地区：Junk House、杰利·张（Jelly Jang）、塞尔·南（Seulnam TE）、朱慧英（Hai Ying Zhu）和宏贝利（Baily Hong）的《新游戏，新连接，新常态》（New Play, New Connection, New Normal）；

西中南亚地区：阿西姆·瓦奇夫（Asim Waqif）的《洛伊》（Loy）；

欧亚地区：马尔杰蒂卡·波蒂奇和荷兰 OOZE 建筑事务所（Marjetica Potrč and OOZE）的《水与土：国王十字池塘俱乐部》（Of Soil and Water: King's Cross Pond Club）；

非洲地区：阿图罗·维托里（Arturo Vittori）的《瓦尔卡·沃特水塔》（Warka Water Tower）；

拉丁美洲地区：扩展建筑团队（Expanded Architecture Collective）的《波托西社区电影院（Potocine）

其中，《跷跷板墙》获得了第五届国际公共艺术奖全球大奖。

同时举行的中国·青岛西海岸新区公共艺术方案国际征集活动颁奖典礼中，南澳大学客座研究教授蒂姆·格鲁奇（Tim Gruchy）和日本东京艺术大学理事、名誉教授、山口美术馆馆长保科丰巳（Toyomi Hoshina）作为本次征集活动评委对征集活动在线发表了评述。获奖名单如下：周振辉、徐一埔的《听海》获得一等奖；李慧星的《见微知著》，广州美术学院沈康、罗保权、林康强的《花开琴岛》获得二等奖；李佳蓉的《微风轻拂》、任凡凡的《帆过浪有痕》、刘娇的《海星滑滑梯》、彭文婕的《活在时代的海浪里》、来圣杰的《嬉戏》、侯晓飞的《旭日扬帆》《望月怀远》《星月夜》《海洋乐园》以及王艳、马同喜、李盼成、邹林涵、薛兆琳的《青岛西海岸新区滨海大道大珠山段公交车站设计》获得了三等奖；还有十余件艺术作品获得了优秀奖及入围奖。

孙婷，南通大学艺术学院副教授

张羽洁，上海大学上海美术学院数码系教师，

国际公共艺术协会（IPA）东亚及东南亚区咨询委员

后　记

AFTERWORD

本书是由国际公共艺术协会 (IPA)、山东工艺美术学院、上海大学国际公共艺术研究院、上海大学上海美术学院在 2022 年 1 月共同主办的第五届国际公共艺术论坛、颁奖典礼及案例展览的总结与梳理。本书是以第五届国际公共艺术奖的 90 多个参评案例为基础，结合来自全球 25 个国家和地区的研究员的案例分析与研究，以公共艺术赋能城市建设与文化发展为主线，围绕“地方重塑”的大主题，邀请国内外公共艺术领域的专家、学者，以线上线下相结合的方式进行研讨与交流，为城市建设和文化发展献计献策，提升城市公共空间品质，摸索出一条城市公共艺术建设的创新实践。

从会议的策划组织、顺利召开、后期案例的整理和评论，以及本书的编辑、排版、校对和出版，都与大家的努力密不可分。尤其是在新冠疫情的影响之下，各项工作的开展充满了挑战，身处其中也时常感觉到无能为力，但正是这种挑战之下，让本书的总结和梳理成为重要的成果和见证。在这里首先感谢在青岛西海岸新区管委会的指导下，山东工艺美术学院院长潘鲁生教授，上海大学国际公共艺术研究院院长汪大伟教授，青岛西海岸新区文化和旅游局局长董华峰先生共同发起与组织了本次会议，为国际公共艺术领域的研究和交流提供高起点的平台与支持；感谢青岛西海岸新区文化和旅游局郑桂欣副局长及各位同事的大力支持。其次感谢国际公共艺术协会（IPA）组委会主席 Lewis Biggs 和《公共艺术评论》杂志主编 Jack Becker 先生参与组织会议，带来了国际公共艺术的宝贵资源和学术力量；感谢 IPA 的副主席和发起人金江波教授在会议组织中发挥积极主导的作用和提出活跃的思维观点。同时感谢我的同事周娴、张羽洁、孙婷、张习文等在会议中的贡献；感谢上海美术学院的博士和硕士研究生团队在过程中做出的一切努力，特别感谢研究生谢思群、陈玉昊、李园、张毅、钟石友、张灿、何思喆、胡蓓蕾、朱瑞峰等在活动组织执行落地过程中的辛勤付出；研究生王羽菲、俞书浓、项佳毅、王子健等在编辑工作中的突出贡献。最后感谢上海大学出版社柯国富老师、邹亚楠老师为本书的出版发行给予的积极帮助与支持。

感谢所有为本书编辑、出版、发行而付出努力并给予过帮助的朋友们。

图书在版编目（CIP）数据

地方重塑. 国际公共艺术案例解读. 4 / 陈志刚主编. 上海 : 上海大学出版社, 2024. 6. -- ISBN 978-7-5671-4998-4

Ⅰ. TU

中国国家版本馆CIP数据核字第20243KD408号

责任编辑：邹亚楠
技术编辑：金　鑫　钱宇坤
装帧设计：柯国富

地方重塑——国际公共艺术案例解读 4

陈志刚　主编

出版发行　上海大学出版社
社　　址　上海市上大路 99 号
邮政编码　200444
网　　址　https://www.shupress.cn
发行热线　021-66135112
出 版 人　戴骏豪

印　　刷　上海新艺印刷有限公司
经　　销　各地新华书店
开　　本　787×1092　1/24
印　　张　16.5
字　　数　578 千字
版　　次　2024 年 8 月第 1 版
印　　次　2024 年 8 月第 1 次
书　　号　ISBN 978-7-5671-4998-4/TU · 28
定　　价　160.00 元